DIE NATUR DES MENSCHEN

STUDIEN

ÜBER

DIE NATUR DES MENSCHEN

EINE OPTIMISTISCHE PHILOSOPHIE

VON

ELIAS METSCHNIKOFF

PROFESSOR AM INSTITUT PASTEUR

MIT ABBILDUNGEN

AUTORISIERTE AUSGABE

EINGEFÜHRT DURCH WILHELM OSTWALD

VERLAG VON VEIT & COMP. IN LEIPZIG

1904

Druck von August Pries in Leipzig.

MEINER FRAU

ELIAS METSCHNIKOFF

VORWORT

Indem ich diesen Band dem Leser darbiete, fühle ich das Bedürfnis, seine Veröffentlichung zu rechtfertigen. Es wäre sicherlich besser gewesen, ein vollendeteres Werk zu geben, in dem die Hypothesen durch bestimmte Tatsachen ersetzt wären. Aber die Erwerbung genau festgestellter Tatsachen auf einem wenig erforschten Gebiet ist schwierig und verlangt viel Zeit und Arbeit.

Eingedenk des Spruches „Ars longa, vita brevis", entschloß ich mich, eine Art Programm zu veröffentlichen, das ich auszuführen versuchen werde, soweit es mir die Umstände erlauben. Auf alle Fälle hoffe ich, daß dieses Programm den jungen Forschern, die bei ihren Arbeiten eine Orientierung zu haben wünschen, nützlich sein wird.

Mein Buch ist für solche bestimmt, die eine höhere Bildung erworben haben und besonders für Biologen. Ich habe bei der Niederschrift nicht das „große Publikum" im Auge gehabt, und aus diesem Grunde hielt ich mich für berechtigt, den Disharmonien des Geschlechtsapparats fast ein ganzes Kapitel zu widmen. Ich bin der Meinung, daß dieser Apparat den besten Beweis für die disharmonische Organisation des Menschen liefert.

Ich danke meinen Freunden, die, stets von meinen Gedanken unterrichtet, mich durch Rat und Tat unterstützt haben.

Elias Metschnikoff.

Zur Einführung

Durch die Geschichte der Menschheit zieht sich fast unbemerkt, aber in seinem stillen Fortschritt unwiderstehlich ein Vorgang, den man als die Eroberung aller Gebiete des menschlichen Handelns, Denkens und Fühlens durch die Wissenschaft bezeichnen kann. Wo früher der Zauberer den Dämon der Krankheit beschwor, waltet heute der wissenschaftlich geschulte Arzt; die Siebenmeilenstiefel und das Wunschhütlein des deutschen Märchens werden durch die wissenschaftlich gesteigerte Technik verwirklicht und die Entscheidung im Kriege hängt nicht sowohl von der größten Tapferkeit des einzelnen Mannes, wie von dem Maße ab, in welchem der Generalstabschef die wissenschaftlichen Voraussetzungen und Mittel seiner Aufgabe beherrscht.

Aber nicht nur die äußere Gestaltung unsres Lebens wird durch die Wissenschaft bestimmt, auch für unser Innenleben kennen wir keine höhere Norm. Von allen praktischen Fragen des religiösen Lebens ist auch heute keine dringender, als die, wie man Wissen und Glauben vereinigen könne. Und zwar ist es hierbei nicht die Wissenschaft, sondern der Glaube, welcher die andre Instanz als die höhere anerkennt: auch der wärmste Gläubige entschließt sich heute nicht mehr, Dinge im Glauben anzunehmen, die seiner wissenschaftlichen Erkenntnis oder Überzeugung widerstreiten. Und ähnlich geht es in der Kunst: gerade die größten unter den schaffenden Künstlern haben uns immer wieder gesagt und gezeigt, wie nicht eine unbewußte Inspiration, sondern der bewußte Gebrauch der in ihrer Tragweite erforschten und geprüften, also wissenschaftlich bewältigten Mittel die Grundlage ihrer Schöpfungen ist.

Derartige Gedanken, die sich ins Unbegrenzte fortspinnen ließen, werden durch das vorliegende Werk des berühmten Biologen ausgelöst. Was die Jahrtausende als Rätsel empfunden haben, die unaufhörlichen Widersprüche des menschlichen Lebens, das beschäftigt auch unsern Autor, aber nicht mehr als Rätsel, sondern als wissenschaftliches Problem. Nicht mehr der Seher und Prophet im alten Sinne ist es, der der suchenden Menschheit Licht auf ihrem Wege bringt, sondern der wissenschaftliche Forscher, der mit unparteiischer Hand die Summe unsrer Erfahrung ordnet, damit aus der Vergangenheit die Zukunft offenbar werde. Denn was früher als Folge übernatürlicher Begabung erschien, die Fähigkeit, in die Zukunft zu schauen, das betreibt die Wissenschaft in ruhiger stetiger Arbeit als ihre eigentliche Aufgabe. Daß jedesmal, wenn positive Elektrizität erzeugt wird, eine gleiche Menge negativer entstehen wird, ist eine Voraussage, die uns über alle denkbaren Zeiten hinaus sicher erscheint; Sonnen- und Mondfinsternisse sagen wir auf Jahrhunderte voraus, die Folgen medizinischer Eingriffe wenigstens auf Tage und Wochen. So erlangt die Wissenschaft langsam zwar, aber unwiderstehlich, eine Weisheit nach der anderen und hilft uns, unser Leben immer ersprießlicher und erfreulicher zu gestalten.

In solchem Sinne will das vorliegende Buch gelesen sein. Der stille Frieden, den die Wissenschaft für jeden ihrer aufrichtigen Jünger bereit hält, und der hier aus der Einsicht entspringt, daß die unzweifelhaften Unvollkommenheiten der menschlichen Organisation nicht Mißhandlungen eines grausamen Schicksals, sondern entwicklungsgeschichtlich bedingte Nachbleibsel früherer Zustände sind, über welche hinaus weitere Entwicklungen möglich und wahrscheinlich sind, wird von jedem empfunden werden, der sich unvoreingenommen dem Autor anvertraut. Darum hat dieser auch Wert darauf gelegt, das Schlußergebnis seiner Betrachtungen bereits im Titel seines Werkes zum Ausdruck zu bringen.

Eine optimistische Philosophie bietet er uns: aber nicht den Optimismus der leichtherzigen Gedankenlosigkeit, sondern den der erfolgreichen wissenschaftlichen Arbeit.

W. Ostwald.

INHALT

ERSTER TEIL

DIE DISHARMONIEN

DER

NATUR DES MENSCHEN

ERSTES KAPITEL

EINLEITUNG

Die verschiedenen Ansichten über die Natur des Menschen.

Die Wichtigkeit des Studiums der Natur des Menschen. — Die Natur des Menschen als Grundlage der Moral. — Die Verehrung der Natur des Menschen bei den Griechen. — Die Metriopathie der Philosophen des Altertums. — Rationalistische Auffassungen des 18. und 19. Jahrhunderts. — Das Herabdrücken der Natur des Menschen durch die religiösen Lehren. — Einfluß dieser Vorstellungen auf das tägliche Leben und auf die Kunst. — Reaktion der Reformation gegenüber der Herabdrückung der Natur des Menschen. — Die Verstümmelungen des menschlichen Körpers bei den primitiven Völkern.

Trotz der von der Wissenschaft erzielten ansehnlichen Fortschritte äußert sich oft eine Art Unzufriedenheit gegen sie. Die Wissenschaft — sagt man — hat sicherlich die materiellen Umstände des menschlichen Daseins stark verbessert; sie ist jedoch ohnmächtig, sobald es sich darum handelt, moralische oder philosophische Fragen zu lösen, die gebildete Menschen im höchsten Grad interessieren. In dieser Beziehung hat die Wissenschaft nur die religiösen Grundlagen zerstört. Sie hat der Menschheit den Trost geraubt, den die Religion ihr spendete, ohne etwas Besseres und Beständigeres an ihre Stelle setzen zu können.

Unbestreitbar befindet sich die gegenwärtige Menschheit in einem Zustand allgemeinen Unbehagens. Obgleich in Umstände hineingestellt, die unter dem Gesichtspunkt der Vervollkommnung einer großen Anzahl seiner Funktionen weit günstiger sind als vordem, steht der Mensch haltlos da, wenn er die Richtung seiner Lebensführung zu bestimmen, wenn er seine Beziehungen zu verschiedenen Kategorien von Individuen (Familie, Volk, Rasse, ganze Menschheit) festzustellen hat.

Dieser krankhafte Zustand verrät sich in der Unzufriedenheit mit dem Bestehenden und führt zum Pessimismus oder zum Mystizismus. Man weiß, daß die meisten philosophischen Systeme des neunzehnten Jahrhunderts sehr melancholische Farben haben und mit nichts weniger als mit der Negation des Glücks, ja mit der Unterdrückung des Daseins endigen. Auch hat die Zahl der Selbstmorde in allen zivilisierten Ländern in einem sehr starken Verhältnis zugenommen. So konstant und so allgemein bekannt ist diese Tatsache, daß es unnütz ist, neue Beweise dafür zu liefern.[1]

Um diesen Zustand zu heilen, hat man den religiösen und mystischen Glauben neu zu beleben versucht. Auf allen Seiten werden Versuche unternommen, neue Religionen zu begründen oder die alten zu verbessern.

[1] Seit der klassischen Arbeit ADOLF WAGNERS über die Gesetzmäßigkeit in den scheinbar willkürlichen menschlichen Handlungen ist der Selbstmord in einer großen Reihe von Werken behandelt worden. Jüngst ist davon die Rede gewesen in der bedeutenden Monographie von WESTERGAARD: Die Lehre von der Mortalität und Morbidität. 2. Aufl. Jena 1901.

Mehrere Verteidiger der Wissenschaft mußten sogar zugestehen, daß sie in der Tat ohnmächtig ist, das Problem des menschlichen Daseins zu lösen; sie sind zur Ansicht gekommen, daß dies für den menschlichen Geist eine unlösliche Frage sei.

Diese wenig ermutigende Schlußfolgerung ist trotz einer ganzen Reihe von Versuchen, eine vernunftgemäße Auffassung des Weltalls und der Menschheit zu begründen, ausgesprochen worden.

Schon seit langem hat man sich gefragt, ob es nicht möglich sei, etwas anderes als den Glauben zu finden, um die Lebensführung der Menschen zu regeln und sie dem allgemeinen Glück entgegen zu leiten. Weise und Philosophen haben zu sehr verschiedenen Zeiten gedacht, daß die Natur des Menschen uns alle erforderlichen Grundbedingungen liefere, die für eine vernunftgemäße Moral notwendig seien.

Man weiß, daß die Natur des Menschen im Altertum, besonders bei den Hellenen, sich eines sehr hohen Ansehens erfreute. Während die Völker Asiens, die den Griechen in der Kultur vorangegangen waren, ihre Götter am häufigsten in Gestalt phantastischer Wesen darstellten, indem sie menschliche Gestalten mit den verschiedensten tierischen Merkmalen vereinten, liehen die Hellenen ihren Göttern, die sie nach ihrem eigenen Bilde schufen, das Aussehen der schönsten Repräsentanten der menschlichen Gattung. Das ist der dominierende Charakter der Kultur und des Lebens der alten Griechen. Ihre Ehrfurcht vor der Natur des Menschen erstreckte sich auch auf die äußere Gestalt.

Sie wiesen alles zurück, was das natürliche Bild des Menschen verändern konnte. So betrachteten sie einen rasierten Bart[1] als etwas durchaus Erniedrigendes, denn das glatte Kinn gab dem Manne ein seiner Natur entgegengesetztes weibisches Aussehen.

Die Verehrung der Natur des Menschen durch die Hellenen spiegelte sich in ihrer plastischen Kunst wieder und wurde der Grund ihrer Überlegenheit auf dem Gebiet der Kunst. Die griechischen Künstler, deren Ziel die möglichst getreue Wiedergabe des menschlichen Bildes war, maßen alle Teile des Körpers und näherten sich der Wirklichkeit so sehr, daß die moderne Wissenschaft ihre Hauptresultate nur hat bestätigen können.[2] Die Skulptur, durch die die Hellenen ihre Auffassung der Natur des Menschen am besten auszudrücken imstande waren, wurde bei ihnen eine vollständig nationale Kunst.

Die griechische Philosophie hat gleichfalls eine sehr hohe Meinung über die Natur des Menschen, über den menschlichen Körper und seine Gestalt. Die Darstellung des menschlichen Körpers war das Ideal der Kunst der Hellenen. Zu derselben Zeit verkündete ihre Philosophie den Wert aller Charakterzüge der menschlichen Natur und zielte auf die harmonische

[1] Man hat erst von der Zeit der makedonischen Herrschaft an, den Bart zu rasieren, begonnen; und noch die Philosophen wollten diesem Brauch, der ihren Ansichten widerstritt, nicht folgen. Vgl. HERMANN, Lehrbuch der griechischen Privataltertümer 1870, I. S. 175—177.

[2] QUÉTELET, Anthropométrie, 1872, p. 86.

Ausbildung des ganzen Menschen hin.[1] Dieser von PLATO formulierte Gedanke wurde das Grundprinzip der alten Akademie und ging von da in die Lehren der neuen Akademie und der Schule der Skeptiker über. Nach XENOKRATES (4. Jahrhundert), der der alten Akademie angehörte, besteht die Glückseligkeit in der Vollendung aller naturgemäßen Tätigkeiten, sowie im Besitz der dem Menschen eigenen Vorzüge (ZELLER a. a. O. S. 880).

Da das Prinzip des Kultus der menschlichen Natur an sich zu allgemein ist, ist es nicht erstaunlich, daß sich über seine Anwendung Streitigkeiten und Widersprüche entspannen. Während PLATO die Lust von der Idee des Guten ausschloß, bekannte sein Schüler ARISTOTELES eine ganz entgegengesetzte Lehre. Nach ihm bildet die Lust das naturgemäße Ende jeder Tätigkeit, sie stellt ein ebenso eng mit dem vollkommenen Leben verknüpftes Resultat vor, wie Schönheit und Gesundheit an den vollkommenen Aufbau des menschlichen Körpers gebunden sind. (ZELLER, Bd. II, 2. S. 447.)

In der antiken Welt entwickelte sich unter dem Namen Metriopathie eine Lehre, deren Inhalt das Studium des Zweckes des sittlichen Lebens in Übereinstimmung mit der Natur bildete. Diese Lehre war von einer großen Zahl von Philosophen angenommen worden, aber ihre praktische Anwendung zeitigte oft sehr große Schwierigkeiten. So konnten das höchste Gut

[1] ZELLER, Die Philosophie der Griechen, 3. Aufl., Bd. II, 1, 1875, S. 141.

und der höchste Zweck oder die Glückseligkeit nach den Stoikern nirgends anders gefunden werden, als in einem naturgemäßen Leben. Die Lebensführung müßte mit der allgemeinen Weltvernunft übereinstimmen, derart, daß jedes bewußte und vernünftige Wesen nur Handlungen vollziehen darf, die diesem allgemeinen Gesetz entsprechen (ZELLER, 1. Aufl. Bd. III, 1, S. 193). Dasselbe Grundprinzip des mit der Natur übereinstimmenden Lebens leitete die Epikuräer zu dem Schluß hin, daß „die Lust das natürliche Gut oder der natugemäße und in sich befriedigte Zustand jedes Wesens sei" (ZELLER a. a. O. S. 401).

Vom nämlichen Grundprinzip ausgehend, haben sich die Theorien der Stoiker und Epikuräer in einem ganz entgegengesetzten Sinn entwickelt.

Die römischen Philosophen nahmen das Prinzip des naturgemäßen Lebens als richtig an. So äußert SENECA (De vita beata, Kap. VIII) den Grundsatz: „Bedient euch der Natur als Führerin; die Vernunft beobachtet sie und läßt sich von ihr beraten: das heißt glücklich und naturgemäß leben."

Wir können die Entwicklung dieser Idee durch die Jahrhunderte nicht in den Einzelheiten verfolgen, und wir werden uns damit zufrieden geben, darauf hinzuweisen, daß sie jedesmal, wenn man ein vernunftgemäßes Prinzip suchte, das die Lebensführung außerhalb einer religiösen Sanktion leiten könnte, vorangestellt wurde. Wir finden sie sogar bei den Jüngern der christlichen Lehre wieder, die sich gegen die Askese und gegen die Verachtung der Natur des Menschen auflehnten, die bei den Christen der ersten Jahrhunderte so offenkundig sind.

Besonders aber in den rationalistischen Theorien der Renaissancezeit und der ihr folgenden Jahrhunderte hat das hellenische naturgemäße Lebensprinzip seine beste Ausprägung gefunden. Hutcheson,[1] ein schottischer Philosoph des achtzehnten Jahrhunderts, vertrat den Gedanken, daß alle unsre natürlichen Triebe gut und gesetzmäßig sind, und daß ihre Befriedigung mit der höchsten Tugend verträglich ist. Er setzte sich so in Widerspruch mit dem schottischen Klerus, der die größte Verachtung vor der menschlichen Natur verkündete. „Es ist keine kleine Ehre für Hutcheson," äußert Buckle,[2] „als erster in Schottland öffentlich diese entehrenden Begriffe bekämpft zu haben."

Die französischen Philosophen des achtzehnten Jahrhunderts, die an die Stelle der religiösen Grundlagen der Lebensführung rein vernunftgemäße Prinzipien zu setzen suchten, beriefen sich ebenfalls auf die Natur des Menschen. Kurze Zeit vor der Revolution erschien in drei Bänden eine Abhandlung des Barons von Holbach: „Die allgemeine Moral, oder die Pflichten des Menschen, gegründet auf die Natur."[3] Dieser Schriftsteller, der einen rein materialistischen und atheistischen Standpunkt vertritt, stellt den Grundsatz auf, daß „die Moral, um allgemein zu sein, der Natur des Menschen

[1] Moral Philosophy, London 1755.

[2] Buckle, Geschichte der Zivilisation in England. Deutsch von A. Ruge. II, S. 415.

[3] Veröffentlicht zu Amsterdam 1776 in französischer Sprache.

im allgemeinen entsprechen solle, d. h. sich auf sein Wesen, auf die Eigenschaften und Qualitäten gründen solle, die man beständig in allen Individuen seiner Gattung trifft, und die ihn von den übrigen Tieren unterscheiden." Um gut begründet zu sein, „setzt die Moral die Kenntnis der Natur des Menschen voraus" (I, S. 32).

Dieses der antiken Philosophie entlehnte Prinzip findet sich bei den Rationalisten des 19. Jahrhunderts wieder. WILHELM VON HUMBOLDT äußert die Meinung, daß das Endziel des Menschen, d. h. das ihm von den unerschütterlichen und ewigen Erfordernissen der Vernunft vorgeschriebene Endziel .... in der möglichst harmonischen Entwicklung aller seiner Fähigkeiten zu einem vollständigen und einigen Ganzen besteht. Ebenso bestimmt LECKY,[1] der berühmte moderne Geschichtsschreiber, den Zweck des Lebens als „die vollständige Entwicklung von alledem, was in den von der Natur bestimmten Verhältnissen vorhanden ist".

Aber es sind nicht allein die Philologen und die Historiker, die den hellenischen Rationalismus angenommen haben. Auch die Vertreter der Naturwissenschaft, und unter ihnen die vorgeschrittensten, haben sich im selben Sinn ausgesprochen. Ohne Schwierigkeit erkennt man dasselbe Prinzip bei DARWIN,[2] wenn er sagt, daß „der Begriff des allgemeinen Wohls definiert werden kann als der Ausdruck der Entwicklung

[1] History of European Morals. 3th ed. London 1877.

[2] Die Abstammung des Menschen und die geschlechtliche Zuchtwahl. Deutsch von CARUS. Stuttgart 1872.

der größten Zahl von Individuen, die in voller Kraft und voller Gesundheit mit allen ihren Eigenschaften zu einem so vollkommenen Grad entwickelt sind, als die gegebenen Umstände es gestatten".

Einer der eifrigsten Anhänger des großen englischen Naturforschers, GEORG SEIDLITZ,[1] nähert sich der antiken Auffassung noch weit mehr. Für ihn besteht das moralische und vernunftgemäße Leben „in der Befriedigung aller Körperfunktionen im richtigen Maß und Verhältnis".

Die Analyse des Zweckes des Daseins, die HERBERT SPENCER[2] unternahm, leitet diesen zu dem Schluß, daß die Moral derartig gelenkt werden muß, daß sie das Leben so reich und weit macht, als es nur möglich ist. Ebenso akzeptiert der englische Philosoph als Kriterium für die physische Vollendung des Menschen nur „die vollständigste Anpassung aller Organe an die Befriedigung aller Funktionen"; dieses Kriterium kann, soweit es die moralische Vervollkommnung betrifft, nichts anderes sein, als „der Beitrag zum allgemeinen Glück". Diese Gedanken drücken auf eine weniger genaue, aber hinreichend klare Art das Ideal der antiken Auffassung aus.

Während die rationalistischen Theoretiker aller Epochen die Grundlagen der Moral in der Natur des Menschen suchen, die sie als wesentlich gut oder sogar vollkommen ansehen, verkündeten viele religiöse Lehren eine Auffassung über den nämlichen Gegenstand, die ganz entgegengesetzt ist.

[1] Die Darwinsche Theorie, 2. Aufl. 1875, S. 272, Anm. 25.
[2] The Data of Ethics, 1879.

Die Natur des Menschen wurde als aus zwei feindlichen Elementen zusammengesetzt betrachtet: der Seele und dem Körper. Die Seele allein wurde der Aufmerksamkeit für würdig erachtet, der Körper war nur eine unerschöpfliche Quelle aller Arten von Übeln. Hier entsprangen die Flagellationen und die dem Körper zugefügte schlechte Behandlung, die bei zahlreichen Völkern so befremdliche Dimensionen angenommen hat. Die indischen Fakire, die sich an Haken aufhängen, die moslimischen Derwische und Aissawijas, die sich den Schädel mit Keulenschlägen einstoßen, die russischen Skoptzis, die sich entmannen und noch viele andere Beispiele beweisen, daß die Vervollkommnung unsrer Natur keineswegs von ihnen als Grundlage der Lebensführung ins Auge gefaßt ist.

BUDDHA [1] hat seine Meinung über die untergeordnete Art der Natur des Menschen auf eine sehr bestimmte Weise ausgedrückt. Nachdem er das Frauengemach besucht hatte, bildete er sich „eine klare Idee von der Unreinheit des Körpers, indem er die Idee des Ekels begriff, und die Idee des Vorwurfs erzeugte; seine Gedanken über den Körper nahm er mit sich; er sah sein Elend, indem er sich von der Hinneigung zum Körper loslöste; er bildete sich die Idee des Reinen, indem er durch die Idee des Unreinen hindurchdrang; er sah, daß der Körper von der Wurzel der Füße bis zu der Grenze des Scheitels aus Unreinem geboren war, aus Unreinem stammte und immer nur

[1] In Lalita Vistara, aus dem Sanskrit von FOUGAUX: Annales du Musée Guimet. Bd. IV, 1884, S. 183.

Unreines hinter sich zurückließ." Diese Gedanken führten ihn zu folgendem Schlusse: „Wer ist der Weise, der seinen eigenen Körper nicht als seinen Feind betrachten würde, nachdem er ihn gesehen hat?" (S. 184.)

Gegen das Ende der antiken Epoche räumte die hellenische Theorie von der Natur des Menschen einer ganz verschiedenen Auffassung den Platz. Der Widerspruch zwischen der Ansicht der Stoiker von der Moral und ihre Verehrung für die menschliche Natur endete bei einem der letzten römischen Stoiker, bei Seneca, dem berühmten Zeitgenossen Christi, im vollständigen Bruch mit der alten Lehre. Überzeugt von der moralischen Schwäche und der Unvollkommenheit des Menschen, wie von der Hartnäckigkeit und von der Macht des Lasters, verkündete Seneca, daß die Natur des Menschen eine lasterhafte und wesentlich schlechte Grundlage enthielte. Diese Grundlage besteht in unserm Leib, der so wertlos ist, daß man nicht gering genug von ihm denken kann. Unser Leib oder „Fleisch" ist bloß die Hülle unsrer Seele, ihr augenblicklicher Aufenthaltsort, in dem sie sich niemals heimisch befinden kann. Der Leib ist der Seele eine Art Last, Gefängnis, von dem sie sich zu befreien strebt. Nach Seneca muß die Seele gegen den Leib kämpfen, dem sie alle Arten von Leiden verdankt, während sie selbst an sich rein und unverletzt ist und ebenso hoch über dem Leib steht, wie die Gottheit über dem Stoff (Zeller a. a. O. S. 633).

Ein noch höher entwickelter Dualismus, der die Geringschätzung des Leibes im Verhältnis zur Seele zur Folge hat, charakterisiert die christliche Auffassung der menschlichen Natur. Im 4. und 5. Jahrhundert unserer Zeitrechnung gab sich diese Lehre in einer so bestimmten Art kund, daß der Kampf gegen den sinnlichen Teil unserer Natur das Losungswort wurde. Die vollständigste Askese verbreitete sich in der ganzen christlichen Welt. „Der Kampf gegen den Hunger, den Durst, den Schlaf, die Verneinung aller Lust, die man den Eindrücken des Gesichts, Gehörs, Geschmacks verdankt, besonders aber die Enthaltung von sexuellen Beziehungen wurden in der Meinung der Gläubigen der wahre Zweck des menschlichen Daseins. Die Überzeugung, daß die menschliche Natur von Grund aus verderbt ist, führte zu einem wahrhaften Kampf gegen sie; man ächtete alle Vergnügungen; sogar die unschuldigsten wurden als Laster betrachtet. Welchen vollständigen Kontrast bietet diese Auffassung gegenüber dem ruhigen und fröhlichen Ton, der die Philosophie der Griechen charakterisiert, die keine Idee von einem Kampf gegen die vorgebliche Korruption und Unvollkommenheit des Menschen hatte."[1] Diese dualistische Theorie wurde so bedingungslos, daß ihre Proselyten, mit der Rettung ihrer Seele beschäftigt, hinsichtlich des physischen Lebens auf das Niveau wilder Tiere herabstiegen. Man sah die Einsiedler sich in die Höhlen von Tieren flüchten, man sah sie ihre Kleider abwerfen und nackt umherirren, von langen und ungepflegten Haaren bedeckt. In Mesopotamien und einem Teil Syriens bildete sich eine Sekte, genannt „die Weidenden": es waren Leute, die keine Wohnungen

[1] LECKY, History of European Morals, 3th ed. ch. IV.

hatten, die weder Brot noch Früchte aßen, in den Gebirgen umherirrten und sich von Kräutern nährten. Die Reinlichkeit des Körpers wurde „als ein Zeichen der Verderbnis der Seele angesehen und unter die Heiligen wurden besonders jene aufgenommen, die ihrem Körper keinerlei Sorge angedeihen ließen. Athanasius erzählt mit Entzücken, daß der heilige Antonius, der Vater der Mönche, in seinem Alter sich niemals die Füße wusch." (Lecky.)

Solche Lehren mußten die angeborenen Instinkte des Menschen bis zum äußersten Grad umkehren. Die Familien- und Gesellschaftsinstinkte wurde in dem Maß unterdrückt, daß die fanatisierten Christen ihren Eltern und Landsleuten gegenüber mehr als gleichgültig wurden. Ein Heiliger wurde besonders verehrt, weil er nur streng und grausam gegen seine Verwandten war. Man erzählt, daß ein Gläubiger sich an den Abt Siseuss mit der Bitte wandte, ihn ins Kloster aufzunehmen. Der Abt fragte ihn, ob er keine Verwandten habe. „Ich habe einen Sohn," erwiderte der Christ. „Gut, nimm deinen Sohn, wirf ihn in den Fluß, erst dann kannst du Mönch werden," entgegnete ihm der Abt. Der Vater machte sich alsbald daran, den Willen des Abtes auszuführen und erst im letzten Augenblick wurde der Befehl zurückgenommen. Um in die christliche Gemeinschaft aufgenommen zu werden, mußte man außerdem auf das Vaterland verzichten (Lecky).

Solche Gedanken wurzelten sich sehr tief und auf lange Zeit ein. Nach der Meinung der Führer der schottischen Kirche des siebzehnten Jahrhunderts „gab es nur ein Ding, das überraschen konnte, nämlich, daß die Erde vor dem häßlichen Schauspiel, das der Mensch ihr bot, an sich halten konnte und nicht wie vordem ihren Mund öffnete, um ihn mitten in seiner Schlechtigkeit zu verschlingen. Denn sicherlich gab es in der ganzen Schöpfung nichts so Häßliches und Abscheuliches, wie den Menschen." [1]

Es ist auch nicht erstaunlich, daß mit solchen Auffassungen die Unterdrückung des Fortpflanzungstriebs und das Cölibat für den Klerus obligatorisch wurden. Die im Evangelium MATTHÄUS (XIX, 11, 12) berichteten Worte, daß es Verschnittene gebe, „die sich um des Himmelsreichs willen selbst verschnitten haben", wurden von den einen im Sinn des freiwilligen Verzichts auf die Ehe erklärt, während andre sie im wörtlichsten Sinne auffaßten. Diese verstümmeln sich die Zeugungsorgane in einer mehr oder weniger vollständigen Weise. Bei den Frauen entfernt man die Brüste, wodurch man den Geschlechtstrieb zu unterdrücken glaubt. Aber bloß die Sekte der Skoptzis, die in Rußland ziemlich verbreitet ist, legt die Worte des Evangeliums in dieser Weise aus. Die Äußerung des Apostels PAULUS (I. Korintherbrief VII, 7, 8, 40), daß die Ledigen und die Witwen sich nicht verheiraten sollten, wurde bald als Befehl ausgelegt und seit dem vierten Jahrhundert hat die katholische Kirche das Cölibat adoptiert, das aber erst im elften Jahrhundert allgemein in Kraft trat (unter GREGOR VII).

[1] BUCKLE, Geschichte der Zivilisation in England. Deutsch von A. RUGE. II, S. 383.

Die schlechte Meinung über die Natur des Menschen hat sich in der katholischen Kirche sogar bis auf unsere Tage erhalten. In seiner Encyklika „über die Freimaurer"[1] verkündet LEO XIII: „Da die Natur des Menschen durch die Erbsünde verderbt ist und deshalb weit mehr zu den Lastern, als zur Tugend hinneigt, ist es durchaus notwendig, um zur Ehrbarkeit zu gelangen, die stürmischen Bewegungen der Seele zu unterdrücken und die Begierden unter die Herrschaft der Vernunft zu stellen."

Die Kunst spiegelte die christliche Auffassung der Natur des Menschen bald wieder. Die Bildhauerei, die eine so übergeordnete Rolle in der antiken Welt spielte und die so eng mit den hellenischen Lehren verbunden war, geriet bei den Christen rasch in Verfall. Im oströmischen Kaiserreich hielt sie sich länger; aber in Italien war sie im achten Jahrhundert beinahe vollkommen verschollen. Die Malerei konnte sich erhalten, aber nicht ohne auf eine außerordentliche Weise rückwärts zu schreiten. Alle Kunstwerke Italiens aus der Zeit der Karolinger bekunden eine rohe Gleichgültigkeit gegen die natürliche Form, sowie einen Mangel an Harmonie und Schönheitsgefühl. Später verfiel die italienische Kunst noch mehr. „An Naturstudien, an die Notwendigkeit, den Organismus der menschlichen Gestalt näher kommen zu lernen, dachte niemand. Eine Zeit, die überall Eingriffe überirdischer Mächte zu sehen glaubte, deren Anschauungen ganz in dem schroffen Gegensatz des Himmlischen und Irdischen wurzelten,

[1] De Secta Massonum, Parisiis 1884, p. 9, Zitiert von BRUNETIÈRE, Revue des deux Mondes, 1895, Bd. CXXVII, p. 116.

konnte sich auch in der Kunst nicht in den Grenzen physischer Gesetzlichkeit, in dem Alltagslaufe der Natur halten." [1] Die Wechselbeziehung zwischen der Verachtung der menschlichen Natur seitens der christlichen Lehre und der Inferiorität der Kunst des Mittelalters kann nicht mehr geleugnet werden. TAINE [2] charakterisiert diese Zeit auf folgende Weise: „... Wenn man die Glasfenster, die Statuen in den Kathedralen, die primitiven Malereien betrachtet, scheint es, als sei die menschliche Rasse entartet und habe sich das menschliche Blut verwässert: schwindsüchtige Heilige, ausgerenkte Märtyrer, flachbrüstige, langfüßige Jungfrauen mit knochigen Händen, vertrocknete und ausgemergelte Einsiedler, Christusgestalten, die wie zerquetschte, blutige Regenwürmer aussehen, und Reihen von fadenscheinigen, erstarrten trübseligen Gestalten, denen alle Verunstaltungen des Elends und alle Ängste der Not aufgeprägt sind."

Die Kunst des Mittelalters verfiel immer mehr, bis endlich die Renaissance durch die Rückkehr zum hellenischen Geist dem Übel steuerte. Die Meister der Kunst dieser Epoche waren gleichzeitig Gelehrte, die Mathematik trieben und sich der Meßmethoden bedienten. So ALBERTI, LEONARDO DA VINCI, MICHELANGELO und andere. Die Rückkehr zum Ideal der griechischen Kunst und zur Natur führt wieder zum Geschmack an den ästhetischen Formen zurück.

Die Renaissance des antiken Geistes findet in der

[1] SCHNAASE, Geschichte der bildenden Künste, Bd. III, S. 577, 584; Bd. IV, S. 718.

[2] Philosophie de l'art, 4e ed. 1885. II. p. 352.

Wissenschaft einen Widerhall und dringt sogar in die Religion ein, wo die Reformation die Verteidigung der Natur des Menschen übernimmt. Die Werke Luthers erneuern das Prinzip der „vollkommensten Entwicklung aller Kräfte und Tätigkeiten“ des Menschen und betrachten es als einen der Hauptzwecke der Menschheit. Das obligatorische Cölibat wird abgeschafft und alle Triebe, die mit den Gesetzen der Natur übereinstimmen, erhalten freien Lauf.[1]

Außer jenen, die aus Religion die größte Verachtung der menschlichen Natur bekundeten, muß man auch viele nichtzivilisierte oder wilde Völker zitieren, die alle Arten körperlicher Verstümmelungen vollführen. Es gäbe eine allzulange Liste, wenn man alle Prozesse, die angewendet werden, um das normale Aussehen des Menschen zu entstellen und zu verwandeln, anführen wollte. Die ethnographischen Abhandlungen und die Berichte der Reisenden enthalten eine Menge von Tatsachen dieser Kategorie. Die Haare, die Zähne und die Lippen werden einer ganzen Reihe von Behandlungen unterworfen, um sie ihrem natürlichen Zustand so wenig ähnlich wie möglich zu machen. Viele niedere Völker färben ihre Zähne oder reißen eine bestimmte Anzahl heraus oder zerfeilen sie, um ihnen eine konische Form zu geben. Andre stecken Stücke von Holz, Kristall, Knochen usw. in die Lippen. Die Beschreibung der Tätowierungsmethoden, welche die wilden Völker anwenden, würde ein Kapitel für sich verlangen. Der Schädel, die

[1] Reinhard, System der christlichen Moral, Bd. IV. 1814, S. 831; Bd. III. 1813, S. 14.

Brüste, die Füße werden durch alle möglichen Verfahren entstellt.

Da man keinen genügenden Anhalt dafür hat, alle diese Bräuche irgend welcher bewußten religiösen oder philosophischen Lehre zuzuschreiben, so ist unbestreitbar, daß die sie ausführenden Völker sich nicht vor der Natur des Menschen beugen, wie es die kultivierten Hellenen taten, sondern sie nach ihrem Geschmack umzubilden streben.

Die Unzufriedenheit mit den bestehenden natürlichen Zuständen ist also in der menschlichen Gattung sehr verbreitet, und man muß sich fragen, ob es möglich ist, ein allgemeines Prinzip in den so verschiedenen Auffassungen von der Natur des Menschen aufzufinden. Die vorangehenden Zeilen sollen dem Leser beweisen, daß die Frage nach der Natur des Menschen zu allen Zeiten die Menschheit interessiert und eine große Rolle in der Auffassung des Guten und des Schönen gespielt hat.

Es ist endlich an der Zeit, dieses Problem einem rationellen Studium zu unterwerfen, unter Beobachtung der strengsten wissenschaftlichen Methoden, die in unsrer Zeit angewendet werden können. Wir werden uns eine Idee von der Natur des Menschen zu bilden versuchen, von ihren Vollkommenheiten und von ihren Unvollkommenheiten.

Nur wird es, bevor wir an die Frage des Menschen herantreten, nötig sein, einen Blick auf die organisierte Welt im allgemeinen zu werfen, wobei wir hoffen, Merkzeichen aufzustellen, welche die Lösung des Hauptproblems unserer Untersuchungen erleichtern können.

ZWEITES KAPITEL

Harmonien und Disharmonien bei den unter dem Menschen stehenden Geschöpfen.

Die organisierte Welt vor dem Erscheinen des Menschen auf der Erde. — Fehlen eines Gesetzes des allgemeinen Fortschritts. — Die Befruchtung der Vanille. — Die Rolle der Insekten bei der Befruchtung der Orchideen. — Mechanismus der Pollenübertragung bei den Orchideen durch die Insekten. — Gepflogenheiten der Schlupfwespen. — Harmonien in der Natur. — Unnütze Organe. — Rudimente der Pollinien bei den Orchideen. — Disharmonien in der Natur. — Schlecht angepaßte Insekten. — Entartung der Instinkte. — Perversion des Geschlechtstriebs. — Anziehung von Insekten durchs Licht. — Leuchtende Insekten. — Gesetz der natürlichen Auslese. — Glück und Unglück in der organisierten Welt.

Lange vor dem Erscheinen des Menschen auf der Erde war diese schon von einer Menge von Pflanzen und Tieren bevölkert. Diese Organismen waren teils mit einer noch sehr vagen Sensibilität, teils mit einem sehr entwickelten Instinkt und sogar zuweilen mit einem gewissen Grad von Intelligenz ausgestattet, die sie zu ihrer individuellen Erhaltung und zur Fortpflanzung ihrer Art gebrauchten.

Viele Arten haben sich, da sie den äußeren Umständen ihres Daseins gut angepaßt waren, seit den entlegensten Zeiten bis heute erhalten. Während der Steinkohlenzeit waren die Vögel und die Säugetiere noch nicht vorhanden, aber die dichten Wälder, bevölkert von ungeheuren Farnkräutern, waren von einer großen Zahl von Gliedertieren bewohnt, unter andern von Skorpionen und von Insekten. Die Skorpione von ehemals glichen ganz den heute in den warmen Ländern lebenden, und unter den Insekten dieser fernen Epoche gab es solche, die ganz erstaunlich den Schaben von heute ähnlich sind. Gewisse baumartig wachsende Farne von heute stehen gleichfalls denen der Steinkohlenzeit sehr nahe. Unter den Tieren, deren Körper von einer Schale geschützt ist, wie bei den Foraminiferen und den Mollusken, haben sich gewisse Arten seit einer noch viel älteren Zeit als der Steinkohlenzeit erhalten.

Neben dieser so außerordentlichen Fortdauer fehlt es nicht an Beispielen für das vollständige Verschwinden vieler pflanzlicher und tierischer Arten. Ehemals, während der Tertiärzeit, waren die jungfräulichen Wälder Europas mit einer großen Zahl von Affen bevölkert, von denen man besonders in Griechenland fossile Reste findet. Es gab sogar anthropoide Affen in Europa (Dryopithecus), die in den tertiären Gegenden Frankreichs ihre Spuren hinterlassen haben.[1] Nun, trotz ihrer Organisation, die weit komplizierter war als die der Skorpione und der Schaben, haben diese Tiere sich den Veränderungen der äußeren Umstände, die über Europa kamen, nicht anpassen können. Ebenso verhält es sich mit einer Menge anderer höherer Säugetiere, wie den Mammuts, Mastodons usw.

Diese Tatsachen bilden keine Unterstützung für den

[1] GAUDRY, Mammifères tertiaires, 1878, p. 235.

zu wiederholten Malen ausgedrückten Gedanken, daß in der Natur ein Gesetz des allgemeinen Fortschritts bestehe, das auf das Hervorbringen von stets vollkommeneren Organismen hinsichtlich der Zusammengesetztheit ihrer Struktur abzielt. Es ist unbestreitbar, daß die höheren Formen der Stufenreihe der Wesen sich erst im Gefolge ihrer niederen Vorfahren entwickeln konnten. Aber es folgt daraus nicht, daß diese Entwicklung stets einen fortschreitenden Gang annehmen muß. Der Mensch ist eine der letzten Arten, die auf der Erde erschienen; es gibt noch Arten, die jüngeren Datums sind. Sehr wahrscheinlich sind gewisse Arten von Läusen später als der Mensch entstanden, besonders die Kleiderlaus (Pediculus vestimenti). Unter den wahren Parasiten, die nur im menschlichen Körper leben, gibt es welche, die ihre spezifischen Eigenschaften erst nach dem Erscheinen des Menschen erlangt haben. So gewisse Taenia und verschiedene Mikroben, wie der Gonokokkus der Blennorrhagie. Unter den Parasiten und nicht beim Menschen muß man das letzte Schöpfungswort suchen.

In der Natur besteht also keine blinde Tendenz gegen den Fortschritt. Eine enorme Anzahl von Organismen entsteht jeden Tag mit variabeln Eigenschaften. Diejenigen darunter, die sich den äußeren Umständen gut anpassen, erhalten sich und erzeugen eine Nachkommenschaft, die den Eltern gleicht; aber viele kommen nicht zum Ziel, und untüchtig, lange zu leben, sterben sie, ohne Abkömmlinge hinterlassen zu haben.

Um dem Leser eine genauere Idee von dieser Anpassung und ihrer Rolle im Leben zu geben, ist es nützlich, einen Augenblick bei einigen konkreten Beispielen zu verweilen. Unter den Organismen, die unsere Aufmerksamkeit durch ihr verführerisches Aussehen auf sich ziehen, gibt es nicht viele, die mit den blütengekrönten Pflanzen rivalisieren können. Jeder bewundert die außerordentliche Schönheit der Orchideenblüte. Unzweifelhaft haben sich diese Blumen nicht entfaltet, um den ästhetischen Geschmack des Menschen zu befriedigen, und das aus dem einfachen Grund, weil die Orchideen vor dem Auftreten der menschlichen Art existierten.

Unter den Orchideen wird eine seit mehr als einem halben Jahrhundert vom Menschen in vielen tropischen Ländern angepflanzt. Nämlich die Vanille — diese Orchidee, deren Frucht einen der angenehmsten Düfte ausströmt.

Ehemals begnügte man sich, die Schoten der wilden Vanille, einer in den mexikanischen und südamerikanischen Wäldern wachsenden Schlingpflanze, zu pflücken. Aber die Verwendung der Frucht zur Parfümierung der Schokolade ließ die künstliche Kultur der Pflanze nutzbringend erscheinen. Zu diesem Zweck wurde die Pflanze in mehrere warme Länder gebracht, wo sie sich akklimatisieren konnte. Sie gedieh dort sehr gut und trug zahlreiche Blüten, aber sie kam niemals dazu, Früchte hervorzubringen, die allein das Aroma liefern. Da die Frage dieser Sterilität der Vanille ein großes praktisches Interesse hatte, machte man sich daran, deren Ursache zu ergründen, und was bewiesen werden konnte, war folgendes: Die Blume bleibt unfruchtbar, weil ihre männlichen und weiblichen Teile sich nicht in Kontakt setzen können. Es entwickeln sich viele Stempel und Staubgefäße auf der nämlichen Blüte, aber zwischen diesen sexuellen Organen befindet sich ein Blättchen, das die Befruchtung verhindert. Nachdem dies konstatiert war, faßte man den Gedanken, den Pollen der Vanillenblüte künstlich auf die Narbe des Stempels zu bringen und, was man die künstliche Befruchtung nennt, so vorzunehmen. Ein junger schwarzer Sklave, EDMOND ALBIUS, ein Bewohner der Insel Réunion, entdeckte 1841 einen praktischen Prozess, um die männlichen Elemente mit dem weiblichen Organ der Vanille in Berührung zu bringen, was eine große Ausdehnung der Kultur dieser Orchidee in vielen Ländern herbeiführte. In einem gegebenen Augenblick führt man eine kleine Bambusspitze oder auch einfach den Zahn eines Kammes in das Innere der Vanillenblüte ein und befruchtet in wenig Zeit eine Menge Blüten, die so die Fähigkeit erhalten, richtige Schoten hervorzubringen.[1]

In den Heimatländern der Vanille ist dieser Eingriff des Menschen gänzlich unnütz. In Guyana und in Mexiko ist die Befruchtung der Vanille das Werk kleiner Bienen (von der Gattung Melipona). Sie suchen die Vanilleblüten auf, um daraus den Nektar zu holen, der ihnen zur Honigbereitung dient. Die kleinen Kolibris fliegen gleichfalls um die Vanilleblüten, führen ihre Schnäbel in die sexuellen Organe der Blüten ein und bringen so die männlichen und die weiblichen Elemente in Berührung.

Die Unfruchtbarkeit der Vanillepflanze in den Län-

[1] DELTEIL, La Vanille, Paris, 1897.

dern, wohin sie vor Anwendung der künstlichen Befruchtung eingeführt wurde, erklärt sich also leicht durch die Tatsache, daß es in diesen Ländern weder Insekten noch Kolibris gibt, die den Blütenstaub übertragen können.

Aber nicht nur die Vanillepflanze bedarf zur Hervorbringung ihrer Früchte der Mithilfe anderer lebender Wesen. Viele andere Orchideen befinden sich in der nämlichen Lage. Der in ihren Blüten angesammelte Pollen kann nicht durch die Bewegung der Luft übertragen werden. Es ist die Unterstützung der Insekten erforderlich, wie es schon durch SPRENGEL im achtzehnten Jahrhundert und besonders infolge der schönen Forschungen von DARWIN erkannt wurde, die uns in den folgenden Zeilen führen sollen.[1]

Insekten, die verschiedenen Gruppen angehören, wie die Bienen, die Wespen, die Zweiflügler, gewisse Käfer und eine große Anzahl von Schmetterlingen suchen die Orchideen auf, um den Nektar auszusaugen, den die Blüten erzeugen und der in bestimmten Teilen der letzteren aufgehäuft ist. Um mit ihren Rüsseln in diese Behälter voll Zuckersaft einzudringen, müssen die Insekten zuerst die obere Region der Blüte berühren, welche die männlichen Elemente umschließt. Die Pollenkörner, die eine staubige Masse, das sogenannte Pollinium bilden, heften sich an dem Körper der Insekten mittels einer klebrigen Ausscheidung, die von einem kleinen Appendix

[1] DARWIN, Über die verschiedenen Einrichtungen, durch welche Orchideen von Insekten befruchtet werden. Stuttgart 1877. Ebenso MÜLLER, Die Befruchtung der Pflanzen durch Insekten, Leipzig 1873, S. 74—85.

der Blüte, dem Rostellum, hervorgebracht wird, an. Unter diesen Umständen klebt das Pollinium, sei es an dem Rüssel der Schmetterlinge, sei es an dem Kopf oder an irgend einem andern Teil des Insektenkörpers fest. Die Insekten können die Blüte verlassen und davon fliegen, ohne den außen an ihnen haftenden Blütenstaub zu verlieren, und dienen dergestalt als Mittler für die Hochzeit und für die Befruchtung der Orchideen. Ménière erzählt, daß jemand, der in der Nähe des Gartens der Fakultät von Toulouse Bienen züchtete, sich darüber beklagte, daß sie am Kopf ganz mit kleinen gelben Körpern bedeckt, von denen sie sich nicht befreien konnten, vom Garten zurückkämen. Es ließen sich leicht in diese Körpern Orchideenpollen erkennen, die am Kopf der Bienen sehr fest hafteten.[1]

Wenn ein Insekt, das auf seinem Körper Pollenmasse trägt, sich in eine andre Blüte der nämlichen Orchideenspecies begibt, berührt es unvermeidlich die obere Partie des weiblichen Elements, nämlich den Stempel, der mit einer klebrigen Schicht überzogen ist. Ein Teil der in dem Pollinium enthaltenen Pollenkörper wird von dem Stempel festgehalten und vermag das Ovulum zu befruchten. Diese Übertragung der Pollen von einer Blüte auf die andere führt eine Kreuzung herbei, die eine wesentliche Bedingung zur Erzeugung eines guten Samens ist. Umgekehrt hat der Samen, der sich infolge der Befruchtung durch Pollen der nämlichen Blüte entwickelt, geringere Qualitäten.

[1] Bulletin de la Société botanique de France, 1854, Bd. I, p. 370.

Die Analyse der Struktur und der Eigentümlichkeiten der Blüten vieler Orchideen beweist, daß sie in einer wahrhaft bewundernswerten Weise auf den Besuch von Insekten als Samenträger des Blütenstaubes eingerichtet sind. In jedem Teil dieser Blumen kann man irgend eine für die Kreuzung nützliche Vorrichtung erkennen.

Für den wirksamen Transport des Pollens ist es notwendig, daß die Pollenkörner sehr fest am Insektenkörper haften, und daß die klebrige Substanz, die den Blütenstaub zusammenhält, Zeit hat, fest zu werden. Es ist also für die Pflanzen von großem Nutzen, daß die Insekten solange als möglich auf der Blüte bleiben. Auch sammelt sich bei verschiedenen Orchideen der Nektar nicht in einem leicht zugänglichen Behälter. Häufig muß das Insekt den so sehr von ihm ersehnten Zuckersaft lange suchen; es muß sogar die Membrane durchbohren, welche ihn bedeckt. Diese Operation nimmt eine bestimmte Zeit in Anspruch, die hinreicht, den an dem Körper der Insekten haftenden Klebstoff der Pollenkörner vollkommen fest werden zu lassen.

Bei den Orchideen, deren klebrige Masse sich augenblicklich festigt, ist der verlängerte Aufenthalt der Insekten von keinem Nutzen. Auch ist bei ihnen der Nektar leicht zu saugen und das Insekt findet ihn, ohne Zeit mit seinem Suchen zu verlieren.

Nach Aufstellung dieser Tatsachen macht DARWIN die folgende Betrachtung: „ . . . Wenn die klebrige Masse einige Augenblicke benötigt, um ihre Rolle als Kitt zu spielen, ist der Nektar in solcher Weise gelagert, daß die Schmetterlinge mehr Zeit darauf verwenden müssen, ihn zu erreichen; und wenn die Masse sogleich ebenso klebrig ist, wie sie immer ist, so ist der Nektar sofort bereit, sich aufsaugen zu lassen: wenn dieses doppelte Zusammentreffen zufällig ist, ist es ein glücklicher Zufall für die Pflanze. Ist es aber nicht zufällig, und ich kann nicht daran glauben, daß es so sei, was für eine wunderbare Harmonie!"

Einige Orchideen scheiden an Stelle des Nektars eine wasserhelle Flüssigkeit aus. Diese Flüssigkeit sammelt sich in einem Blumenblatt, das im Innern der Pflanze gelagert ist und eine Art ziemlich tiefen Kelch darstellt. Es dient nicht dazu, Insekten anzuziehen, aber wenn sie ihre Flügel ausbreiten, verhindert es sie, auf einem andern Weg hinauszukommen, als durch die kleinen in der Nachbarschaft der Geschlechtsorgane (Staubfäden und Stempel) befindlichen Ausgänge. Die fleischigen Teile des Blütenkelches werden von gewissen Insekten gierig verzehrt, besonders von den Bienen. Dr. Crüger, der diese Beobachtung gemacht hat, sah, daß die Bienen oft in den Kelch fielen, und da ihnen ihre feuchtgewordenen Flügel nicht mehr erlaubten, davon zu fliegen, waren sie gezwungen, durch die Rinne, durch die sich der allzu volle Behälter leert, hinauszukommen. Man kann dann eine ganze Prozession naß gewordener Bienen sehen, die aus ihrem unfreiwilligen Bad durch die enge Passage gehen, die den Kontakt mit dem Stempel und den Pollinien unvermeidlich macht. Die Pollenkörner haften auf dem Körper der Bienen und können auf den klebrigen Stempel einer benachbarten Blüte übertragen werden.

Bei andern Orchideen (Catasetum) (Fig. 1) werden die männlichen Elemente durch eine Art von Schleuder auf die Insektenkörper geschnellt. Wenn gewisse bestimmte Punkte der Blüte von einem Insekt berührt werden, werden die Pollenmassen wie ein Pfeil, aber nicht gefiedert, sondern mit einer stumpfen klebrigen Spitze, fortgeschleudert. „Das Insekt, von dem plötzlichen Stoß, den es empfängt, gestört, oder nachdem es sich mit Nektar gesättigt hat, fliegt davon und läßt sich früher oder später auf einer weiblichen Blüte nieder; und während es dort dieselbe Stellung wie vorher einnimmt, wird das pollentragende Ende des Pfeiles in die Narbenhöhle eingeführt und der Pollen heftet sich an die klebrige Oberfläche dieses Organs." (DARWIN a. a. O.)

Nachdem DARWIN die Kreuzung der Blumen unter diesen so bizarren Umständen mit allen Einzelheiten beschrieben hat, fügt er die folgenden Worte hinzu: „Wer hätte die Kühnheit gehabt, zu vermuten, daß die Fortpflanzung einer Art von einer so komplizierten, scheinbar so künstlichen und doch so bewundernswerten Anordnung abhängt?" (S. 239).

Eine Orchidee (Herminium monorchis) (Fig. 2), die sehr kleine Blüten hervorbringt, ist wegen der Art, wie sie von den Insekten befruchtet wird, sehr bemerkenswert. Um in die Blüte einzudringen, müssen die Insekten sehr schlank sein. Da sie einen sehr engen Raum vorfinden, können sich diese kleinen Insekten nur in einer einzigen Stellung halten, in einem der Winkel der Blüte. Das hat zur Folge, daß die Pollenmasse sich immer am nämlichen Ort anheftet, an der äußeren Fläche eines

Fig. 1. Catasetum saccatum. (Nach „Lindenia", Gent, 1890.)

der Vorderbeine. Tritt nun das Insekt, der Pollenträger, in eine zweite Blüte ein, muß es unweigerlich die Narbe befruchten, die sich genau am korrespondierenden Punkt befindet. „Ich hätte Mühe,“ sagt DARWIN, „eine Blume anzuführen, bei der alle Teile im Hinblick auf eine besondere Art der Befruchtung bewundernswerter, als bei dieser kleinen Herminiumblüte angeordnet sind.“

Außer den Orchideen fehlt es nicht an Blumen, deren Organisation eine besondere Vorrichtung der Befruchtung durch die Insekten verlangt. Um aber in der Natur der lebenden Wesen eine vollkommene Harmonie zu finden, ist es keineswegs nötig, sich auf das Studium der Blumen zu beschränken. Die Tierwelt liefert uns eine große Anzahl von Beispielen dafür. Da wir uns nicht bei ihrer Beschreibung aufhalten können, verweilen wir nur bei einigen der merkwürdigsten.

Es hat jeder schon ganz nahe an der Oberfläche der Erde die kleinen hübschen und schlanken Wespen fliegen sehen. Von Zeit zu Zeit verkriechen sie sich in die Erde oder in den Sand, von wo sie nach wenigen Minuten zurückkommen. Das sind die Schlupfwespen, deren so wunderbare Gepflogenheiten von J. H. FABRE D'AVIGNON mit soviel Scharfsinn studiert wurden. Sie vereinigen sich nicht zu Gesellschaften, sondern bleiben ihr ganzes Leben einsam und haben Gewohnheiten, die sich von denjenigen ihrer Gattungsangehörigen sehr unterscheiden. Die Bienen nähren ihre Larven mit Honig und Pollen, die sie ihnen während der ganzen Zeit ihrer Entwicklung zuführen. Die Wespen, fleischfressende und auf Jagd gehende Insekten, setzen ihre Beute in die Nähe

Fig. 2. Herminium monorchis. (Nach Sowerby, English Botany.)

der schwachen und kraftlosen Larven, die unfähig sind, sich selbst zu versorgen. Die Bienen und die Wespen überwachen ihre Kleinen und treiben eine richtige Aufzucht.

Die Schlupfwespen verhalten sich anders. Sie sehen ihre Nachkommenschaft niemals. Sie legen ihre Eier in Höhlen, die sie in den Boden graben und hermetisch verschließen. Die Larven werden in diesen unterirdischen Räumen geboren, ohne je von der Mutter gesehen zu werden. Diese sorgt im voraus dafür, ihnen für die ganze Dauer ihrer Entwicklung genügende Nahrung zu verschaffen. Bevor die Weibchen ihre Eier legen, füllen sie die Höhlen mit dem Ertrag ihrer Jagd, der bald in Spinnen, bald in Grillen oder in anderen Insekten besteht. Jede Gattung von Schlupfwespen sucht eine einzige Tiergattung oder auch mehrere benachbarte Gattungen, um ihre Höhlen auszustatten. Diese Wespen treffen eine sehr strenge Auswahl, und bei der Wahl ihrer Beute handeln sie wie Sammler, die sich nur für eine oder einige Gattungen kleiner Tiere interessieren. LÉON DUFOUR, ein sehr gelehrter Entomologe, wurde von der Geschicklichkeit gewisser Wespen (Cerceris) (Fig. 3), hübsche Käfer von der Gattung Buprestis (Prachtkäfer) aufzusuchen und zu greifen, die man sonst nur mit vieler Mühe findet, sehr überrascht. Zur eingehenden Erforschung dieser Käfer benutzte er das in den Höhlen der Cerceris aufgesammelte Material; er vermied so die mühselige Arbeit, sie sich im freien Zustande zu verschaffen. Diese Höhlen waren mit unbeweglichen, aber vollständig wohlerhaltenen Buprestis angefüllt. Während die toten Käfer nach kurzer Zeit austrocknen, erhalten sich die in den Höhlen angesammelten wochenlang. LÉON DUFOUR schloß daraus, daß die Cerceris ihre Beute töten, ihr aber irgend eine antiseptische Flüssigkeit einträufeln, die sie ihrem Organismus entnehmen, und die vollkommene Konservierung des Fleisches und der Eingeweide nach sich zieht.

J. H. FABRE ging in dem Studium der Gepflogenheiten der Schlupfwespen noch weiter. Er konstatierte, daß die Insekten, welche sie fangen, nicht tot sind, sondern nur paralysiert. Die Tätigkeit gewisser Organe zeigt, daß die Prachtkäfer, die Rüsselkäfer und andre kleine, in den Höhlen der Schlupfwespen aufgehäufte Tiere noch lebend sind. Sie können sogar gewisse einzelne Bewegungen ausführen, aber es ist ihnen unmöglich, sich von der Stelle zu bewegen und sich zu flüchten. Der Mechanismus dieser Lähmung, soweit er von FABRE aufgedeckt werden konnte, ist sicher eines der merkwürdigsten Phänomene, die man in der Natur findet. Von ihrem Instinkt geleitet, führen die Schlupfwespen, sobald sie ein Insekt oder eine Spinne ergriffen haben, ihren Stachel genau an der Stelle ein, wo sich die Nervenzentren befinden, von denen die Bewegungen der Beine ausgehen. Wenn es sich um Tiere mit schwachem Körper handelt, wie die Spinne oder die kleine Grille,

Fig. 3. Cerceris.

bietet diese Arbeit nicht viel Schwierigkeiten. Aber die Käfer im allgemeinen und die Prachtkäfer und die Rüsselkäfer im besonderen, sind mit einer sehr harten Hülle ausgerüstet, die auf keine Weise von dem kleinen und winzigen Stachel der Schlupfwespe durchbohrt werden kann. Um ans Ziel zu gelangen, richten die Cerceris ihren Stachel genau zwischen das erste und zweite Beinpaar, auf die Mittellinie der unteren Brustseite. Sie benützen die Dünne der Haut an dieser Stelle und führen ihren Stachel bis zu den Nervenganglien ein, von denen die Nerven der Beine ausgehen. Da diese Ganglien bei den Buprestiden benachbart liegen, genügt ein einziger Stich, um die Nervenzentren der drei Beinpaare zu verletzen. Wenn der Stich einmal in diese Stelle geführt ist, fällt der Käfer gelähmt hin, er ist jedoch fähig, noch viele Tage zu leben. „Die Cerceris, die Räuber der Käfer," sagt FABRE,[1] „verhalten sich bei ihrer Auswahl so, daß sie sogar die gelehrteste Physiologie und die feinste Anatomie belehren könnten. Man würde sich vergebens anstrengen, hier nur zufällige Zusammenhänge zu suchen — solche Harmonien erklären sich nicht durch Zufall."

Nachdem die Schlupfwespen die Höhle mit einer hinreichenden Menge von Insekten oder Spinnen ausgestattet haben, legen sie ihre Eier und schließen zuletzt den Eingang. Nach einiger Zeit entschlüpft eine Larve und macht sich daran, die in ihrer unmittelbaren Nähe befindliche Nahrung zu verspeisen. Wenn die aufgespeicherten Insekten nicht gelähmt wären, wäre es ihnen

[1] Souvenirs entomologiques I, Paris, 1879, pp. 71—78.

ein leichtes, aus dem Gefängnis zu entkommen, wären sie tot, würde die Fäulnis oder die Austrocknung (den Umständen entsprechend) sie ungeeignet machen, von den Larven als Nahrung benutzt zu werden. Die reine Notwendigkeit also hat die Entwicklung dieses so wunderbaren Instinkts herbeigeführt, der die Schlupfwespen dazu treibt, die Nervenzentren ihrer Beute zu durchstechen. Sobald die Larve ein Insekt verzehrt hat, nimmt sie ein anderes in Angriff und so fort, bis zum Moment, in dem sie ihre vollständige Entwicklung erhält: sie hüllt sich in eine Schale, die sie während des ganzen Winters und das nächste Frühjahr schützt. Im Sommer verwandelt sie sich zunächst in eine Nymphe und später in das ausgebildete Insekt. Sie befreit sich von ihrer Puppe und fliegt davon, um das gleiche Leben wie ihre Mutter, die sie nie gesehen hat, zu beginnen.

Für harmonische Erscheinungen in der Natur findet man sonst schwerlich so vollkommene Beispiele, als sie die Gepflogenheiten dieser Schlupfwespen und der Mechanismus der Befruchtung der Orchideen bieten. Aber Harmonien der Natur trifft man bei jedem Schritt in der Welt der Lebewesen, und es ist nicht erstaunlich, daß sie schon lange die Aufmerksamkeit vieler Beobachter und Philosophen auf sich gezogen haben. Da es unmöglich war, sie den Organismen selbst zuzuschreiben, angesichts ihrer Inferiorität und ihres Mangels an Intelligenz, schien es natürlich, darin die Kundgebung einer höheren Kraft zu sehen, die alle natürlichen Phänomene organisiert und lenkt. Allein diese Beurteilung zieht nur die eine Seite der Medaille in Betracht.

Wenn man die Organisation und das Leben näher untersucht, bemerkt man bald, daß es neben den vollkommensten Harmonien nicht an Tatsachen fehlt, die eine unvollständige, ja sogar den Mangel jeglicher Anpassung beweisen. Die Analyse der Orchideenblüte möchte glauben machen, daß jeder Teil, sogar der kleinste und anscheinend bedeutungsloseste, im Mechanismus der Befruchtung und der Kreuzung seine Rolle spielt. In Wirklichkeit verhält es sich nicht so. Bei gewissen Orchideen gibt es Organe, die keinerlei Funktion erfüllen.

Bei denselben Catasetum, deren Pollinien mit Gewalt auf die Insektenkörper geschnellt werden, gibt es weibliche Blüten, bei welchen der männliche Apparat nur durch bedeutungslose Reste dargestellt wird. Bei diesen Blüten „... öffnen sich die beiden membranösen Säcke, welche die rudimentären Pollenmassen enthalten, niemals; sie trennen sich aber leicht voneinander und von der Anthere. Ihr Gewebe ist dick und breiig. Wie die meisten rudimentären Teile wechseln die Pollenmassen stark in Form und Größe. Die darin eingeschlossenen und folglich nutzlos bleibenden Pollen besitzen nicht den zehnten Teil des Umfanges der männlichen Formen" (DARWIN a. a. O.). Das sind also zweifellos Hervorbringungen, die keinem Zweck dienen.

Das Vorhandensein dieser rudimentären Samenmassen, die zur Übertragung und zur Befruchtung des weiblichen Elementes unfähig sind, erklärt sich leicht durch die Annahme, daß die Catasetumblüten wirkliche Hermaphroditen waren. Nur sind mit der Zeit die männlichen Organe bei gewissen Blüten, deren weiblicher Teil sich im Gegensatz dazu entwickelt hat, auf eine unvollständige Weise abgestorben. Dieser Einschrumpfungsprozeß wird durch die Pollenrudimente bezeugt, die zu unwesentlich sind, um ihre normale Funktion zu erfüllen.

Die außer Gebrauch stehenden rudimentären Organe sind sehr verbreitet und wir finden sie bei jedem Schritt. Bald sind es Reste von Augen bei Tieren, die in der Dunkelheit leben, bald Rudimente von Geschlechtsorganen bei Pflanzen und Tieren, die unfähig sind, sich fortzupflanzen.

Neben den Orchideen und soviel andren Blumen, die so gut zur Befruchtung durch das Zwischenmedium der Insekten eingerichtet sind, sehen wir viele Insekten, die nicht weniger gut auf das Besuchen von Blumen eingerichtet sind. Die Schmetterlinge, die Bienen und eine große Anzahl anderer Insekten besitzen bewundernswert organisierte Rüsselteile, um in das Innere der Blüten einzudringen und Nektar und Pollen herauszuziehen. Es gibt jedoch viele Insekten, die in dieser Beziehung weit weniger glücklich sind.

Oft wagen sich Insekten, die den Blumen, die sie besuchen wollen, schlecht angepaßt sind, zu weit heran und setzen ihr Leben aufs Spiel. DARWIN (a. a. O.) hat einen außerordentlich kleinen Hautflügler beobachtet, der vergebliche Versuche machte, seinen, von einem hartgewordenen Tropfen der klebrigen Substanz an den Kamm des Rostellum und an den Spitzen der Pollinien einer Orchidee (Listera ovata) (Fig. 4) angekitteten Kopf

Fig. 4. Listera ovata. (Nach BARLA.)

zu befreien. Das Insekt war nicht so groß als eines der Pollinien; nachdem es die Explosion verursacht, hatte es keine Kraft mehr, sich zu entfernen. Es wurde dafür bestraft, daß es eine Arbeit unternommen hatte, die über seine Kräfte ging, und verdarb elendiglich."

Viele gut angepaßte Insekten vergnügen sich, den Nektar aus den Blüten zu saugen. Viele andere möchten es ebenso machen, aber ihre Unangepaßtheit hindert sie am Erfolg. Der Blattlauskäfer, oder das Herrgottskühlein, liebt den süßen Saft der Blüten. Es versucht oft, aus dem Löwenzahn den Nektar zu saugen, aber ohne Erfolg. HERMANN MÜLLER [1] hat die Art und Weise beschrieben, mit der dieses kleine Insekt sich benimmt, um sich den Nektar von Erodium cicutarium zu verschaffen. „Die ungeschickte Art, in welcher dieser der Blumennahrung nicht angepaßte Käfer sich den Honig verschafft, war zu komisch, um nicht erwähnt zu werden. Er bewegte, indem er sich auf eines der Blumen-

[1] Die Befruchtung der Blumen durch Insekten. 1873, S. 167.

blätter setzte, den Mund gegen eines der zu beiden Seiten der Basis desselben sitzenden Nektarien. Das Blumenblatt löste sich dabei in der Regel ab und der Käfer klammerte sich nun entweder an einem benachbarten Kelchblatte fest oder fiel mit dem Blatt zur Erde. Im ersten Fall setzte er die Runde in der Blüte ohne weiteres fort und es gelang ihm in manchen Fällen alle fünf Blumenblätter abzulösen; im zweiten war er sogleich wieder auf den Beinen und lief rasch wieder auf einen neuen Stengel der nämlichen Pflanze, um dieselbe Art der Honiggewinnung von neuem zu beginnen. Ich sah einen und denselben Blattlauskäfer viermal mit einem von ihm abgelösten Blumenblatt zur Erde fallen, ohne daß er dadurch gewitzigt worden wäre."

Die so gut auf bestimmte Funktionen eingerichteten Instinkte der Insekten weisen oft mehr oder weniger bizarre und bemerkenswerte Abirrungen auf. Bevor sich die Schmetterlingsraupen in Puppen verwandeln, umgeben sie sich mit einem sehr gut gesponnenen Cocon, der sie gegen alle Arten von schädlichen Einflüssen zu bewahren imstande ist.

Unter dem Schutz dieser Hülle verwandelt sich die Raupe in eine Puppe und später in einen Schmetterling, der das Ende des Cocons durchbohrt, um hinauszukommen. Verdirbt irgend eine äußere Ursache den Cocon, so wird die gewöhnliche Metamorphose unmöglich und die Larve stirbt vorzeitig. Fabre[1] fragte sich, ob die Raupe während der Spinnperiode des Cocons fähig wäre, diesen wieder herzustellen, wenn man ihn beschädigte.

[1] Souvenirs entomologiques. 4e série. Paris, p, 47.

In dieser Absicht schnitt er mit der Schere das Ende des in der Bildung begriffenen Cocons bei einer Raupe des Grossen Pfauenauges weg. Trotz dem durch diesen groben Eingriff erzeugten Loch, setzte die Raupe ihre gewöhnliche Arbeit fort, ohne zu ahnen, daß sie zu keinem nützlichen Ende führen würde. Bei dieser Gelegenheit setzt „die Raupe des Grossen Pfauenauges trotz des sichern Untergangs des zukünftigen Schmetterlings ihre spinnende Tätigkeit friedlich fort, ohne in etwas den regelmäßigen Gang der Arbeit beeinflussen zu lassen; im Augenblick, da sie die letzten Schutzfäden reiht, heftet sie diese auf die gefährliche Bresche, aber sie unterläßt es, den zerstörten Teil der Schutzwehr wieder herzustellen. Gleichgültig für das Notwendige, beschäftigte sie sich mit dem Überflüssigen."

Sogar bei den Schlupfwespen, deren Instinkte so bewundernswert angepaßt sind, ist die Harmonie weit von Vollkommenheit entfernt. FABRE wollte sich von der Wirkung unterrichten, welche die Hinwegnahme des in eine Höhle gelegten Eies auf diese Insekten ausübte. Er wählte für dieses Experiment die Pelopaea, eine Schlupfwespe (Fig. 5), die Spinnen jagt. Er nahm ihr die Eier, welche sie in einer sorgfältig angelegten Höhle niedergelegt, weg und begann sie zu beobachten. „Die Pelopaea fährt fort, für ein geraubtes Ei Spinnen einzusammeln; sie häuft Lebensmittel auf, die nichts ernähren werden; sie verdoppelt ihre Treibjagden auf Wildpret, um eine Speisekammer zu füllen, die meine Pinzette augenblicklich ausplündert" (a. a. O.). Diese unsinnige Jagd ermüdete das Insekt nicht, es setzte sie fort, ohne ihre Nutzlosigkeit zu bemerken. Hier haben wir ein Beispiel verfehlten Mutterinstinkts, der auf kein nützliches Ziel hinausläuft.

Neben diesem wütenden Trieb, eine Fürsorge zu Gunsten einer Nachkommenschaft, die niemals existieren wird, aufzuwenden, kann man Erscheinungen von ganz entgegengesetztem Charakter beobachten. Gewisse Weibchen töten ihre Jungen und fressen sie auf. Es kommt häufig vor, daß die Kaninchen ihre ganze Nachkommenschaft verschlingen oder auch, daß sie sie ohne Nahrung und Fürsorge sterben lassen. Zuweilen sind es junge, noch unerfahrene Kaninchen, aber man begegnet dieser Abweichung des Instinkts auch bei alten Kaninchen, die ein für allemal die Gewohnheit angenommen, ihre Jungen zu verlassen oder zu fressen. Weibchen von andern Säugetiergattungen oder von Vögeln sind oft dabei überrascht worden, wie sie ihre Nachkommenschaft verließen oder töteten.

Fig. 5. Pelopaea.

Die Umkehrung des Geschlechtstriebs ist unter den Tieren ziemlich häufig. Huber[1] bestätigt, daß die männlichen Ameisen, sobald ihnen Weibchen fehlen, die Arbeiterinnen vergewaltigen, die daran sterben, weil ihre unvollständig entwickelten Geschlechtsorgane die Ausübung der Funktion nicht gestatten. Ebenso hat man anormale Paarungen beim Hirschkäfer, bei Bienen und

[1] Recherches sur les moeurs des fourmis indigènes, Paris 1810.

besonders bei Maikäfern beobachtet.[1] Höhere Tiere, wie die Hunde, liefern analoge Beispiele der geschlechtlichen Perversion.

Die Onanie ist gleichfalls unter den Säugetieren bekannt. Man beobachtet sie häufig bei den Affen in den Menagerien und ebenso bei den Hirschen in der Brunft, die sich an den Bäume reiben, um die Ejakulation der Samenflüssigkeit herbeizuführen. Die Hengste und Stuten wurden oft dabei überrascht, wie sie ihre geschlechtlichen Bedürfnisse durch anormale Mittel befriedigten. Man führt mehrere andere Gattungen an (Hund, Bär, Kamele, Elefanten, Papageien usw.), die der Onanie fröhnen.[2]

Diese disharmonischen Instinkte führen keineswegs den Tod der Tiere herbei, die sie betätigen. Es gibt jedoch in der Natur weit gefährlichere Entartungen des Instinkts. Wer hat nicht im Sommer zahllose Insekten, vom Licht angezogen, um Lampen und Kerzen sich ansammeln sehen? Man findet darunter Käfer, Motten, Eintagsfliegen und am häufigsten kleine Nachtschmetterlinge. Nach einigen Stößen zum Lichte hin verbrennen sie sich die Flügel und sterben in großer Menge. Dieser Instinkt ist bei vielen dieser Insekten so konstant und so entwickelt, daß man sich seiner zu ihrer Vernichtung bedient. So wird unter den Mitteln, die gegen den Botys sticticalis angepriesen werden — einen Nachtschmetterling, dessen Raupen Getreide und die Runkelrüben fressen — angeraten,[3] auf den Feldern

[1] FÉRÉ, L'instinct sexuel. 2e ed. Paris 1902, p. 76.
[2] MOLL, Untersuch. über d. Libido sexualis, II, S. 372, 373.
[3] KOEPPEN, Schädliche Insekten, II, 1883, S. 237 (russisch).

zahlreiche Feuer anzubrennen. Die vom Licht angezogenen Schmetterlinge fallen ins Feuer und gehen in Menge zu grund.

Wenn die Eintagsfliegen massenweisse aus dem Wasser steigen, zünden die Fischer auf ihren Fahrzeugen Strohfeuer an, an denen diese Insekten sich die Flügel verbrennen. Die Körper fallen ins Wasser und liefern den Fischen eine beliebte Nahrung.[1]

Gerade die Nachtfalter, die während des Tages ruhen und ihre Verstecke erst am Abend, nach Sonnenuntergang, verlassen, betätigen diesen so disharmonischen und verderbenbringenden Instinkt. Auf den Getreidefeldern findet man Käfer, die sich in ihrer Form und ihrem allgemeinen Aussehen ähnlich sind, die Anisoplien und die Junikäfer. Entzündet man in der Dunkelheit der Nacht ein Feuer, nähern sich ihm, unter Lebensgefahr, nur die Rhizotrogen. Die Anisoplien bleiben ruhig inmitten des Getreides. Diese Käfer paaren sich tagsüber, während die Rhizotrogen ihren sexuellen Bedürfnissen während der Nacht genüge tun. Die Männchen sind es, die in der Dunkelheit fliegen und zum Feuer kommen, während die Weibchen inmitten der Pflanzen am Boden bleiben.[2] Es ist also wahrscheinlich, daß das Licht auf diese männlichen Käfer eine Art sexueller Erregung ausübt. Auf der Suche nach dem Weibchen vermuten die Männchen es inmitten der leuchtenden Punkte, denen sie sich zuwenden, ohne sich von der großen Gefahr Rechenschaft abzulegen, die sie laufen.

[1] Swammerdam, Biblia naturae, Leiden, 1737.
[2] Brehm, Tierleben. Neunter Band.

Diese Hypothese über die Bedeutung dieses disharmonischen und so mörderischen Instinkts wird durch die Tatsache bestätigt, daß auch die vom Feuer angezogenen Nachtschmetterlinge fast ausnahmslos Männchen sind. Die Entomologen halten den Ackerbauern, welche den so schädlichen Rübsaatpfeifer durch die Feuer zu vernichten denken, sogar entgegen, daß diese Feuer fast niemals Weibchen anziehen. Die letzteren bleiben also fähig, ihre Eier zu legen, und eine Generation von gefräßigen Raupen zu erzeugen.

Unter den durchs Feuer in so großer Menge angezogenen Eintagsfliegen sind die Männchen weitaus am zahlreichsten. Es ist also in der Tat sehr wahrscheinlich, daß die Saturnalien, die mit der Vernichtung einer Menge männlicher Insekten endigen, eine Art sexueller Verirrung darstellen.

Man muß sich erinnern, daß man unter den Käfern Gattungen begegnet, bei welchen das im Gras versteckte Weibchen ein intensives Licht erzeugt, das die Männchen anlockt. Bei dem gemeinen Leuchtkäfer glüht allein das flügellose Weibchen in jenem grünlichen Glanz, der die Aufmerksamkeit so sehr erregt. Sogar bei Gattungen, wo beide Geschlechter leuchten können, ist es das Weibchen, das mehr glänzt. Freilich gibt es Käfer, wo die Larven am leuchtendsten sind, und das hat DARWIN[1] sagen lassen, daß die Ausstrahlung des Lichts den Insekten dazu dient, ihre Feinde abzuschrecken. Das ist möglich, wie es auch möglich ist, daß ge-

[1] Die Abstammung des Menschen und die geschlechtliche Zuchtwahl. Deutsch von CARUS. Stuttgart.

wisse Insekten sich ihrer Leuchtapparate bedienen, um den Weg in der Dunkelheit zu erhellen.[1] Trotzdem aber ist der sexuelle Charakter des Leuchtvermögens in gewissen Fällen so offenkundig, daß es unmöglich ist, über die Rolle, die es bei Anziehung der Männchen spielt, zu zweifeln.

Übrigens haben wir es nicht nötig, uns hier mit der Erklärung des Instinkts, der soviel Insekten das Leben kostet, aufzuhalten. Wichtig ist uns vor allem die Häufigkeit, mit der in der Natur eine Disharmonie zwischen dem Instinkt, der die Insekten zum Feuer lockt, und dem oft so verhängnisvollen Ausgang, der seiner Befriedigung folgt, auftritt.

Es ist klar, daß, sobald irgend ein Instinkt oder eine andere disharmonische Eigenschaft den vorzeitigen Tod herbeiführen, die schädliche Eigentümlichkeit, sich weder fortpflanzen noch auf die Dauer erhalten kann. Ebenso endigt der entartete mütterliche Instinkt, der die Jungen verstößt, notwendigerweise beim Tod der Nachkommenschaft. Diese kann also jenen abirrenden Instinkt weder entwickeln, noch vererben. Wenn alle Kaninchen oder wenigstens die Majorität derselben ihre Jungen aus Mangel an Fürsorge sterben ließen, würde augenscheinlich die Art alsbald verlöschen. Dagegen werden die durch den Instinkt zu guter Ernährung und guter Pflege ihrer Nachkommenschaft angetriebenen Mütter eine kräftige Generation aufziehen, die auf dem Weg der Vererbung den zur Erhaltung der Art so nützlichen Mutterinstinkt leicht fortpflanzen

[1] R. Dubois, Les Elatérides lumineux. Meulan, 1886, p. 209.

wird. Aus diesem Grunde finden wir in der Natur leichter harmonische Eigenschaften, als schädliche Eigentümlichkeiten. Diese können sich nicht ins Grenzenlose fortpflanzen, eben deswegen, weil sie für das Individuum und die Gattung schädlich sind.

Es vollzieht sich demnach beständig eine Auslese der Eigenschaften. Die nützlichen Eigentümlichkeiten vererben und erhalten sich, während die schädlichen schließlich verschwinden. Diese disharmonischen Eigenschaften können das völlige Verschwinden der Gattung herbeiführen, aber sie können auch allein erlöschen, ohne notwendigerweise von dem Verschwinden der Wesen, die sie besaßen, gefolgt zu sein. Im letzteren Fall kann sich der schädliche Charakter in einen andern, für das Leben der Gattung nützlichen verwandeln.

Dieser beständige Prozeß einer natürlichen Auslese, der die Verwandlung und den Ursprung der Arten durch die Erhaltung der nützlichen und das Verschwinden der schädlichen Eigenschaften so gut erklärt, ist von DARWIN und WALLACE entdeckt und durch die unsterblichen Forschungen des ersteren der beiden Gelehrten ins Licht gerückt worden.

Lange vor dem Erscheinen des Menschen auf der Erde hat es also glückliche, den Bedingungen des Daseins gut angepaßte Wesen gegeben, und unglückliche Organismen, die ihren disharmonischen Instinkten folgten und schließlich ihr Leben gefährdeten oder sogar verloren. Könnten diese Wesen nachdenken und uns ihre Eindrücke mitteilen, würden sich augenscheinlich die gutangepaßten, wie die Orchideen oder die Schlupfwespen, auf die Seite der Optimisten stellen. Sie würden erklären, daß die Welt auf die allerbeste Weise eingerichtet ist, und daß man nur seinen natürlichen Instinkten zu gehorchen brauche, um zur Zufriedenheit und zum vollkommensten Glück zu gelangen. Im Gegensatz dazu würden die disharmonischen, an die Lebensbedingungen schlecht angepaßten Wesen rein pessimistische Ideen äußern. Wie! Da ist ein Blattlauskäferchen, das getrieben vom Hunger und von der Liebhaberei für den Honig solchen auf den Blumen sucht und dabei nur Mißerfolg hat; oder Insekten, die ihr Instinkt zum Feuer treibt, die sich die Flügel verbrennen und dadurch in die Unmöglichkeit versetzt sind, ihr Dasein fortzuführen. Es ist klar, daß die letzteren erklären würden, die Welt sei auf eine abscheuliche Art organisiert, und daß es besser wäre, sie bestände nicht.

Und der Mensch, die Gattung, die uns besonders interessiert, in welche Kategorie muß er eingereiht werden? Ist er ein Wesen, dessen Natur in Harmonie steht mit den Bedingungen, unter denen er leben muß, oder ist er ein disharmonischer Organismus? Es bedarf einer eingehenden Analyse der Tatsachen, um auf diese Fragen zu antworten.

DRITTES KAPITEL

Die Abstammung des Menschen vom Affen.

Verwandtschaft der menschlichen Gattung mit den menschenähnlichen Affen. — Analogie des Gebisses, der Organisation der Extremitäten und des Gehirns. — Ähnlichkeit zwischen dem Wurmfortsatz des Menschen und der Anthropoiden. — Analogie zwischen der Placenta und dem Fötus des Menschen und der anthropomorphen Affen. — Blutsverwandtschaft des Menschen und der Affen nachgewiesen durch hämolytische und präcipitierende Serums. — Verwandlung der Arten. — Rascher Übergang vom Affen zum Menschen. — Der Rechenkünstler J. INAUDI als Beispiel jähen Auftretens von Eigenschaften in der menschlichen Gattung. — Rudimentäre Organe beim Menschen. — Verhältnis progressiver und regressiver Organe in der Organisation des Menschen.

Wenn man sich ein Urteil über die Natur des Menschen bilden will, ist es notwendig, sich zunächst über die Abstammung des Menschen Aufklärung zu verschaffen. Diese Frage hat seit Jahrhunderten die Menschheit beschäftigt, die lange Zeit hindurch die Lösung dieses Problems in den religiösen Dogmen zu finden geglaubt hat. Man dachte, der Mensch sei, durch einen besonderen Schöpfungsakt der Gottheit geschaffen. Die wissenschaftliche Kritik hat jedoch die Unmöglichkeit einer solchen Annahme mit Leichtigkeit bewiesen.

Die Entdeckung der natürlichen Zuchtwahl und ihrer Rolle bei der Umwandlung der Arten wurde vor bald einem halben Jahrhundert von DARWIN auf den Menschen angewandt. Nach dem Erscheinen seines grundlegenden Werkes über die Entstehung der Arten begann man mit viel Sorgfalt die Frage der Abstammung des Menschen zu erforschen. Wenige Jahre später (1863) konnte HUXLEY[1] einen bewundernswerten Überblick über die Frage geben in seiner Arbeit über die Stellung des Menschen in der Natur. Mit Argumenten von hohem wissenschaftlichen Wert unterstützt er die These, daß der Mensch tierischer Abstammung ist, und daß er als ein den Affen verwandtes Säugetier angesehen und ganz besonders den anthropomorphen Affen nahestehend erachtet werden muß. Trotz der meisterhaften Darstellung HUXLEYS gibt es indessen immer noch Leute von hoher Intelligenz und von höherer Bildung, die behaupten, die Wissenschaft habe noch keine Antwort gegeben auf „die Frage, woher wir kommen", und „die Evolutionstheorie werde sie uns niemals geben."[2]

Das eingehende Studium des Organismus des Menschen hat auf entscheidende Weise dessen enge Verwandtschaft mit dem der höheren Affen oder der Anthropoiden bewiesen. Die Auffindung des Schimpansen und des Orang-Utang hat ermöglicht, sie mit dem Menschen zu vergleichen, und hat mehreren ausgezeichneten Naturforschern, darunter der große LINNÉ, den Gedanken eingegeben, die menschliche Gattung in die Nähe der großen anthropomorphen Affen zu bringen.

[1] Zeugnisse für die Stellung des Menschen in der Natur. Deutsch von CARUS. 1863.

[2] BRUNETIÈRE, Revue des deux Mondes, 1895, p. 99.

Seitdem begann man alle Einzelheiten der Organisation zu studieren und Knochen für Knochen und Muskel für Muskel die anatomische Struktur des Menschen und der großen schwanzlosen Affen zu vergleichen. Man hat eine wahrhaft erstaunliche Analogie zwischen deren Organismus konstatiert, eine Ähnlichkeit, die bis in die Details geht. Man weiß, daß in der Naturgeschichte der Säugetiere die Zähne eine sehr große Rolle zur Bestimmung der Unterschiede und Analogien spielen. Nun, das Gebiß des Menschen weist eine sehr große Ähnlichkeit mit demjenigen der Anthropoiden auf. Jedermann kennt die Milchzähne und die bleibenden Zähne des Menschen. Nun wohl, die anthropomorphen Affen weisen in dieser Beziehung eine staunenswerte Ähnlichkeit mit dem Menschen auf. Die Zahl (32 beim Erwachsenen) der Zähne, die Art und die allgemeine Form der Kronen sind beim Menschen und bei den anthropomorphen Affen dieselben. Die Verschiedenheiten erstrecken sich nur auf untergeordnete Punkte, wie auf die Form, auf die relative Größe und auf die Zahl der Höcker. Man kann im allgemeinen sagen, daß bei den Anthropomorphen die Zähne weit stärker entwickelt sind, als beim Menschen. Die Eckzähne sind weit länger und die Wurzeln der Backzähne sind beim Gorilla komplizierter als beim Menschen.

Man darf jedoch nicht aus dem Auge verlieren, daß all diese Unterschiede weniger hervorstechen, wie jene, die zwischen dem Gebiß der anthropomorphen Affen und dem Gebiß aller andern Affen bestehen. Sogar bei den Pavianarten, den Affen, die den Anthropomorphen am nächsten stehen, weisen die Zähne einen sehr wesentlichen Unterschied auf. Die Form der Kronen der oberen Backzähne beim Babuin z. B. ist vollständig verschieden von der beim Gorilla. Die Eckzähne sind länger, die Backzähne noch komplizierter wie beim Gorilla.

Bei den Affen der neuen Welt ist das Gebiß noch weit verschiedener von dem des Menschen und der Anthropoiden. An Stelle von 32 Zähnen haben sie 36 im erwachsenen Zustand. Die Zahl der falschen Backzähne beträgt 12 anstatt 8. Die allgemeine Form und die Kronen der Backzähne sind sehr verschieden von denen der anthropoiden Affen.

All diese Tatsachen leiten HUXLEY zu dem Schluß, daß das Gebiß der höchstentwickelten Affen verglichen mit dem des Menschen einen geringeren Unterschied aufweist, als das Gebiß der höheren und der niederen Affen (a. a. O. S. 95).

Eine andere Eigenschaft, die die Anthropoiden näher am Menschen stehen läßt, als die übrigen Affen, wird von der Anatomie des Kreuzbeins geliefert. Bei den eigentlichen Affen wird das Kreuzbein von drei oder selten von vier Wirbeln gebildet, während es bei den anthropomorphen Affen deren fünf, d. h. genau soviel wie beim Menschen enthält.

Das Knochengerüst im allgemeinen und der Schädel im besonderen zeigen beim Menschen und bei den höheren Affen gewiß deutliche Unterschiede, aber auch hier sind diese Unterschiede geringer, als zwischen den anthropomorphen und den eigentlichen Affen. Dergestalt bleibt das von HUXLEY formulierte Verhältnis für das Knochengerüst vollkommen wahr: „..... Für den Schädel nicht weniger wie für das Skelett im allgemeinen" — sagt der englische Gelehrte — „bewährt sich das Verhältnis, daß die Unterschiede zwischen dem Menschen und dem Gorilla von geringerer Bedeutung sind, wie jene, welche den Gorilla von den niederen Affen trennen."

Die Anhänger der Lehre, welche die menschliche Gattung als wesentlich verschieden von allen bekannten Affen ansieht, stützen sich stark auf den Unterschied zwischen dem Fuß des Menschen und dem der anthropomorphen Affen. Dieser Unterschied kann nicht geleugnet werden. Der Mensch hält sich ständig aufrecht, während die Affen, auch die höchsten, nur bei bestimmten Gelegenheiten auf zwei Füßen gehen. Daraus folgte eine weit größere Entwicklung der Füße bei den Affen. Dieser Unterschied darf indessen nicht übertrieben werden. Man hat beweisen wollen, daß die Affen „Vierhänder" (Quadrumanes) sind, und daß ihre Vorderpfoten in „Hinterhände" endigen. Es ist jedoch wohlbewiesen, daß die Hintergliedmaßen des Gorilla in allen wesentlichen Beziehungen in Füße auslaufen, die ebenso veritable Füße sind, wie die des Menschen (HUXLEY a. a. O. S. 103). „Die hintere Gliedmaße des Gorilla endigt in einen wirklichen Fuß mit einer sehr beweglichen großen Zehe. Es ist allerdings ein Greiffuß, aber in keiner Weise eine Hand; es ist ein Fuß, der von dem des Menschen in keinem wesentlichen Charakter, sondern einzig in seinen relativen Verhältnissen, in seinem Beweglichkeitsgrad und in der untergeordneten Anordnung seiner Teile abweicht" (ebenda S. 103).

In allen Fällen wird auch hier die Regel bestätigt, „daß die Unterschiede zwischen Hand und Fuß des Menschen einerseits und den Füßen des Gorilla anderseits weit geringer sind, als die Verschiedenheit zwischen dem Fuß des Gorilla und dem der niederen Affen."

Die Vergleichung der Muskeln und der andern innern Organe führt zum nämlichen Schluß: Die Unterschiede zwischen den Affen sind mannigfaltiger und größer, wie die zwischen den anthropomorphen Affen und dem Menschen. Man hat die Anatomie des Gehirns in dieser Beziehung viel diskutiert. Mehrere ausgezeichnete Gelehrte, unter denen man vor allen OWEN anführen muß, stützten sich darauf, daß bestimmte Teile des Gehirns, die besonders charakteristisch für den Menschen sind, bei allen Affen fehlen. So der hintere Lappen, das hintere Horn und der kleine Hippocampus. Unter den Anatomen hat sich darüber sogar eine sehr lebhafte Polemik entsponnen. Aber schließlich hat nicht die Meinung OWENS triumphiert. Gegenwärtig ist allgemein angenommen, daß die in Frage stehenden Gebilde „genau die Charaktere der Gehirnstruktur aufweisen, die als gemeinsam für Menschen und Affen charakterisch sind. Sie gehören zu den deutlichsten Affeneigentümlichkeiten, die der menschliche Organismus darbietet" (HUXLEY a. a. O. S. 73).

In Bezug auf das Gehirn sind die Verschiedenheiten zwischen dem Menschen und den anthropomorphen Affen sicherlich weniger ausgeprägt, wie jene, die zwischen den höheren und den niederen Affen bestehen.

Der Verdauungskanal liefert uns ein neues Argument

zu gunsten der Annäherung der anthropoiden Affen an den Menschen. Der menschliche Blinddarm ist mit jenem so sonderbaren und bizarren wurmartigen Anhang ausgestattet, von dem oft gelegentlich einer schweren und sehr häufigen Krankheit, der Appendicitis, die Rede ist. Nun, es ist durchaus bemerkenswert, daß dieses Organ dem Wurmfortsatz der anthropomorphen

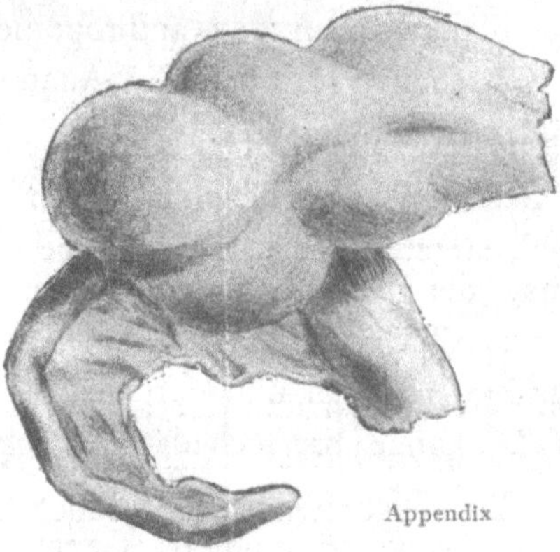

Fig. 6. Coecum mit Wurmfortsatz beim Menschen. (Nach EWALD.)

Affen absolut gleicht. Es genügt, einen Blick auf die obenstehenden Figuren zu werfen (Fig. 6 und 7), um sich davon zu überzeugen. Indessen hat kein andrer Affe etwas dem ähnliches aufzuweisen. Bei den nicht anthropomorphen Affen gibt es entweder überhaupt keinen Wurmfortsatz, oder er weist eine nur sehr entfernte Analogie mit dem des Menschen auf.

Es ist nicht erstaunlich, daß beim Vorhandensein dieser so zahlreichen Ähnlichkeiten vor ungefähr 40 Jahren die

Wissenschaft sich ermächtigt fühlte, zu verkünden, daß der Mensch mit den anthropomorphen Affen durch die Bande einer unbestreitbaren Verwandtschaft verbunden sei. Dieser Satz wurde um so eher klassisch, als er niemals von irgend einem präzisen Faktum hat erschüttert werden können. Seitdem wurde eine reiche Anzahl von Tatsachen über die Naturgeschichte der anthropomorphen Affen gesammelt.

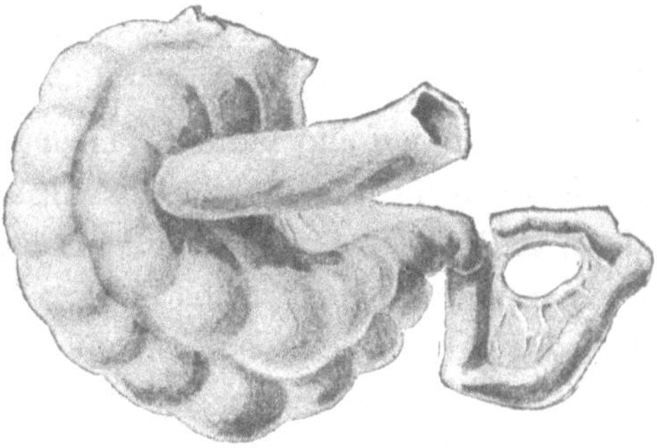

Fig. 7. Coecum mit Wurmfortsatz beim Schimpansen.

Niemals widersteht eine Theorie, wenn sie falsch ist, neuen Tatsachen. Oft versucht man, sie zu akkommodieren, sie mit den Forderungen der Theorie in Einklang zu bringen, aber diese Versuche dauern nicht lange und die Theorie wird schließlich aufgegeben. Zu dem Zwecke, den wir verfolgen, wäre es also nützlich, der Lehre von der Abstammung des Menschen vom Affen die zahllosen Tatsachen gegenüberzustellen, die während der letzten Jahrzehnte in der Wissenschaft aufgehäuft wurden.

Zur Zeit, da sich HUXLEY bemühte, die Stellung des

Menschen in der Natur zu bestimmen, wußte man fast nichts über die Embryologie der anthropomorphen Affen. DARWIN,[1] VOGT,[2] HÄCKEL[3] verfügten bei ihren Versuchen, den Satz von der tierischen Abstammung des Menschen zu belegen, noch nicht über genügende Kenntnisse in der Embryologie dieser Affen. Erst später konnten wichtige Dokumente über diesen Gegenstand gesammelt werden.

Man weiß, daß die Entwicklungsgeschichte recht häufig ein sehr wertvoller Führer beim Aufsuchen der Verwandtschaft eines Organismus ist. Es ist also interessant, auf die Tatsachen, die bezüglich der Embryologie der Anthropomorphen aufgestellt wurden, einen Blick zu werfen. Das Material für diese Studien ist sehr schwierig zu beschaffen; es ist also nicht erstaunlich, daß unsere gegenwärtigen Kenntnisse noch nicht vollkommen sind.

Die Placenta gibt oft Aufschlüsse, die für die Klassifikation der Säugetiere von großer Bedeutung sind. Es genügt, einen Blick auf die gürtelförmige Placenta der Hunde und Robben zu werfen, um sich der Verwandtschaft dieser beiden Gattungen, die indessen zunächst sehr verschieden scheinen, zu vergewissern. Nun, die Placenta aller bis jetzt untersuchten anthropomorphen Affen weist den nämlichen scheibenförmigen Typus auf, wie die des Menschen. Die Einrichtung der menschlichen Nabelschnur, die man früher als ganz besonders der menschlichen Gattung angehörig erachtete, findet sich bei den anthropomorphen Affen wieder, wie von

[1] Die Abstammung des Menschen und die geschlechtliche Zuchtwahl. [2] Vorlesungen über den Menschen. Gießen 1863.
[3] Anthropogenie, 4. Aufl. 1891.

Deniker[1] und Selenka[2] festgestellt wurde. Es ist anzumerken, daß in Bezug auf die fötalen Hüllen diese Affen dem Menschen näher stehen, als den niederen Affen. Was die Embryonen selbst betrifft, so ist ihre Ähnlichkeit bei den Affen und dem Menschen entschieden auffallend. Selenka stützt sich auf die „Tatsache, daß die allerjüngsten embryonalen menschlichen Scheiben, die beobachtet wurden, kaum von denen der geschwänzten Affen unterschieden werden können, hinsichtlich der Lage sowohl, wie hinsichtlich der Form“ (a. a. O. S. 188).

Die vorgeschritteneren Stadien zeigen eine größere Differenzierung. Die menschlichen Embryonen gleichen alsdann jenen der anthropomorphen Affen weit mehr, als den Embryonen der niederen Affen. Ein von Selenka untersuchter und auf unserer Fig. 8 wiedergegebener Gibbon-Fötus zeigt eine wahrhaft frappante Ähnlichkeit mit dem entsprechenden Stadium des Menschen (Fig. 9).

Später werden die Züge, die den Menschen von den Affen, auch den höchsten, unterscheiden, immer deutlicher. So wird das Gesicht bei den Anthropomorphen sehr vorspringend und zeigt eine der menschlichen Natur fremde Bestialität. Trotzdem ist die große Ähnlichkeit zwischen den hinreichend entwickelten Fötus der anthropomorphen Affen und den menschlichen Fötus aus dem fünften und sechsten Monat noch sehr bemerkenswert. Deniker hatte das Glück, einen Gorilla-Fötus, ein Stück von außerordentlicher Seltenheit, zu finden und daran eine möglichst vollständige Untersuchung zu machen.

[1] Archives des Zoologie experimentales. 1885. [2] Studien über Entwicklungsgeschichte der Tiere, 1898—1902.

Bereits der oberflächliche Anblick dieses Fötus (Fig. 10) zeigt eine sehr hohe Verwandtschaft mit dem menschlichen Fötus des nämlichen Alters (Fig. 11). Man vergewissert sich leicht, daß der Gorillafötus weit mehr menschliche Züge aufweist, als der erwachsene Gorilla.

Fig. 8. Gibbon-Fötus.

Das eingehende anatomische Studium kann diesen Eindruck nur bestätigen.

Der Schädel des Fötus und der jungen anthropomorphen Affen gleicht in der Tat dem menschlichen Schädel weit mehr, als der Schädel der erwachsenen Tiere. „Die kindlichen Schädel der Anthropomorphen weisen eine große Analogie sowohl unter sich auf, wie mit dem Schädel des menschlichen Kindes. Aber schon von der ersten Zahnung ab geben sich die typischen Unterschiede auf eine so deutliche Weise kund, daß das genetische Band nur mit Hilfe vieler erloschener Zwischenformen angenommen werden kann (SELENKA a. a. O. S. 160).

Die embryologischen Tatsachen, die die Abstammung

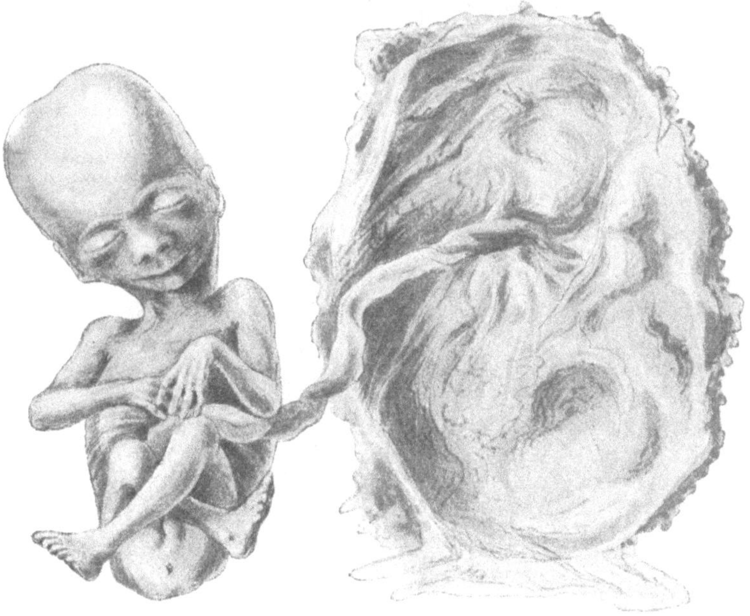

Fig. 9. Menschlicher Fötus von 3½ Monaten.

des Menschen vom Affen bestätigen, erlauben keineswegs, ihn von einer der gegenwätgen Arten der anthropomorphen Affen abzuleiten. Man denkt zumeist, diese Tiere hätten mit der menschlichen Gattung einen gemeinsamen Stammvater; man sucht diese These durch bestimmte paläontologische Dokumente zu unterstützen. So hat man einigen fossilen Knochen, die EUGEN

Fig. 10. Gorilla-Fötus.

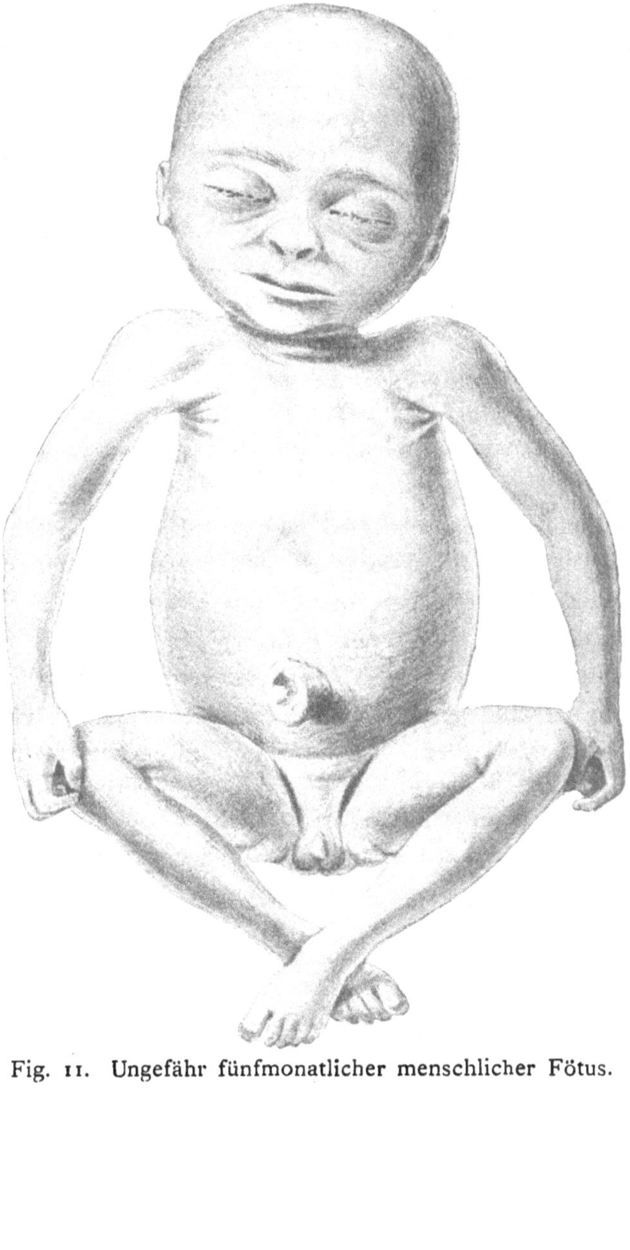

Fig. 11. Ungefähr fünfmonatlicher menschlicher Fötus.

DUBOIS 1894 auf Java aufgefunden hat, eine sehr große Bedeutung beigelegt. Das Schädeldach, zwei Zähne und der Schenkelknochen des Geschöpfes, dem man den Namen Pithecanthropus erectus gab, sind von einigen Gelehrten als zu einer Zwischenform zwischen dem Menschen und den anthropomorphen Affen gehörend bezeichnet worden. Da jedoch die Tatsachen über diesen Gegenstand noch zu unvollständig sind und Widersprüchen Raum geben, stehen wir davon ab, daraus für die hier verteidigte These Nutzen zu ziehen. Zudem kann man sie wohl entbehren, so gut begründet ist die tierische Abstammung des Menschen.

Alles, was bisher über die Herkunft des Menschen vorgebracht ist, beruht auf Tatsachen, die der vergleichenden Anatomie und Embryologie des Menschen und der Affen entnommen sind. DARWIN, der die Lösung des Problems zu vertiefen suchte, stützte sich auf die Ähnlichkeit der Parasiten der menschlichen Gattung und der höheren Affen, und vermutete daraufhin eine Verwandtschaft der Säfte und der innersten Teile dieser Organismen.[1] Vor einigen Jahren, als man in einer ganz anderen Richtung Versuche anstellte, geriet man auf Tatsachen von großer Bedeutung, auf Tatsachen, die auf die Verwandtschaft der tierischen Arten ein ganz neues Licht werfen können.

Als man Blut eines Säugetieres in den Organismus eines andern, das zu einer andern Gattung gehörte,

[1] Die Zusammenfassung dieser Frage findet sich in dem neuen Buch von ALSBERG, Die Abstammung des Menschen, 1902, Kap. III.

injiziert hatte, beobachtete man bei dem letzteren sehr merkwürdige Veränderungen. Wenn wir ein Serum aus Kaninchenblut herstellen und zu diesem eine durchscheinende farblose Flüssigkeit bildenden Serum einige Blutstropfen einer andern Nagergattung, zum Beispiel Meerschweinchen, fügen, werden wir nichts außerordentliches vor sich gehen sehen. Das Meerschweinchenblut wird seine gewöhnliche Färbung behalten und die roten Blutkörperchen werden ganz oder fast intakt bleiben. Wenn wir anstatt Meerschweinchenblut dem Kaninchenserum einige Tropfen Meerschweinchenblutserum hinzufügen, so werden wir diese beiden durchscheinenden Flüssigkeiten sich vermischen sehen, ohne daß etwas besonderes vorgeht.

Präparieren wir dagegen das Serum mit dem Blut eines Kaninchens, das vorher mit Meerschweinchenblut injiziert wurde, so werden wir bei diesem Serum neue und wahrhaft merkwürdige Eigenschaften konstatieren. Bringen wir zu diesem Serum einige Tropfen Meerschweinchenblut, so werden wir nach Verlauf von wenig Zeit sehen, daß die rote Flüssigkeit ihr Aussehen ändert, vorher dunkel, wird sie hell. Die mit Kaninchenserum und Meerschweinchenblut präparierte Mischung wird die Farbe von mit Wasser verschnittenem Rotwein annehmen. Diese Veränderung rührt von der Auflösung der roten Meerschweinchenblutkörperchen in dem präparierten Kaninchenblutserum her.

Dieses Serum hat noch eine andere, nicht weniger der Aufmerksamkeit werte Eigenschaft angenommen. Fügt man ihm kein völlig reines Blut, sondern nur Meerschweinchenblutserum zu, so sieht man, wie fast augenblicklich eine starke Erregung in der Mischung vor sich geht, die von der Bildung eines mehr oder weniger reichlichen Niederschlags begleitet wird.

Die Injektion von Meerschweinchenblut in ein Kaninchen hat also das Serum des letzteren verändert, indem es ihm neue Eigenschaften mitteilte: die roten Meerschweinchenblutkörperchen aufzulösen und mit dem Blutserum vom nämlichen Tier einen Niederschlag zu geben.

Oft ist das Blutserum von durch vorhergehende Injektion des Blutes anderer Gattungen präparierten Tieren streng spezifisch. In diesen Fällen gibt das Serum einen Niederschlag nur mit dem Serum der Gattung, die das Blut für die Injektionen geliefert hat, und löst nur die roten Blutkörperchen dieser selben Gattung auf. Es gibt jedoch Beispiele, in denen das Serum eines präparierten Tieres außer den roten Blutkörperchen der Gattung, die das injizierte Blut geliefert hat, auch die von nahestehenden Gattungen auflöst. So wird das Kaninchenblutserum nach einigen Injektionen mit Hühnerblut fähig, nicht nur die roten Blutkörperchen des Huhns, sondern auch, obgleich in einem geringeren Grad, die der Taube aufzulösen.

Man hatte den Gedanken, sich in der gerichtlichen Medizin dieser Eigenschaft des Serums zu bedienen, um die Herkunft eines Blutes zu erkennen. Man weiß, daß es oft sehr wichtig ist, zu wissen, ob ein Blutflecken vom Menschen oder von irgend einem Tier herrührt. Bis in die jüngste Zeit konnte man das menschliche Blut von dem der andern Säugetiere nicht unterscheiden. Man hat also untersucht, ob die von dem Blutflecken herrührenden roten Blutkörperchen durch das Serum von Tieren zersetzt werden konnten, denen man vorher menschliches Blut injiziert hatte. Zutreffenden Falls schloß man auf die menschliche Herkunft des in Rede stehenden Fleckens. Bald bemerkte man jedoch, daß diese Methode nicht genau genug war. Anderseits konstatierte man, daß die Niederschlagsmethode weit schlüssigere Resultate ergibt. Man geht also auf folgende Weise vor. Man injiziert zu mehreren Malen irgend einem Tier (Kaninchen, Hund, Hammel, Pferd) menschliches Blut. Einige Zeit nachher schlachtet man dieses Tier und präpariert das gut von Blutkörperchen befreite klare und helle Serum. Bringt man zu diesem Serum einen oder einige Tropfen menschlichen Serums, so bildet sich alsbald ein Niederschlag, der im Gefäß zu Boden fällt. Man versichert sich auf diese Weise, daß das präparierte Serum hinreichend kräftig ist. Es wird alsdann möglich, das menschliche Blut zu erkennen, auch wenn es getrocknet ist. Man löst ein wenig von diesem Blut in physiologischer Kochsalzlösung auf und gießt es in eine Röhre, die das Serum eines Tieres enthält, das mittels Injektionen von Menschenblut präpariert wurde. Bildet sich nach kurzer Zeit in der Flüssigkeit ein Niederschlag, so zeigt diese Tatsache, daß der Flecken in der Tat von menschlichem Blut herstammt. Diese Methode beginnt bereits in die Praxis der gerichtlichen Medizin einzudringen.

Diese Reaktion ist für uns von Interesse, weil sie die Verwandtschaften zwischen den Gattungen aufdecken kann. Das Serum eines mit Hühnerblut präparierten Tiers ergibt nicht nur mit Hühnerblutserum, sondern auch mit solchem der Taube einen Niederschlag; dagegen bleibt es regungslos, wenn man ein Säugetierserum hinzufügt. Die Reaktion zeigt also an, daß ein ziemlich deutlicher Verwandtschaftsgrad zwischen Huhn und Taube vorliegt. Ein anderes Beispiel: Das Serum eines mit Ochsenblut präparierten Tieres ergibt einen reichlichen Niederschlag, wenn man etwas Ochsenblutserum hinzusetzt, aber es ergibt diese Reaktion nicht mit dem Serum einer ganzen Reihe andrer Säugetiere, auch nicht mit dem Hammel-, Hirsch-, Damhirschserum.[1] Die Verwandtschaft zwischen den Rindern und diesen andern Wiederkäuern ist also nicht so nahe wie die zwischen Huhn und Taube.

Wie verhält sich unter diesem Gesichtspunkt das Serum von Tieren, denen Menschenblut injiziert wurde? Das Serum, das mit dem menschlichen Serum einen Niederschlag zu geben vermag, erzeugt dieselbe Reaktion nur mit dem Serum einiger Affen (dem kleinen Papio).[2]

GRÜNBAUM in Liverpool[3] hatte das Glück, sich eine ziemlich große Menge vom Blut dreier großer anthropomorpher Affen verschaffen zu können: vom Gorilla, vom Schimpansen und vom Orang-Utang. Er konnte zunächst konstatieren, daß das Serum der mit menschlichem Blut injizierten Tiere nicht nur mit diesem Blut einen Niederschlag ergibt, sondern auch mit dem

[1] UHLENHUTH, Deutsche medizinische Wochenschrift, 1901, S. 82. [2] WASSERMANN und SCHÜTZE, Berliner klinische Wochenschrift, 1901, S. 7. [3] The Lancet, 18. Jan. 1902.

der obenerwähnten anthropomorphen Affen. Es war ihm nicht möglich, „diesen Niederschlag hinsichtlich der Qualität und der Quantität von dem zu unterscheiden, den man mit menschlichem Blut erhält.“

Zur Kontrolle dieses Resultates präparierte Grünbaum das Serum von Tieren, die er mit dem Blut des Gorilla, des Schimpansen und des Orang-Utang injiziert hatte. Diese drei Serumarten ergaben mit dem Blut jener drei Affen Niederschläge, und im nämlichen Grad mit menschlichem Blut. Es ist also klar, daß zwischen der Gattung Mensch und den anthropomorphen Affen nicht nur eine oberflächliche Analogie des Körpers und der Hauptorgane besteht, sondern noch eine innere Verwandtschaft, eine wahre Blutsverwandtschaft.

Tatsachen dieser Art konnten von der Theorie der Abstammung des Menschen vom Affen nicht vorausgesehen werden. Aber sie stellten sich ein, um sie in wahrhaft erstaunlicher Weise zu bestätigen.

Es kann also nicht in Zweifel gezogen werden, daß der Mensch ein Tier aus der Gruppe der Primaten ist, das eng mit den höheren Affen der gegenwärtigen Epoche verbunden ist. Dies Resultat ist für alle Betrachtungen über die Natur des Menschen von großer Bedeutung.

Es wäre sicherlich von erheblichem Interesse, den Weg, dem diese Abstammung des Menschen vom Affen genommen hat, auf eine genauere Weise kennen zu lernen. Darüber sind unsere Kenntnisse noch sehr unvollständig. In seinen Untersuchungen über die anthropomorphen Affen beharrt Selenka bei einer allerinnigsten

Verwandtschaft zwischen dem Schimpansen und dem Menschen. „Die große Ähnlichkeit der falschen Backzähne und der Backzähne beim endgültigen Gebiß des Schimpansen mit den Zähnen des Menschen scheint darauf hinzuweisen, daß der Schimpanse und der Mensch einen gemeinsamen Ursprung haben und von erloschenen Formen, die den Dryopitheken glichen, abstammen. Diesem Schluß wird nur von der Tatsache widersprochen, daß die Milchzähne des Schimpansen denjenigen des Orang-Utang weit näher stehen, als denjenigen des Menschen" (SELENKA a. a. O. S. 157).

Es ist klar, daß zur Aufhellung dieser Frage tiefere Kenntnisse über die fossilen Anthropomorphen, wie den Dryopithecus und seine Gattungsangehörigen, nötig wären. Beim heutigen Stand der Wissenschaft kann man nur Hypothesen allgemeiner Art über den Prozeß der menschlichen Abstammung aufstellen.

Wir haben bereits bemerkt, daß sich die Fötus des Menschen und der anthropoiden Affen weit mehr gleichen als die erwachsenen Formen, und daß die Jungen dieser Affen ebenfalls näher am Menschen stehen, als die erwachsenen. Die große Entwicklung des Schädels im Verhältnis zum Gesicht ist für die jungen Affen und für den Menschen als Kind oder Erwachsener charakteristisch. Die Kiefer entwickeln sich bei den Anthropoiden weit mehr fort, während in dieser Beziehung beim Menschen eine gewisse Hemmung der Entwicklung eintritt. Die beim Menschen so kleinen Hauthaare zeigen die gleiche Hemmung. Im allgemeinen bleiben sie während des ganzen Lebens in einem Zustand unvollständiger Entwicklung. Besonders der Rücken des Menschen zeichnet sich durch den Mangel oder die schwache Entwicklung der Haare aus. Da dieser Körperteil bei den Affen im Gegenteil weit behaarter ist als die Bauchgegend, hat man daraus auf einen wesentlichen Unterschied zwischen dem Menschen und den Affen schließen wollen. Aber die embryologische Forschung erlaubt uns diesen scheinbaren Widerspruch zu lösen. Der von DENIKER untersuchte Gorilla-Fötus besaß einen fast ganz kahlen Rücken. „Der Fötus besaß wirkliche Haare nur am Kopf, an der Stirn, rings um die Lippen und die Genitalorgane, ungerechnet die Wimpern und die Augenbrauen. Der übrige Körper war kahl oder mit Flaum bedeckt, der einen Millimeter nicht überstieg" (DENIKER a. a. O. S. 17). Die um den Nabel kahle Bauchhaut war mit kleinen Haaren bedeckt, die entwickelter waren als auf dem Rücken. Der Reichtum an Haaren auf dieser letzteren Körpergegend ist beim Affen also eine jüngere Erwerbung, die sich erst spät im Leben des Fötus entwickelt.

Im Bezug auf die Verteilung seiner Haare ist der Mensch den Embryonen der Affen weit ähnlicher, als den erwachsenen Affen. Anstatt daß diese Tatsache die Theorie von der Verwandtschaft zwischen dem Menschen und den anthropomorphen Affen erschütterte, gibt sie uns im Gegenteil einen wertvollen Hinweis auf die Abstammung des Menschen. Aus der Gesamtheit der gegebenen Tatsachen ist es erlaubt, zu schließen, daß der Mensch eine Art Hemmung der Entwicklung eines anthropomorphen Affen aus früherer Zeit darstellt, etwas wie ein „Monstrum" von Affen, nicht unter ästhetischem, sondern unter rein zoologischem Gesichtspunkt. Der Mensch könnte als das Wunderkind eines Anthropoiden betrachtet werden, das mit einem Gehirn und einer Intelligenz geboren wurde, die weit entwickelter sind als bei seinen Eltern. Diese Hypothese stimmt mit der Gesamtheit der bekannten Tatsachen sehr gut zusammen.

Es kann angenommen werden, daß gewisse Arten von Lebewesen, anstatt sich sehr langsam zu entwickeln, sehr rasch entstehen können, und daß die Natur in diesem Fall durch einen erheblichen Stoß vorrückt. Schon DARWIN sah diese Möglichkeit voraus, klargestellt wurde sie durch die bemerkenswerten Untersuchungen des Botanikers HUGO DE VRIES.[1]

DE VRIES hat fünfzehn Jahre hindurch eine großblumige Nachtkerze amerikanischen Ursprungs (Oenotera Lamarckiana) gezüchtet. Er sah plötzlich Blüten entstehen, die sehr verschieden waren von denen der ursprünglichen Pflanze. Sie wiesen so große Unterschiede auf, daß man sie in mehrere deutlich getrennte Arten ordnen konnte. Während der ersten Jahre erhielt DE VRIES drei Arten (Oenotera lata, Oen. nanella, zuweilen Oen. scintilans); da aber die Variabilität immer mehr hervortrat, unterschied er schließlich 12 neue Arten. Diese pflanzten sich durch Samen fort und vererbten ihre spezifischen Eigenschaften ihrer Nachkommenschaft. Auf diese Weise konnte DE VRIES das plötzliche Entstehen neuer Arten beobachten.

Wahrscheinlich verdankt der Mensch seinen Ursprung

[1] Die Mutationstheorie, I. Leipzig 1901.

einem ähnlichen Phänomen. Ein anthropomorpher Affe, der sich in einer Periode der Variabilität spezifischer Eigenschaften befand, zeugte Junge, die mit neuen Eigenschaften ausgestattet waren. Das in einem voluminösen Schädel gelagerte Gehirn von anormaler Größe erlaubte die rapide Entwickelung von weit mächtigeren intellektuellen Fähigkeiten als bei den Eltern und bei der ursprünglichen Art im allgemeinen. Diese Eigentümlichkeit mußte sich den Nachkommen vererben, und da sie eine sehr beträchtliche Bedeutung in dem Kampf ums Dasein besaß, mußte sich die neue Rasse behaupten, fortpflanzen und herrschen. Die außerordentliche Entwicklung der Intelligenz mußte notwendigerweise Vervollkommnungen in der Wahl der Nahrung herbeiführen, Vervollkommnungen, die auf die Kunst hinausliefen, verdaulichere Nahrungsmittel herzustellen. Die Kiefer hatten unter diesen Umständen keine so mühsame Arbeit wie vorher, um so mehr als sie nicht mehr wie früher zu Angriff und Verteidigung dienen mußten. Sie wurden also weniger entwickelt, als bei den eigentlichen anthropomorphen Affen.

Es handelt sich bei diesen Überlegungen um einen einfachen geistigen Ausblick, der mit den bekannten Tatsachen leicht in Übereinstimmung gebracht werden kann. Man weiß, daß zuweilen Wunderkinder zur Welt kommen, die sich vor ihren Eltern durch irgend ein neues, sehr entwickeltes Talent auszeichnen.

Vor etwa zehn Jahren sprach man in Paris viel von einem jungen Piemontesen, Jacques Inaudi, der sich durch eine phänomenale Gewandtheit im Zahlenrechnen auszeichnete.[1] Mit einem wunderbaren Zifferngedächtnis ausgestattet, vollzog er mathematische Operationen mit einer überraschenden Geschwindigkeit. Zwei Minuten genügten ihm zur Multiplikation zweier Zahlen aus sieben und sechs Stellen. Andere arithmetische Rechnungen, wie das Wurzelziehen, boten ihm nicht mehr Schwierigkeiten.

Um dies Ziel zu erreichen, bediente sich INAUDI seines außerordentlichen Zifferngedächtnisses, das sich auf die Dauer der Gehörbilder gründete. Wenn er die Ziffern aussprechen hörte, hielt sie sein Ohr zurück. INAUDI erklärte der von der Akademie der Wissenschaften ernannten Kommission, wenn er die Ziffern in seinem Gedächtnis zu reproduzieren versuche, höre er sie mit dem Ton seiner eignen Stimme in sich klingen und er könne sie einen guten Teil des Tages hindurch hören. „In einer Stunde, in zwei Stunden, wenn ich an die Zahl denken will, die soeben ausgesprochen wurde, werde ich sie ebenso genau wiederholen können, wie in diesem Augenblick" vor der Kommission.

Nun, dieses so merkwürdige und seltene auditive Gedächtnis hat sich auf eine ganz jähe Art entwickelt. INAUDI, der Sohn armer Landleute in Piemont, verbrachte die ersten Jahre seines Lebens mit dem Hüten von Schafen. Bereits im Alter von sechs Jahren trat seine wunderbare Fähigkeit im Ziffernrechnen hervor. Er konnte zu dieser Zeit weder lesen noch schreiben. Im Alter von elf Jahren setzte er die Mitglieder der anthro-

[1] Comptes rendus de l'Académie des Sciences, 1892, p. 275, 1329; Revue scientifique, 1880, p. 1124.

pologischen Gesellschaft von Paris durch sein phänomenales Gedächtnis in Erstaunen, und erst viel später, im Alter von zwanzig Jahren, lernte er lesen und schreiben. Kein Verwandter INAUDIS zeigte in irgend einem Grade die rechnerische Fähigkeit von Jacques. Man muß also annehmen, daß sie sich ebenso stoßweise entwickelt hat, wie die neuen Qualitäten bei den von uns erwähnten Nachtkerzen.

Wahrscheinlich waren die ersten Menschen ebenfalls geniale Kinder anthropomorpher Eltern. Diese Hypothese bildet eine sehr gute Erklärung für die Tatsache, daß der Mensch, der dem Fötus und den Jungen der anthropomorphen Affen ähnlicher ist, als den erwachsenen Tieren, eine große Anzahl Anlagen zu Organen bewahrt hat, die bei den Affenarten weit entwickelter sind.

Ein ausgezeichneter deutscher Anatom, WIEDERSHEIM,[1] hat ein Resumé der gegenwärtigen Kenntnisse über die menschlichen Organe unter dem Gesichtspunkt ihrer Abstammung in einer Broschüre veröffentlicht. Er fand fünfzehn Organe, die in der menschlichen Gattung den anthropomorphen Affen gegenüber einen beträchtlichen Fortschritt darstellen.

Organe progressiven Charakters im Sinne einer sich anbahnenden Vervollkommnung sind besonders:

Vervollkommnung der gesamten unteren Extremität im Sinne eines Stütz- und Gehwerkzeuges (aufrechter Gang).

Entfaltung der Darmbeinschaufeln beim weiblichen Geschlecht. Verbreiterung des Kreuzbeins. Erweiterung des Einganges zum kleinen Becken.

[1] Der Bau des Menschen, 3. Aufl. 1902.

Krümmung der Lendenwirbelsäule.

Glutaeal- und Wadenmuskeln (Gastrocnemius und Soleus).

Feinere Differenzierung der im Bereich des Auges und Mundes gelegenen Gesichtsmuskeln (im Gegensatz zu den Muskeln der Ohrmuschel und des Hinterhauptes). — Äußere Nase. — Gewisse Leitungsbahnen im Gehirn und Rückenmark. — Frontal- und Occipitallappen des Gehirns.

Höhere Entwicklungsstufe der Kortikalzone des Gehirnes (höhere histologische Differenzierung, wachsender Intellekt, Sprachzentrum).

Feinere Differenzierung der Kehlkopfmuskeln. Artikulierte Sprache.

Neben diesen im Fortschritt befindlichen Organen zählte jedoch WIEDERSHEIM 17 im Verfall begriffene Organe, die ihre physiologische Funktion auf eine mehr oder weniger unvollständige Weise noch ausüben können (darunter die Vereinfachung der Schenkel- und Fußmuskeln, das elfte und zwölfte Rippenpaar, die Zehen, der Blinddarm) und nicht weniger als 107 rudimentäre Organe, die keinen geeigneten physiologischen Dienst leisten können. (Das Steißbein, das dreizehnte Rippenpaar beim Erwachsenen, die „Wurmgrube" [Fossette vermienne], die Ohrmuskeln, der Wurmfortsatz usw. gehören in diese Kategorie.)

Wir haben bereits im vorhergehenden Kapitel auf die große Bedeutung hingewiesen, die die rudimentären Organe als Dokumente zur Aufstellung der Genealogie des Organismus haben können. Diese an sich unnützen Organe sind Spuren von ähnlichen, aber entwickelteren Organen, die bei den Vorfahren eine nützliche Funktion ausübten.

Die außerordentliche Menge rudimentärer Organe beim Menschen gibt einen weiteren Beweis für seine tierische Abstammung und stellt der Wissenschaft Tatsachen, die von großer Tragweite für die philosophische Auffassung der Natur des Menschen sind, zur Verfügung.

VIERTES KAPITEL

Disharmonien in der Organisation des menschlichen Verdauungsapparats.

Vollkommenheit der menschlichen Form. — Die Haare als Hautbedeckung. — Das Gebiß im allgemeinen und die Weisheitszähne im besondern. — Der Blinddarmfortsatz. — Die Appendicitis und ihre Bedeutung. — Nutzlosigkeit des Blinddarms und des ganzen Dickdarms. — Beispiel einer Frau ohne Dickdarm. — Genealogische Geschichte dieses Teils des Verdauungskanals. — Schädliche Rolle der Mikroben des Dickdarms. — Häufigkeit des Krebses im Dickdarm und im Magen. — Beschränkter Nutzen des Magens. — Instinkt der Nahrungswahl. — Seine Unzulänglichkeit beim Menschen.

Obwohl jünger auf der Erde hat der Mensch im Vergleich mit seinen anthropomorphen Vorfahren ungeheure Fortschritte gemacht. Auch wenn man die niederen menschlichen Rassen wie die Hottentotten oder die Australier mit den vollkommensten Typen vergleicht, wie sie die Völker Europas oder Nordafrikas darstellen, läßt sich ein sehr großer aufsteigender Weg konstatieren.

Die menschliche Kunst hat die Natur in mehreren Beziehungen zu übertreffen gewußt. Keine natürliche Melodie kann mit den besten Musikstücken verglichen werden. Sogar in der Kunst der Formen hat sich der Mensch der Natur überlegen gezeigt. Die Liebhaber von Blumen oder Vögeln suchen oft neue Varietäten zu erlangen. In dieser Absicht vereinigen sie sich, um das Ideal aufzustellen, das sie erreichen wollen, und eine Art Programm zu seiner Verwirklichung zu entwerfen. Sie entwerfen Bilder, die beim Suchen der gewünschten Varietäten als Führer dienen sollen. Dank einer methodischen künstlichen Zuchtwahl erreichen sie häufig das gewollte Resultat und bereichern ihre Sammlungen mit einer neuen besonders merkwürdigen Varietät. Mittels dieses Verfahrens ist es im Gartenbau und in der Vogelzucht gelungen, schönere Formen zu schaffen, als sie im wilden Zustand existieren.

Im Hinblick auf den menschlichen Körper hat man ebenfalls versucht, die Natur zu übertreffen und einen dem künstlerischen Ideal entsprechenden Körper zu gestalten. Um etwas schöneres als den Menschen auszusinnen, stellte man menschliche Wesen mit Vogelflügeln oder mit Attributen andrer Tiere dar. Aber diese Versuche erbrachten nur den Beweis, daß die menschliche Gestalt, wie sie von der Natur geschaffen wurde, nicht weiter vervollkommnet werden kann. Die antike Auffassung des menschlichen Körpers als eines Schönheitsideals ist also vollauf gerechtfertigt. Dagegen muß die Ansicht der Fanatiker verschiedener Religionen, die diesen Körper verachteten, indem sie ihn unter mehr oder weniger von der Wirklichkeit entfernten Formen darstellten, zurückgewiesen werden.

Allein es ist unmöglich, dieses Resultat auf die Auffassung der Natur des Menschen im allgemeinen anzuwenden. Nur in der Jugend und im Mannesalter sind die schönen Körperformen zu beobachten. Im Greisenalter sind Mann und Frau mehr oder weniger häßlich; wahre Schönheiten werden unkenntlich, sobald sie ein vorgerücktes Alter erreicht haben.

Was aber der Form des menschlichen Körpers und den Gesichtszügen eigen ist, kann keineswegs auf den Organismus des Menschen in seiner Gesamtheit ausgedehnt werden. Um sich davon zu überzeugen, genügt es, einige seiner Organ-Systeme Revue passieren zu lassen.

Die menschliche Haut ist mit kleinen Haaren besät, die eine bemerkenswerte Entwickelung aufweisen. Schon der menschliche Embryo bedeckt sich fast am ganzen Leibe mit Haaren. Das ist die Lanugo (Wollhaar), die sich in Form von langen Streifen entwickelt, die sehr regelmäßig über die ganze Körperoberfläche mit Ausnahme der Nase, der Hände und der Füße verteilt sind. Es ist ganz klar, daß diese Haare keine nützliche Funktion erfüllen und nur von den anthropomorphen Voreltern vererbte Überreste darstellen. Später fallen sie ab, werden aber durch Haare sekundärer Bildung ersetzt, die das ganze Leben hindurch bleiben. Im Mannesalter und besonders im Greisenalter entwickeln sich diese Haare reichlich und stellen eine Art partieller Bekleidung dar, die weder schön, noch unter irgend einem Gesichtspunkt nützlich ist. Hier haben wir also das erste Beispiel eines disharmonischen Organs in der Natur des Menschen. Die Haare, welche die Haut gegen die Kälte nicht schützen können, sind als Rudimente voreltерlicher Bekleidung zurückgeblieben und werden häufig sogar gesundheitsschädliche Organe.

Die Haut des Menschen ist der Berührung mit den im Staube so zahlreichen Mikroben sehr ausgesetzt; weiterhin bildet die Art Kapsel, welche die Haarbälge bilden, aus denen die kleinen Haare kommen, einen für Mikrobenentwicklung sehr günstigen Ort. In dem Kanal dieser Bälge bringen gewisse Mikroben, besonders die Staphylokokken genannten, Vegetationen hervor und bilden häufig den Anlaß zur Entstehung von Aknepusteln und Furunkeln. Manchmal entsteht eine chronische Hautkrankheit daraus, die um so unangenehmer ist, als sie sich mit mehr oder weniger ernsten Eiterungen komplizieren kann.

Der Mensch ist eine Gattung, deren Intelligenz, d. h. Gehirnfunktion, viele andre Funktionen ersetzt; er kann sich gegen die äußeren Einflüsse weit besser als seine mit einem sehr entwickelten Haarfell ausgerüsteten Vorfahren verteidigen. Er hat dafür Kleider erfunden, die er der umgebenden Temperatur entsprechend wechseln kann. Aber die Gesetze einer hartnäckigen Vererbung zwingen ihn, die rudimentären Haare und die Unzuträglichkeiten, die sie mit sich bringen, geduldig zu ertragen. Das ist ein Beispiel unter einer Zahl von andern, die angeführt werden könnten.

Obgleich der Mensch strenggenommen Zähne entbehren kann, hat man doch nicht das Recht, sie als unnütze oder schädliche Organe, wie die Haare, zu betrachten. Und dennoch zeigt uns die Untersuchung des menschlichen Gebisses hinreichend, bis zu welchem Grade dies Organsystem mit den unumgänglichen Bedürfnissen unserer Gattung in Disharmonie ist.

Trotz ihrer sehr ausgesprochenen Wildheit geben bereits die Affen der alten Welt (Katarrhinen) eine Tendenz kund, das Zahnsystem zu reduzieren. An Stelle von 36 Zähnen, wie ihre amerikanischen Stammesangehörigen (Platyrrhinen), besitzen sie gewöhnlich nur 32 in beiden Kiefern. Freilich sind beim Gorilla und beim Orang-Utang die Individuen, die mit überflüssigen Mahlzähnen (dem vierten Paar) ausgestattet sind (wodurch die Zahl der Zähne auf 36 kommt), nicht selten. Bei 194 ausgewachsenen Orang-Utangkiefern fand SELENKA[1] diese Mahlzähne in 20 Prozent der Fälle. Anderseits zeichnet sich beim Schimpansen und beim Gibbon das dritte Mahlzahnpaar durch seine schwachen Dimensionen aus und fehlt sogar zuweilen ganz. Das ist der Erfolg der Verkürzung der Kiefer, die sicherlich mit dem bei diesen Anthropomorphen weniger starken Kauen in Beziehung steht.

Beim Menschen begegnet man überflüssigen Mahlzähnen nur in sehr seltenen Fällen. Beispiele, in denen die Gesamtziffer der Zähne jener der Affen der neuen Welt gleichkommt, finden sich besonders bei den niederen Rassen: Negern, Australiern, Neukaledoniern.[2] Dagegen ist das Fehlen des dritten Mahlzahnpaars — oder der Weisheitszähne — weit häufiger, besonders bei der weißen Rasse. Bei den Europäern rechnet man ungefähr 10 Prozent Individuen, die ihr ganzes Leben hindurch nur 28 Zähne haben, d. h. bei denen die 4 Weisheitszähne fehlen.

[1] Studien über Entwicklungsgeschichte der Tiere, S. 89.

[2] Dictionnaire encyclopédique des sciences médicales, Article Dent, de MAGITOT, 1882, p. 194.

Häufiger kommt der Fall des Fehlens des dritten Paars der Mahlzähne im Oberkiefer vor, denn man konstatiert es in 18—19 Fällen.[1] Dieses Fehlen der Weisheitszähne muß als eine nützliche Eigenschaft betrachtet werden. „In der Tat spielen die Weisheitszähne unter physiologischem Gesichtspunkt nur eine untergeordnete Rolle. Ihre Kaukraft ist nur sehr gering. Der Verlust dieser Zähne beeinträchtigt das Kauen auf eine kaum nennenswerte Weise. Die Erfahrung hat uns gelehrt, daß sogar das Fehlen der vier Weisheitszähne ohne Einfluß auf das Kauen bleibt." (SCHMID a. a. O. S. 147.) Auch kommen diese Zähne sehr spät hervor; nicht selten sieht man sie nach 30 Jahren und sogar in einem sehr vorgerückten Alter, über 60 und 70 Jahre, hervorbrechen.

Wenn die Weisheitszähne nur unnütz wären, bildeten sie bereits ein Beispiel der Disharmonie im menschlichen Organismus. Oft aber werden diese Zähne eine Quelle der Störung, die zwar in der großen Majorität der Fälle keine ernsten Folgen hat, aber zuweilen sehr schwere und sogar tötliche Unfälle herbeiführen kann.

Von allen Mahlzähnen sind es gerade die Weisheitszähne, die am häufigsten zu Unfällen Veranlassung geben. Die Ursache davon liegt in ihrer weit langsameren Entwicklung und in der Schwierigkeit, welche sie haben, sich von der sie bedeckenden Schleimhaut zu befreien.[2] Auch kommt die Karies bei diesen Zähnen weit häufiger vor, als bei andern Backzähnen. Die Schleimhaut über den

[1] SCHMID, Vierteljahrsschrift für Zahnheilkunde, 1896, S. 141.

[2] REDIER, in der Revue mensuelle de stomatologie, 1895, p. 164.

Weisheitszähnen ist allen Arten kleiner Verletzungen ausgesetzt, die zur Infektion der benachbarten Teile führen. Es kommt keineswegs selten vor, daß sich wegen dieser Zähne Flüsse entwickeln. Man hat Phlegmonen, Karies der Kiefer und sogar allgemeine und tötliche Eiterung beobachtet als Komplikationen der von den Weisheitszähnen verursachten Zufälle. GALIPPE[1] hat eingehend einen Fall beschrieben, in dem der Weisheitszahn gehindert war, sich normal zu entwickeln und sich durch die Wange Bahn brach. Daraus entstand eine eitrige Entzündung der Wange mit zahlreichen Fisteln und eine Entzündung des Kaumuskels (Masseter) verbunden mit der Unmöglichkeit, den Mund zu öffnen. Trotz der Extraktion des Weisheitszahns — der Ursache all dieser Geschehnisse — starb der Kranke an einer Gehirnhautentzündung, die von der Eiterung dieses Zahns ausgegangen war. Man hat andre Fälle beschrieben, in denen das schwierige Hervorbrechen eines Weisheitszahns die Bildung eines Abszesses rings um den Kiefer hervorrief, gefolgt von einem Gehirnabszeß, der den Tod herbeiführte.

Die Weisheitszähne können der Ausgangspunkt von Geschwülsten selbst krebsartiger Natur sein. „Was die Geschwülste des Kiefers betrifft," sagt MAGITOT (a. a. O. p. 204) „ist es unbestreitbar, daß eine große Zahl darunter in der Region ausbricht, wo die Bälge des Weisheitszahns liegen."

Alle diese Übelstände werden durch keinerlei nützliche Funktion der Weisheitszähne aufgewogen. Unsere sehr

[1] Comptes rendus de la Société de Stomatologie de Paris, I, 1890, p. 98.

entfernten Vorfahren zogen einen wirklichen Vorteil daraus zu einer Zeit, wo sie alle ihre Mahlzähne zum Kauen grober Nahrung nötig hatten. Beim Menschen sind die Weisheitszähne auf Rudimente reduziert, was einen neuen Beweis für seinen Ursprung vom Affen bildet und ein Beispiel der Disharmonie in der Natur ist.

Ein andres rudimentäres Organ des menschlichen Organismus, der Wurmfortsatz des Blinddarmes, verdient unsere Aufmerksamkeit in mehreren Richtungen. Wir haben bereits im vorigen Kapitel der Bedeutung Erwähnung getan, den er als genealogisches Dokument für die tierische Abstammung des Menschen besitzt, denn seine Ähnlichkeit mit dem entsprechenden Organ der anthropomorphen Affen ist wahrhaft merkwürdig. Bestehend aus einer dicken Wand, die Drüsen, eine Muskelschicht und lymphatische Ganglien enthält, erfüllt dieses Organ beim Menschen keinerlei nützliche Funktion. Dieser Schluß wird vollauf bestätigt durch die unveränderte Gesundheit der zahllosen Personen, denen der Wurmfortsatz seit Jahren herausgenommen ist. Dank den Fortschritten der modernen Chirurgie hat man dieses Organ auch in Fällen, in denen seine Erkrankung sehr zweifelhaft war, oft herausgenommen. In der großen Majorität der Fälle gelang die Entfernung des Fortsatzes vortrefflich und die operierten Personen befinden sich dabei nicht schlechter. Sie verdauen und vollziehen ihre intestinalen Funktionen auf normale Weise.

Anderseits ist der Wurmfortsatz beim Menschen häufig obliteriert. Seine Öffnung verschwindet teilweise oder vollständig, so daß sich das Organ schließlich vom

Verdauungskanal trennt. Nach RIBBERT[1] besitzt ein Viertel der Menschen einen obliterierten Fortsatz, besonders weisen die älteren Leute (von 50 bis 80 Jahren) diese Eigentümlichkeit auf. Bei jungen Leuten und besonders bei den Kindern behält dagegen der Fortsatz seine intakte Öffnung. In den Fällen nun, in denen eine Verbindung zwischen dem Fortsatz und dem Darm fehlt, vollzieht sich die Verdauung nicht anders und auch nicht weniger gut, als in den normalen Fällen. Man muß also daraus schließen, daß die Funktion des Fortsatzes beim Menschen bedeutungslos oder null ist.

Sogar bei den anthropomorphen Affen erweist sich der Wurmfortsatz bereits als ein rudimentäres Organ, das höchstens die untergeordnete Funktion einer lymphatischen Drüse erfüllen kann. Bei den niederen Affen der alten Welt existiert der Wurmfortsatz überhaupt nicht, und nur in einigen außerordentlichen Fällen (wie bei dem schwanzlosen Affen Cercopithecus sabaeus) findet man ihn in Gestalt eines rudimentären Höckers. Man muß also die Leiter der Tiere noch tiefer hinabsteigen, um die Nützlichkeit dieses Organs zu konstatieren. Bei bestimmten Pflanzenfressern ist der Darm sehr entwickelt und läuft in einen Teil aus, der ein reiches Lymphgewebe enthält und dem Wurmfortsatz ähnlich ist. Als Beispiele können wir das Kaninchen und einige Beuteltiere anführen. Es ist unbestreitbar, daß bei diesen Tieren das dem Fortsatz entsprechende Organ eine Funktion ausübt, die beim Akt der Verdauung vege-

[1] VIRCHOWS Archiv für pathologische Anatomie, 1893, CXXX, S. 76.

tabilischer Stoffe bemerkenswert ist. Tief eingesenkt in den tierischen Organismus hat sich dieses Organ über seinen Zweck hinaus erhalten, und aus diesem Grunde begegnen wir ihm als einem ständigen Teil des menschlichen Verdauungskanals.

Die rudimentären Organe zeichnen sich im allgemeinen durch ihre angeborene Schwäche aus, und offenbar deshalb können sie so leicht Krankheiten verursachen, wie bereits DARWIN erkannte. Der Wurmfortsatz des Menschen bestätigt diese Regel vollauf. In der Zeit, da DARWIN sein Buch über die Abstammung des Menschen verfaßte, d. h. vor ungefähr einem Vierteljahrhundert, kannte man noch nicht viel Fälle von Entzündung des Fortsatzes mit tötlichem Ausgang. Er führt selbst nur zwei Beispiele an, die er kannte. Seitdem ist die Appendicitis (so haben die amerikanischen Chirurgen als erste die akute oder chronische Entzündung des Wurmfortsatzes genannt) eine Krankheit geworden, die in Europa so häufig ist wie in Amerika, und die einen der markantesten Plätze in der Pathologie des Verdauungskanals einnimmt.

Zur Beurteilung der Bedeutung der Appendicitis mag es genügen, zu sagen, daß in einem Pariser Hospital (Hôpital Trousseau) im Zeitraum von fünf Jahren (1895—1899) 443 solcher Krankheitsfälle behandelt wurden.[1] Man muß freilich hinzufügen, daß sich diese Ziffer zu einem sehr großen Teil auf Kinder bezieht, die im allgemeinen weit geneigter sind, die Appendicitis zu bekommen, als die älteren Leute. Nach

[1] LANNELONGUE, im Bulletin médical. 1902, p. 621.

TREVES,[1] dem wohlbekannten englischen Chirurgen, sind 36 Prozent der Fälle bei Personen unter 20 Jahren zu beobachten. Bei Greisen trifft man Appendicitis eher als Ausnahme. Dieser Umstand hängt offenbar von der Tatsache ab, daß der Fortsatz im vorgerückten Alter sehr häufig oblitteriert ist. Je leichter seine Kommunikation mit dem Rest des Verdauungskanals ist, desto mehr Möglichkeiten liegen zur Entzündung des Fortsatzes vor. Mit einer Muskelschicht versehen, kann dieses Organ Kontraktionen ausführen, die bezwecken, seinen Inhalt auszuleeren. So hat ein schottischer Chirurg, PARKER SYMS,[2] gesehen, wie sich ein von ihm operierter Fortsatz einige Zeit hindurch nach der Art eines Regenwurms kontrahierte. Diese Bewegungen führten die Ausstoßung einer fäkalartigen Flüssigkeit herbei.

Aber meistens sind die Bewegungen des Fortsatzes schwach, was leicht eine Stagnation der in seinem Innern befindlichen Fremdkörper herbeiführt. Auch findet man in bestimmten Fällen von Appendicitis Gegenstände, wie Obstkerne, Körner (Psillium usw.), Haare, Stacheln, und sogar, freilich sehr selten, Nadeln und auch Metallnägel. All diese Fremdkörper können die Wandung des Fortsatzes beschädigen und ihr Mikroben einimpfen, die im Verdauungskanal sich ausbreiten. Daher dann die Mikrobeninfektion und die Entzündung des Organs. Oft sind es Eingeweidewürmer, die in den Fortsatz ein-

[1] The surgical treatment of Perityphlitis, London 1895.
[2] Edinburgh medical Journal, 1893, August.

dringen und durch Einimpfung pathogener Keime eine mehr oder weniger schwere Krankheit verursachen.

Die Appendicitis ist meistens eine sehr ernste Krankheit und sogar in 8—10 Prozent der Fälle tötlich.[1] Es ist also schwierig, in der Organisation des Menschen ein gleich beweiskräftiges Beispiel natürlicher Disharmonie zu finden — ein Organ, dessen Fehlen sich durchaus nicht geltend macht, das den Organismus intakt läßt, wenn es oblitteriert oder atrophiert ist, und das im Gegenteil schwere Störungen herbeiführt, wenn es seine normale Entwicklung aufweist!

Aber der Wurmfortsatz ist nicht der einzige Teil unseres Verdauungskanals, der mit der Erhaltung des Lebens und der Gesundheit nicht im Einklang steht. Der Blinddarm selbst, das Organ, von dem der Fortsatz ausgeht, befindet sich beim Menschen im Rückgang, wie wir bereits im vorhergehenden Kapitel erwähnt haben. In der Tat ist das menschliche Coecum im Vergleich zu dem, was es bei vielen Pflanzenfressern ist, wo es die Rolle eines wirklichen Verdauungsorgans spielt, sehr wenig entwickelt. Sogar beim menschlichen Embryo ist der Blinddarm mit seinem Fortsatz verhältnismäßig entwickelter, als im erwachsenen Zustand.

Aber nicht bloß die rudimentären Organe des Verdauungsapparates, wie die Weisheitszähne und der Wurmfortsatz oder seine im Rückgang befindlichen Teile, wie der Blinddarm, bezeugen die Disharmonie unsrer inneren Organisation. Auch bestimmte Teile unseres Darmkanals,

[1] EWALD, Klinik der Verdauungskrankheiten, III. 1902, S. 224, 225.

die sich durch ihre Entwicklung unterscheiden, müssen als eine von unsern tierischen Voreltern überkommene unnütze Erbschaft erachtet werden.

Es ist nicht mehr kühn, wenn man sagt, daß nicht nur der Wurmfortsatz mit dem Blinddarm, sondern sogar der ganze Dickdarm des Menschen ein überflüssiges Organ in unserm Organismus ist, dessen Unterdrückung sehr glückliche Folgen haben könnte. Unter dem Gesichtspunkt der Verdauungsfunktion spielt dieser Teil des Darmkanals sicherlich keine Rolle, oder nur eine wenig bedeutende. Auch als Organ zur Aufsaugung der Verdaungsprodukte hat es nur einen ganz und gar untergeordneten Wert. Auch ist es nicht erstaunlich, daß die Entfernung oder das fast totale Verschwinden des Dickdarms sehr gut vom Menschen ertragen werden kann.

Seit den durch die Chirurgie verwirklichten erstaunlichen Fortschritten wagt man ziemlich häufig, bestimmte Teile der Eingeweide und besonders des Dickdarms herauszunehmen. So hat einmal KÖRTE[1] mit einem Teil des Dünndarms den größten Teil des Dickdarms herausgenommen, von dem nur das Endsegment übrig blieb. Der Kranke, der acht auf einander folgende Darmoperationen überstehen mußte, wurde vollständig geheilt. Bei einem andern von WIESINGER[2] operierten Kranken wurden zwei Drittel des in Eiterung übergegangenen Dickdarms (der querverlaufende und der absteigende Grimmdarm) von den übrigen Eingeweiden getrennt und vollständig isoliert, während der obere Teil des

[1] Archiv für klinische Chirurgie, XLVIII, 1894, S. 715.
[2] Münchener medizinische Wochenschrift, 1898.

Darms (der Blinddarm und der aufsteigende Grimmdarm) mit dem Rektum vernäht wurde. Trotz dieser beträchtlichen Eingriffe wurden die intestinalen Funktionen gut wiederhergestellt und die Kranken zogen aus dem Fehlen ihres Dickdarms großen Vorteil.

Ich habe nur zwei Beispiele unter einer großen Anzahl ähnlicher Fälle angeführt. Aber auch außerhalb der von der Chirurgie gelieferten Thatsachen fehlt es nicht an solchen, welche die Zwecklosigkeit des Dickdarms für den Menschen beweisen können. Den besten Beweis[1] für diese These lieferte eine alte Frau, die seit 37 Jahren eine Bauchfistel hatte, durch die sich die Rückstände ihrer Verdauung entleerten. Die Fistel entstand spontan im Gefolge eines Abscesses an der rechten Bauchseite. Dies Gebrechen verhinderte sie indessen nicht, sich zu verheiraten, drei Kinder zu erzeugen und ihren Lebensunterhalt in mühsamer Arbeit zu erwerben. 35 Jahre nach der Entstehung der Fistel wurde die in Rede stehende Person — eine Warschauer Arbeiterin — durch einen Chirurgen, CIECHOMSKI, untersucht, der ihr vorschlug, sie zu operieren, um sie zum normalen Zustand zurückzuführen. Die Frau stimmte zu. Nach der Öffnung des Bauches konstatierte man jedoch, daß der Darm in seiner ganzen Länge rückgebildet war: vom Blinddarm bis zum äußersten Ende. Die Öffnung der Fistel befand sich über dem Coecum und führte direkt in den Dünndarm. Unter diesen Umständen war es unmöglich, die Fistel zu schließen, sodaß der Chirurg den Bauch wieder zunähen und die Patientin

[1] Archiv für klinische Chirurgie, XLVIII. 1894, S. 136.

ihrem Schicksal überlassen mußte. Sie heilte prompt und lebte weiter, wie vor der Operation. Zwei Jahre nach dem Zwischenfall wurde die Patientin von neuem untersucht, seitdem verlor man sie aus den Augen. Die Tatsache, daß ein menschliches Wesen länger als dreißig Jahre bequem ohne Dickdarm leben konnte, beweist, daß dieses Organ für die menschliche Gattung unnütz ist, trotzdem es nicht zum Rudiment reduziert ist. Hier haben wir es wieder mit einem Organ zu tun, dessen Nützlichkeit bei unsern mehr oder weniger entfernten Vorfahren gesucht werden muß.

Der Dickdarm ist im allgemeinen bei den pflanzenfressenden Säugetieren weit entwickelter, als bei den fleischfressenden. Zwecklos zur Verdauung von Nahrungsmitteln animalischen Ursprungs kann er zur Nutzbarmachung vegetabilischer Nahrung unbestreitbare Dienste leisten. Der bei den Grasfressern sehr voluminöse Dickdarm enthält eine enorme Menge von Mikroben, von denen einige die Cellulose zersetzen können. Da nun diese Substanz im allgemeinen sehr schwierig anzugreifen ist, ist der Nutzen dieser im Dickdarm beherbergten Mikroben leicht einzusehen. Es ist also sehr wahrscheinlich, daß der Dickdarm beim Pferd, beim Kaninchen und bei vielen andern Säugetieren, die sich ausschließlich von Gräsern oder Körnern nähren, einen zum normalen Leben notwendigen Teil darstellt.

Anderseits spielt der Dickdarm eine analoge Rolle, wie die Harnblase. Der Harn wird beständig von den Nieren ausgeschieden und sammelt sich in einem weiten Reservoir, der Blase. Ebenso sammeln sich die Rückstände der Verdauung im Dickdarm an, um dort mehr oder weniger lang zu bleiben.

Wenn man die Naturgeschichte des Dickdarms studiert, wird man von der Tatsache betroffen, daß dieses Organ nur bei den Säugetieren gut entwickelt ist. Diese Tiere leben größtenteils auf dem festen Land und sind sehr beweglich. Die meisten müssen sehr schnell laufen, sei es um ihre Beute zu fangen (wie die Fleischfresser), sei es, um ihren Feinden zu entrinnen. Unter diesen Umständen ist mit dem zur Entleerung des Darms notwendigen Aufenthalt eine sehr große Unbequemlichkeit verbunden. Die Möglichkeit, die Fäkalien in einem voluminösen Reservoir zurückzuhalten, bietet in diesem Falle einen unbestreitbaren Vorteil im Kampf ums Dasein.[1]

Aus diesen Gründen entwickelte sich bei den Säugetieren der Dickdarm. Die Vögel, die sozusagen in der Luft leben und sich nicht aufzuhalten brauchen, um die Rückstände der Verdauung auszuwerfen, besitzen keinen Dickdarm. Die Reptilien und Amphibien bedürfen ebenfalls keines Dickdarms, obgleich sie oft auf dem Land leben. Er fehlt ihnen auch vollständig. Diese Tiere haben keine eigne Temperatur; sie sind „kaltblütig", wie man gewöhnlich sagt, und infolgedessen fressen sie nur sehr wenig. Meistens verhalten sie sich ruhig und sind nicht fortwährend in Bewegung, wie die große Majorität der Säugetiere.

Unter dem Erbe, das die Tiere der Gattung Mensch

[1] Diese These ist in der Rede länger entwickelt, die in den „Memoirs and Proceedings of the Manchester litterary and philosophical Society" 1901, XLV, 5 abgedruckt ist.

hinterlassen haben, befinden sich also nicht nur unnütze oder schädliche rudimentäre Organe, sondern sogar vollständig entwickelte, aber trotzdem unnütze Organe. Der Dickdarm muß sogar in die Kategorie der für Gesundheit und Leben des Menschen schädlichen Organe eingereiht werden. Der Dickdarm ist das Reservoir für die Rückstände unserer Nahrung, sie stagnieren darin eine ziemlich lange Zeit, um in Fäulnis überzugehen. Die Produkte dieser Fäulnis sind der Gesundheit oft sehr schädlich. Sobald die fäkalischen Stoffe lange im Dickdarm bleiben (wie bei der Verstopfung, dieser so häufigen Krankheit), können bestimmte Substanzen, die in ihre Konstitution eintreten, vom Organismus resorbiert werden und zuweilen eine sehr schwere Vergiftung hervorrufen. Jeder weiß, daß die Verstopfung bei niedergekommenen Frauen oder bei jüngst operierten Personen sehr häufig eine Temperaturerhöhung und andre Fiebersymptome hervorruft. Es handelt sich hier um die Resorption schädlicher Produkte, die von den Mikroben des Dickdarms erzeugt werden. Die nämlichen Produkte können auch zur Entwicklung von Aknepusteln oder andern Hautkrankheiten Veranlassung geben. Kurz, eine ganze Reihe von Übelständen resultiert aus dem Besitz des Dickdarms für den Menschen. Dieses Organ ist der Sitz einiger der schwersten Krankheiten; darunter nimmt die Ruhr einen der ersten Plätze ein. In bestimmten tropischen Ländern richtet sie große Verheerungen an. „Die Ruhr," sagt RHEY[1], „ist eine der größten Gefahren, denen der Europäer in Tonkin ausgesetzt ist ... Sie

[1] Archives de médecine navale 1887.

repräsentiert allein 30 Prozent der Todesfälle aus innern Ursachen." Die europäischen Truppen in den französischen und englischen Kolonien zollen ihr jedes Jahr einen hohen Tribut.

Für den Dickdarm haben auch bösartige Geschwülste eine Vorliebe. So entwickelten sich von 1148 Darmkrebsen, die 1895 und 1896 in den preußischen Hospitälern beobachtet wurden, 1022, d. h. 89 Prozent, im Dickdarm, das Rectum und das Coecum eingeschlossen.[1] Der Dünndarm, der einzige Teil unsres Verdauungskanals, der zum Leben unbedingt notwendig ist, wurde nur in einem viel schwächeren Verhältnis ergriffen, denn er lieferte nur 11 Prozent der Fälle von Intestinalkrebs. Diese Tatsachen erklären sich sehr wahrscheinlich dahin, daß der intestinale Inhalt im Dickdarm weit länger bleibt als im Dünndarm. Die Stagnation ist bekanntlich eine günstige Vorbedingung für alle Arten von Krankheit, und sehr wahrscheinlich bildet sie auch eine der Ursachen für die Häufigkeit des Magenkrebses. Unter 10537 Krebsfällen, bei sämtlichen Verdauungsorganen, die während derselben Zeit in den preußischen Hospitälern beobachtet wurden, griffen 4288, d. h. mehr als 40 Prozent, den Magen an. Dieses Organ gehört zu jenen, welche der menschliche Organismus wohl entbehren könnte. Er ist lange nicht so unnütz wie der Dickdarm, denn er dient hauptsächlich zur Verdauung der eiweißhaltigen Substanzen, aber der Dünndarm kann ihn leicht ersetzen. Auch entfernten die Chirurgen in mehreren Fällen den Magen gänzlich

[1] Ewald, Klinik der Verdauungskrankheiten, III, 1902, S. 267.

bei Menschen, die vom Krebs ergriffen waren. Das Resultat war in dem Sinne günstig, als die Kranken am Leben blieben und sich auf eine genügende Weise nähren konnten. Da sie veranlaßt sind, viel öfter, als sie gewohnt waren, zu essen, konnten sie die Nahrungsmittel einzig mit Hilfe des Dünndarms und des Pankreas verdauen.

Es ist nicht erstaunlich, daß die Verdauungsorgane uns soviel Beispiele von nützlichen oder schädlichen Teilen unsrer inneren Organisation liefern. Unsre Vorfahren waren Tiere, die sich nur mit rohen und groben Nahrungsmitteln nähren konnten, wie wilden Pflanzen oder nicht zugerichtetem Fleisch. Der Mensch wußte leichtverdauliche Pflanzen zu züchten und lernte seine Nahrung derart anzupassen, daß sie mit großer Leichtigkeit vom Organismus assimiliert wird. Die den Lebensumständen der vormenschlichen Tiere angepaßten Organe wurden also für den Menschen größtenteils überflüssig. Viele Tiergattungen, die sich leicht assimilierbare Nahrungsmittel verschaffen konnten, verloren schließlich ihre Verdauungsorgane in einer mehr oder weniger vollständigen Weise. So die Parasiten, von denen einige, wie die Bandwürmer (Taenia), die in den menschlichen Eingeweiden in einer für ihre Ernährung völlig vorbereiteten Flüssigkeit gebadet sind, ihren eignen Verdauungskanal vollständig verloren haben.

Beim Menschen hat sich diese Entwicklung nicht vollzogen, und er behielt in seinem Dickdarm einen Teil, der ihm nur schädlich ist. Aus diesem Grunde kann er bei seiner Ernährung nicht alle Vervollkommnungen anwenden, deren sie fähig ist. Es ist ihm unmöglich, sich mit Nahrungsmitteln zu nähren, die sich allzuleicht assimilieren, ohne Rückstände zu hinterlassen, denn in diesem Fall entleert sich der Dickdarm nur unter großer Schwierigkeit, und das kann ernste Störungen herbeiführen. Eine gute Hygiene muß demzufolge der Organisation unseres Verdauungskanals Rechnung tragen und in unsre Kost vegetabilische Stoffe einführen, die eine genügende Menge von Rückständen hinterlassen.

Hier berühren wir eine Frage, die ein beträchtliches allgemeines Interesse bietet. In der Wahl der Nahrungsmittel für sich selbst oder für ihre Nachkommenschaft werden die Tiere einzig durch ihren blinden und angeborenen Instinkt geleitet. So sahen wir im zweiten Kapitel, wie die Schlupfwespen auf besondre Arten von Insekten oder Spinnen Jagd machen. Der Instinkt belehrt sie über die zur Aufziehung ihrer Jungen geeignetste Art der Nahrung. Die Bienen werden von den süßen Sekreten der Blüten angezogen; der Seidenwurm nagt instinktiv am Maulbeerblatt und verwirft die meisten andren Pflanzen. Bei den höheren Tieren spielt der Instinkt der Nahrungswahl ebenfalls die Hauptrolle. Man weiß, wie schwierig es ist, Ratten mit vergifteten Speisen umzubringen. Ihr Instinkt zeigt ihnen alsbald die gefährliche Natur der ihnen angebotenen Substanz an. Die Hunde wissen ebenfalls sehr gut die Nahrung zu vermeiden, der man Gift beigemengt hat.

Jeder kennt das ängstliche Verhalten der Affen, bevor sie sich zu fressen anschicken. Sie beriechen das Fressen, begucken es von allen Seiten, prüfen es auf eine Weise, die uns lächerlich erscheint, und fangen nicht eher an, es zu vertilgen, bevor sie nicht eine strenge Untersuchung damit angestellt haben. Sehr häufig weisen sie die Nahrung zurück, ohne davon fressen zu wollen. Trotz dieses so entwickelten Instinkts vergiften sich die Affen häufig mit gefährlichen Substanzen jeder Art, auch solchen, die einen scharfen Geruch ausströmen. So sahen wir Affen krepieren, die sich mit Phosphorhölzchen oder mit Jodoform, das ihnen zu stehlen gelungen war, vergiftet hatten.

Beim Menschen sind die Entartungen des Instinkts der Nahrungswahl besonders häufig. Sobald die Kinder zu gehen anfangen, lesen sie Gegenstände aller Art auf, die sie alsbald in den Mund stecken. Papierfetzen, Siegellackstücke, Nasenschleim, alles scheint ihnen zum essen gut. Man hat viel Mühe damit, sie am Verschlingen dieser häufig so schädlichen Dinge zu verhindern. Alle Arten von Früchten und Beeren erregen unweigerlich den Appetit der Kinder. Auch sind Fälle mehr oder weniger ernster Vergiftung ziemlich häufig. Da diese Beispiele sicherlich jedem bekannt sind, will ich mich darauf beschränken, nur ein einziges anzuführen. „Mss. BEADLE und Sohn, Ölfabrikanten in Boston, ließen verdorbenen und daher unbrauchbaren Rhizinussamen vor die Tore ihrer Fabrik werfen. Ein paar Kinder, die in der Straße spielten, hielten den Samen für Pistazien und verteilten ihn unter sich und ihre Freunde. Alle aßen davon, worauf 70 Kinder schwerste Vergiftungssymptome zeigten."[1]

Das Essen von Mutterkorn, von verdorbenem Mais und von bestimmten Hülsenfrüchten (Lathyrus) ruft

[1] STILLMARCK in den „Arbeiten des pharmakologischen Instituts zu Dorpat", III, 1889, S. 110.

häufig epidemische Vergiftungen hervor, ohne daß der Instinkt die Zurückweisung dieser ungeeigneten Nahrungsmittel veranlaßt hätte.

Während der Dickdarm, der schädlichen Mikroben als Unterschlupf dient, eine Vergiftungsquelle von innen wird, treibt der abirrende Instinkt den Menschen dazu, sich mit Alkohol, Äther, Opium und Morphium von außen zu vergiften. Die ungeheure und so unheilvolle Rolle des Alkoholismus liefert uns das beweiskräftigste und konstanteste Beispiel für die Disharmonie zwischen dem Instinkt der Nahrungswahl und dem Lebens- und Erhaltungsinstinkt.

Unser Verdauungsapparat bildet also einen der besten Beweise für die Unvollkommenheit und Disharmonie unsrer Natur. Dieses Beispiel ist indessen lange nicht das einzige, wie wir in den beiden folgenden Kapiteln zu beweisen versuchen wollen.

FÜNFTES KAPITEL

Disharmonien in der Organisation und Funktion des Fortpflanzungsapparats. Disharmonien des Familien- und des sozialen Instinkts.

I

Ein paar Worte über die Disharmonien der Sinnesorgane und des menschlichen Gehörs. — Rudimentäre Organe des Genitalapparats. — Ursprung und Rolle des Hymen.

Die Verdauungsorgane sind nicht die einzigen Organe im menschlichen Organismus, deren Konstruktion und Funktionierung auf eine mehr oder weniger große natürliche Disharmonie hinweisen. Vor mehr als einem halben Jahrhundert hat der große deutsche Physiolog JOHANNES MÜLLER bewiesen, daß in unserm Auge, das eines der vollkommensten Organe scheint, die Korrektur der Aberration weit davon entfernt ist, vollständig zu sein. Ein andrer großer deutscher Gelehrter, HELMHOLTZ, bemerkt, daß das genaue Studium der optischen Leistungen des Auges eine große Enttäuschung bereitet hat. „Fast könnte man glauben, daß die Natur," sagt er, „sich absichtlich in den größten Widersprüchen gefallen habe, als habe sie mit Entschiedenheit jeden Traum einer prästabilitierten Harmonie zwischen der äußern und der innern Welt zurückweisen wollen." Aber nicht nur unser

Auge, sondern auch alle andern Apparate, die uns die äußere Welt erkennen lassen, weisen eine große natürliche Disharmonie auf. Hier liegt die Ursache unsrer Ungewißheit hinsichtlich der Quellen unsrer Erkenntnis. Das Gedächtnis, die Fähigkeit, psychische Prozesse festzuhalten, entwickelt sich erst viel später, als so viel andre Funktionen unsres Gehirns. Wenn der Mensch in einem so vorgeschrittenen Zustand geboren würde, wie das bei einem neugeborenen Meerschweinchen der Fall ist, so stände zu vermuten, daß er in Bezug auf die Entwicklung seines Bewußtseins von der wirklichen Welt weit besser gestellt wäre. Ohne uns bei diesen Unvollkommenheiten und Disharmonien unsrer Erkenntnis aufhalten zu wollen, ziehen wir vor, zur Untersuchung der Teile des menschlichen Körpers überzugehen, die dazu bestimmt sind, die Gattung fortzupflanzen.

Wir sahen, daß das Hauptorgan des individuellen Lebens, der Verdauungskanal, weit davon entfernt ist, die Theorie der Vollkommenheit der Natur des Menschen zu beweisen. Vielleicht ergeben die Organe der Fortpflanzung in dieser Beziehung ein besseres Resultat. Als wir dem Leser eines der vollkommensten Beispiele natürlicher Harmonie vorstellen wollten, wählten wir den Mechanismus, durch den die Blüten, die sexuellen Organe der Pflanzen, zur Befruchtung gelangen. Das Leben der Gattung ist bei den Pflanzen durch eine Vereinigung der wunderbarsten Apparate und Funktionen gesichert.

Steht es in der menschlichen Gattung ebenso? Das eingehende Studium der Zeugungsorgane bei Mann und

Weib weist ein sehr verwickeltes Gemisch verschiedener Ursprünge auf. Neben Teilen ältester Herkunft begegnet man darin allerjüngsten Erwerbungen. Die innern Geschlechtsorgane deuten auf eine gewisse hermaphroditische Grundlage. Beim Mann trifft man Spuren weiblicher Sexualorgane, Rudimente des Uterus und der Muttertrompeten. Beim Weib findet man dagegen einige Spuren männlicher Organe. Diese Disposition muß aus sehr weit zurückliegender Zeit stammen, denn man findet sie gleicher Weise bei den meisten Vertebraten. Sie deutet an, daß diese Tiere in einer sehr entlegenen Zeit Hermaphroditen sein mußten, und daß sich allmählich die Geschlechter definitiv trennten, wobei sie mehr oder weniger deutliche Spuren ihrer Entwicklung hinterließen. Diese Spuren in Form von rudimentären Organen (bekannt unter dem Namen Webersches, Rosenmüllersches Organ usw.) finden sich mehr oder weniger häufig noch beim erwachsenen Menschen. Ohne irgend welchem Zweck zu dienen, geben diese Organe, wie man es so häufig bei Teilen sieht, die sich zu atrophieren in Begriff sind, entweder zur Bildung von Monstrositäten oder zur Entstehung mehr oder weniger gesundheitschädlicher Geschwülste Veranlassung. So führt die übermäßige Entwicklung des prostatischen Bläschens (oder Weberschen Organs) beim Mann zur Bildung eines männlichen Uterus und ruft eine Art anormalen Hermaphroditismus hervor. Die Blasenmolen entwickeln sich aus den Rudimenten des männlichen Urogenitalapparats. Beim Weibe entstehen gewisse Geschwülste, wie die des Nebeneierstocks, aus pathologischen Wucherungen der Überreste des nämlichen Organsystems. Diese in der sehr großen Majorität der Fälle gutartigen Geschwülste können indessen zuweilen sehr bösartig werden. So führt der berühmte englische Chirurg LAWSON TAIT [1] den Fall eines von ihm operierten jungen Mädchens an. Er nahm ihm eine Parovariengeschwulst von sehr gutartigem Aussehen heraus; aber nach sechs Wochen bot die Kranke die Zeichen eines Krebses der Genitalorgane, dem sie in drei Monaten unterlag.

Wenn man die rudimentären Reste der Genitalorgane der menschlichen Gattung mit denen der Tiere vergleicht, konstatiert man, daß beim Menschen einige Spuren in einer weit ausgeprägteren Weise verschwunden sind, als bei den niederen Säugetieren. So findet sich der embryonale Nierenkanal (bekannt unter dem Namen WOLFFscher Gang) nur sehr selten beim erwachsenen Menschen wieder, während er bei gewissen Herbivoren ihr ganzes Leben hindurch bleibt (als Organ, das den Namen GÄRTNERscher Kanal trägt). Nichtsdestoweniger enthält der innere Geschlechtsapparat der menschlichen Gattung alle Arten rudimentärer Organe, die stets unnütz, zuweilen sogar für Gesundheit und Leben mehr oder weniger schädlich sind.

Neben diesen Überbleibseln von Organen, deren Zweck seit undenklichen Zeiten verloren gegangen ist, weist das Genitalsystem des Menschen erst jüngst erworbene Teile auf. Diese letzteren interessieren uns ganz be-

[1] Dieser Fall wird von POZZI berichtet, in seinem Traité de Gynécologie, 1890, p. 714.

sonders, denn möglicherweise ist hier eine zur Zeugungsfunktion sehr geeignete Anpassung anzunehmen.

Der Leser erinnert sich ohne Zweifel der Diskussionen, die sich bei Gelegenheit der in unserm dritten Kapitel besprochenen Abstammung des Menschen vom Affen entsponnen haben. Alle Versuche, den Beweis zu führen, daß im menschlichen Gehirn besondere Organe vorhanden seien, die bei den Affen nicht existierten, sind endgültig mißlungen. Nun ist es erstaunlich, daß sich der Mensch von den anthropomorphen Affen mehr durch die anatomische Organisation seiner Sexualorgane, als durch die seines Gehirns unterscheidet. In der Tat hat der Mensch kein Penisbein. Dies Bein, das die Einführung des männlichen Gliedes erleichtert, findet sich bei vielen Wirbeltieren, nicht nur bei Nagern und Carnivoren — Tieren, die vom Menschen sehr weit abstehen — sondern auch bei einigen Affen und besonders bei allen Arten, die als anthropomorphe Affen bekannt sind.[1] Aus einer Ursache, die unmöglich festgestellt werden kann, hat der Mensch das Penisbein verloren. Sehr wahrscheinlich stellen die Knochenbildungen, denen man ausnahmsweise beim männlichen Glied[2] des Menschen begegnet, eine Art atavistischen Rückfall des Penisbeins von seinen Vorfahren dar.

Beim männlichen Geschlecht gibt sich der Unterschied zwischen dem Menschen und den Anthropoiden durch das Fehlen eines Organs kund; beim weiblichen Ge-

[1] GRISP, Proceedings of the Zoolog. Society, London 1865, p. 48. [2] LENHOSSEK im Archiv für pathologische Anatomie von VIRCHOW, 1874, XI. S. 1.

schlecht ist man über eine Erscheinung umgekehrter Art betroffen. Das Jungfernhäutchen oder Hymen ist eine richtige Erwerbung der menschlichen Gattung. Weit besser als der „kleine Hippocampus“, als der Hinterhauptslappen und das hintere Horn könnte das Hymen die Gelehrten beschäftigen, die durchaus ein der menschlichen Gattung eigentümliches Organ suchen wollen, das bei allen andern Tieren, die anthropomorphen Affen eingeschlossen, fehlt. Bischoff[1] konstatierte das Fehlen des Hymen bei den anthropomorphen Affen und diese Entdeckung wurde von mehreren andern Beobachtern bestätigt. Deniker (a. a. O. S. 245) traf das Hymenhäutchen weder beim Fötus, noch beim „jungen Gorilla“ an. Beim Gibbonfötus fand er eine leichte Wulst um den Eingang zur Vagina, „die man dem Hymenhäutchen gleichsetzen kann“ (a. a. O. S. 250), die indessen dieses Häutchen nicht ist. Deniker (a. a. O. S. 253) kommt selbst zu dem Schluß, daß „das Hymenhäutchen den Anthropoiden in jedem Alter fehlt.“ Wiedersheim erwähnt in seinem Resumé über die Organisation des menschlichen Körpers (a. a. O. S. 163) gleichfalls die Tatsache, daß „bei den Affen das Hymen fehlt“.

Die neuerliche Erwerbung dieses vaginalen Häutchens entspricht seiner zögernden Entwicklung beim weiblichen Fötus vollkommen. Nach den übereinstimmenden Untersuchungen mehrerer Beobachter tritt das Hymen

1 Abhandlungen der mathem. physikalischen Klasse der K. Bayer. Akademie d. Wissenschaften. München 1880, XIII. Abt. II. S. 268.

erst während der 19. Woche der Schwangerschaft auf und zuweilen sogar noch später.

Wenn Organe sehr alten Ursprungs auf den Wert bloßer Rudimente reduziert sind und keinen Zweck mehr haben, möchte man vermuten, daß ein Organ von jüngerer Bildung, das sozusagen in seiner progressiven Phase steht, im Hinblick auf seine Funktion einen beträchtlichen Vorteil bietet. Worin liegt also der Zweck des Hymen für die Frau? WIEDERSHEIM gesteht, daß die „ursprüngliche Rolle des am Eingang der Vagina befindlichen Teils, der mit dem Namen Hymen bezeichnet wird, durchaus nicht aufgeklärt ist" (a. a. O. S. 208).

Die Rolle des Hymen in den Familien- und Gesellschaftsbeziehungen ist zuweilen ungeheuer. Als kennzeichnendes Merkmal der Jungfrauschaft angesehen, spricht man ihm in moralischer Hinsicht eine sehr große Bedeutung zu. Die sorgfältige Prüfung des Hymen beschäftigt den Gerichtsarzt, wenn es sich um Sittlichkeitsverbrechen oder andere Verhältnisse zwischen Mann und Weib handelt. Die Durchbohrung des Hymen hat einer großen Zahl von Personen beider Geschlechter das Leben gekostet.

Aber bei der Frage, die wir gestellt haben, handelt es sich vor allem um die physiologische Rolle des Jungfernhäutchens. Es kann nicht unschwer geschlossen werden, daß diese Rolle für die gegenwärtige Menschheit ganz und gar null ist. Die Atrophie des Hymen nach der Defloration verhindert den Geschlechtsakt in nichts. Die Unverletztheit dieses Organs stellt im Gegenteil häufig ein unangenehmes und lästiges Hindernis dar.

Daher sucht man bei vielen Völkern die Mädchen so früh als möglich von ihrem Hymen zu befreien. In gewissen Gegenden Chinas behandelt man die Kinder weiblichen Geschlechts auf eine so skrupulöse Art, daß nur noch Spuren des Hymen übrigbleiben. Viele Chinesen, sogar Ärzte, wissen von der Existenz dieses Organs nicht einmal etwas. Dieselbe Tatsache wurde im englischen Indien beobachtet. Bei gewissen Indianern Brasiliens (vom Stamm der Machacuras) existieren Jungfrauen im europäischen Sinn des Wortes überhaupt nicht, denn die Mütter zerstören das Hymen ihrer Töchter bald nach deren Geburt. Bei den Eingeborenen von Kamtschatka (den Itelmänen) wird es als Zeichen sehr schlechter Erziehung betrachtet, sich mit intaktem Hymen zu verheiraten. Um dieser Schmach vorzubeugen, zerstören die Mütter das Hymen ihrer Töchter mit den Fingern.[1]

Anderseits wendet man sich bei gewissen Völkern, um dem Hindernis des Hymen abzuhelfen, an Spezialisten, die seine Durchbohrung übernehmen. Früher gab es bei den Bisayos, Eingeborenen der Philippinen, „öffentliche Beamte, die sogar sehr gut bezahlt waren, um den Mädchen die Jungfrauschaft zu nehmen, da diese als ein Hindernis für die Freuden des Gatten betrachtet wurde." Ein analoger Brauch existierte bei den Neukaledoniern, von denen MONCELON bemerkt, daß die Jungfrauschaft wenig geschätzt ist. „Sehr seltsamer Weise erhielt ich

[1] Diese Tatsache wurde, gleich den vorhergehenden, dem Werk von PLOSS-BARTELS entnommen: Das Weib, 7. Aufl. 1902, I, S. 228 u. 229.

den Beweis — sagt dieser Forscher — daß, wenn ein Mann seine Frau nicht deflorieren kann oder nicht will, es gegen Bezahlung gewisse Individuen gibt, die es an seiner Stelle tun: Angestellte Durchbohrer."

An diesen Beispielen, deren Zahl leicht vermehrt werden könnte, sieht man, daß das Hymenhäutchen, diese der menschlichen Gattung so eigentümliche Erwerbung, wirklich kein nützliches Organ im physiologischen Sinn des Wortes ist.

Bei vielen Völkern, unter denen die christlichen und moslimischen besonders erwähnt werden müssen, spielt freilich das Vorhandensein eines unberührten Hymen eine sehr wichtige Rolle, jedoch in einem sozusagen mittelbaren Sinn. Die alten Juden fingen an, der Jungfrauschaft einen besonderen Wert beizulegen. Wenn im Augenblick der Vermählung das junge Mädchen nicht jungfräulich befunden wird, sollen nach dem mosaischen Gesetz „sie (die Ältesten der Stadt) das junge Weib zum Tor des Hauses ihres Vaters bringen und die Männer ihrer Stadt sollen sie steinigen, daß sie stirbt, weil sie eine Schandtat in Israel begangen hat, indem sie im Haus ihres Vaters Unzucht trieb." (5. Moses, XXII, 20, 21.) Die vom Judentum ausgegangenen Religionen haben eine analoge, wenngleich weit weniger strenge und harte Art angenommen. Bei einigen christlichen Völkern fordert man wirkliche Beweise für die Jungfrauschaft der Mädchen, die sich verheiraten, indem das vom Blut des Hymen befleckte Leintuch gezeigt wird. Bei den meisten moslimischen Völkern des Orients zeigt man den Freunden und Verwandten das Leintuch des Ehebettes als Zeugnis der Jungfrauschaft der Frau im Augenblick der Vermählung. Allein die Defloration vollzieht sich häufig nicht während des sexuellen Aktes, sondern ganz und gar unabhängig von ihm. Die Araber und Kopten, wie die Eingeborenen von Ägypten durchbohren das Hymen mittels des mit einem leinenen Tuche umhüllten Zeigefingers der rechten Hand, und diese Operation wird nicht von dem Manne, sondern von einer zu diesem Zweck besonders berufenen Matrone ausgeführt (Ploss-Bartels a. a. O. I, S. 489.)

Aus all diesen Darlegungen sieht man also, daß das Hymen beim sexuellen Akt eine unmittelbare Rolle nicht spielt, zuweilen sogar zu einer Quelle von mehr oder weniger ernsten Mißständen wird. Wenn das Hymen besonders widerstandsfähig ist, so ruft es häufig das spätere Zerreißen des Perineums hervor, was zuweilen zu peinvollen Komplikationen Veranlassung gibt. Besitzt das Hymen eine reiche Blutgefäßbildung, so kann sein Zerreißen während des Geschlechtsakts schwere und sogar tötliche Blutungen hervorrufen.[1] Auf diesem Häutchen entwickeln sich manchmal verschiedene, pockenartige, venerische und andere Geschwüre.[2]

Wir erwähnten bereits, daß bei gewissen Völkern die brutale Behandlung der Geschlechtsteile die Zerstörung des Hymen herbeiführe. Dieses Häutchen verhindert augenscheinlich die Reinigung der Vagina, was besonders während der Menstruationsperiode Nachteile mit sich führt. Wahrscheinlich verunreinigt sich

[1] Pozzi, Gynécologie, 1890, p. 1067. [2] Realencyklopädie der gesamten Heilkunde, 2. Aufl. 1885, X, S. 34.

das durch das Hymen zurückgehaltene Blut durch Mikroben, was ernstliche Störungen des Organismus hervorrufen kann. Es ist sogar möglich, daß gewisse Anämien, wie die Bleichsucht der Jungfrauen, durch die Wucherung solcher Mikroben verursacht werden. Es läßt sich in diesem Falle leicht begreifen, daß die Heirat das beste Heilmittel gegen diese Anämie darbietet, denn nach der Durchbohrung des Hymen ist die Entleerung der Vagina weit leichter.[1]

Was ist aber also dieses Organ, das für die geschlechtliche Funktion vollständig zwecklos, zuweilen sogar der Gesundheit schädlich ist, dies Organ, das kein Erbe der tierischen Vorfahren ist und nach seiner Zerstörung verlangt, damit der sexuelle Akt von statten geht? Früher, als man in der Wissenschaft zugab, daß die erworbenen Eigenschaften auf dem Weg der Vererbung leicht übertragen werden können, fragte man sich, warum das Hymen, das seit so viel Generationen zerrissen wird, keine Tendenz zeige, zu verschwinden. Dieses Beispiel ist eines derjenigen, die am meisten zur Erschütterung des Dogmas dienten, daß die während des Lebens erworbenen Eigenschaften auf die Nachkommen übertragen würden. Wenngleich das Hymen der gegenwärtigen Menschheit nichts nützt, muß es dennoch seinen Daseinsgrund haben. Die Wissenschaft hat, wie wir bereits früher erwähnten, dies Problem noch nicht gelöst. Man

[1] Es wäre interessant, festzustellen, ob die hymenlosen indischen und chinesischen Jungfrauen der Bleichsucht unterworfen sind. Bis heute konnten wir uns über diesen Punkt nicht unterrichten.

muß also seine Zuflucht zu Hypothesen nehmen, um es aufzuhellen. Am wahrscheinlichsten kommt uns jene vor, daß die Menschen während der ersten Periode ihrer Existenz die sexuellen Beziehungen in einem sehr jugendlichen Alter beginnen mußten, zu einer Zeit, wo das Geschlechtsorgan der Knaben noch keineswegs endgültig entwickelt war. Unter diesen Umständen war das Hymen kein Hindernis und trug zum sexuellen Genuß bei. Ohne zerrissen zu werden, ließ das nach und nach ausgedehnte Hymen schließlich das männliche Glied zu.

Wir vermuten demgemäß, daß das Hymen in primitiven Zeiten keineswegs brutal zerrissen, sondern fortschreitend erweitert wurde, und daß sein Zerreißen nur eine späte und sekundäre Erscheinung darstellt.

Zur Unterstützung dieser Hypothese können wir uns auf die Tatsache berufen, daß sogar in der Gegenwart bei gewissen wilden oder wenig kultivierten Völkern die sexuellen Beziehungen zu sehr früher Zeit beginnen. So werden bei den Hindus „die Heiraten geschlossen, wenn der Knabe 7—10 Jahre ist, während das Mädchen deren nur 4—6, nach Roer, oder 8 nach Beierlein zählt. Nach den Hochzeitszeremonien kehrt die Braut in das Haus ihrer Eltern zurück und erst einige Jahre später, wenn das Mädchen zu menstruieren beginnt, vereinigt man sie mit ihrem jugendlichen Gatten“ (Bartels-Ploss, das Weib, I, S. 620). Roer versichert, daß es Beispiele gegeben habe, wo Vater und Sohn verschiedene Klassen ein- und derselben Schule besuchten.

Bei den Vedas, einer Sklavenkaste des südlichen Indiens, verheiraten sich die Knaben im Alter von 15 bis 16 Jahren, d. h. zu einer Zeit, in der das männliche Glied weit davon entfernt ist, seine eigentlichen Dimensionen zu haben. Der Missionar STERN berichtet von der Aufregung der Eingeborenen von Keradif (in Abessinien) über den Befehl, daß in Zeit von 14 Tagen alle Knaben über 14 Jahre und alle Mädchen über 9 Jahre heiraten sollten (BARTELS-PLOSS, a. a. O. S. 622). Auf Madagaskar verheirateten sich im Anfang des 17. Jahrhunderts die Knaben schon im Alter von 10 bis 12 Jahren (ebenda, S. 623). Die Eingeborenen in deutschen Kolonien von Neu-Guinea verheiraten ihre Söhne mit 14 und 15 Jahren (ebenda, S. 627). In England gibt es sogar noch ein Gesetz, das den Knaben erlaubt, sich mit 14 Jahren zu verheiraten. In der Gegenwart toter Buchstabe entspricht dieses Gesetz augenscheinlich einem alten Brauch.

Man weiß, daß das Hymen auch in den heutigen Zeiten nach dem sexuellen Akt nicht immer zerrissen ist. BUDIN zählte ungefähr 17 Prozent Fälle, in denen dieses Häutchen bei Frauen während der ersten Geburt intakt war. Bei 75 zum ersten Mal niedergekommenen Frauen beobachtete er in 13 Fällen die Unversehrtheit des Hymen. Seitdem die Sorge für die Kinder dem Manne obliegt, geht er die Ehe weit später ein, als in der Zeit, da die Kinder nur von der Mutter abhingen. Aus diesem Grund ist heute die Vereinigung mit kaum mannbaren Knaben weit seltener als früher. Damals war auch das Verhältnis der Frauen, die mit einem intakten Hymen schwanger wurden, notwendigerweise noch weit größer, und man kann sich leicht eine Zeit vorstellen, in der die Frauen im allgemeinen dem Zerreißen des Hymen nicht ausgesetzt waren. Es war unnütz, und hier liegt das Beispiel einer Disharmonie des Geschlechtsapparats der Frau aus der allerjüngsten Zeit vor.

Jedermann weiß, daß die verschiedenen Teile der weiblichen Geschlechtsorgane bestimmten Teilen des männlichen Geschlechtsapparats entsprechen. So hat das Hymen sein analoges Organ (oder vielmehr homologes Organ, wie man sich in der vergleichenden Anatomie ausdrückt) in einer kleinen Erhabenheit, die während der Paarung die Vermischung des Spermas mit dem Urin verhindert, und die in der Anatomie unter dem Namen Colliculus seminalis bekannt ist. Dieses Organ ist unvergleichlich kleiner als das Hymen, sodaß es unmöglich ist, das unnütze Hymen als ein Rudiment des zweiten, eine bestimmte nützliche Funktion ausübenden Organs anzusehen. Von den männlichen Geschlechtsorganen wird das Präputium bei vielen semitischen Völkern (Hebräern, Arabern) durch die Beschneidung entfernt, wie auch bei den Moslims andrer Völkerstämme (Perser, Neger, Hindus, Tataren usw.), ohne daß eine Unzuträglichkeit daraus entspringt. Unbestreitbar liefert uns dieses Organ ein weiteres Beispiel für die in der Tat sehr zahlreichen unnützen Teile im Genitalapparat der beiden Geschlechter.

II

Entwicklung und Bedeutung des Menstruationsflusses der Frau. — Frühzeitige Heiraten bei bestimmten primitiven oder wenig zivilisierten Völkern. — Disharmonien in der Entwicklung der Pubertät und der Mannbarkeit. — Alter der Heiratschließung. — Beispiele der Disharmonie in der Entwicklung der Zeugungsfunktion.

Trotz der offenkundigen Unvollkommenheit erfüllen die Geschlechtsorgane der menschlichen Gattung die wichtige Funktion der Zeugung vollständig. Nur entdeckt man, wenn man die Phänomene näher analysiert, bald deutlich disharmonische und schlecht angepaßte Züge.

Wenn irgend ein Organ der Sitz einer Hämorrhagie, eines Blutflusses ist, zögert man nicht, es für krank zu erklären. Das Bluten der Nase, der Lungen, der Eingeweide oder der blutige Urin sind Symptome von mehr oder weniger ernstlichen Affektionen. Der Ausfluß von Blut aus den Geschlechtsorganen der Frau ist oft auch ein Zeichen von Krankheit, wie bei Uterusgeschwülsten. Nur eine einzige Ausnahme von dieser Norm gibt es — das menstruale Unwohlsein der Frau, während dessen sie Hunderte von Gramm (100 bis 600) von ihrem Blut, dieser so kostbaren Flüssigkeit, verliert. Diese Tatsache bildet an sich als rein physiologische Erscheinung etwas Paradoxes. Es ist also interessant, ihre innere Bedeutung kennen zu lernen.

Die menstrualen Verluste machen keineswegs eine besondere Eigentümlichkeit der menschlichen Gattung aus, wie der Besitz eines Hymen. Das in der Brunst stehende Weibchen bietet sicherlich etwas ähnliches. Nur handelt es sich in diesem Falle um eine Anschwellung der Genitalorgane der Weibchen, begleitet von schleimigen Ausscheidungen, die sehr wenig Blut enthalten. Diese Periode zeigt das Erwachen des Geschlechtssinnes an und bildet das Vorspiel der Paarung.[1] Bei den Affen beobachtete man einen Ausfluß, der mehr dem weiblichen Monatsfluß ähnlich ist. Seit langem bemerkte man in den zoologischen Gärten bei gewissen Affenweibchen der alten Welt, daß von Zeit zu Zeit ein periodischer Fluß eintrat, der unbestreitbar dem menstrualen Ausfluß der Frau ähnlich ist. Man stellte sogar fest, daß sich bei den Makako- und Meerkatzenweibchen dieser Ausfluß jeden Monat erneuert. HEAPE[2] fand während seines Aufenthaltes im englischen Indien eine für diese Art von Beobachtungen sehr günstige Gelegenheit. Er ließ sich 230 Makakoweibchen (Macacus rhesus) zusenden, unter denen der größte Teil schwanger oder vor kurzem niedergekommen war. Von dieser beträchtlichen Zahl zeigten 17 Weibchen Zeichen der Menstruation, bestehend in der Anschwellung der Genitalorgane und in einem klebrigen und weißen Ausfluß. Sehr häufig nahm der Ausfluß eine blaßrosa Färbung an, von den roten Blutkörperchen herrührend; aber nur in seltenen Fällen zeigte sich der Fluß stark rot gefärbt.

Trotz einer unbestreitbaren Analogie mit den Regeln

[1] SAINT CYR, Traité d'obstétrique vétérinaire. 2. Aufl. 1888, p. 52. [2] Philosophical Transactions of the R. Society of London, 1897. Vol. 188. pp. 135—166.

der Frau unterscheiden sich die Menstruationen der Affen durch das Vorherrschen der Anschwellung der äußern Genitalorgane, durch den schleimigen Charakter des Ausflusses und seine Armut an Blutkörperchen. Sie bilden irgendwie ein Zwischenstadium zwischen der Brunst der niederen Säugetiere und der Menstruation der Frau.

Bei den anthropomorphen Affen hat man gleichfalls eine Art von Monatsfluß beobachtet. BOLAU, EHLERS und HERMES[1] konstatierten ihn beim Schimpansen. „In diesem Augenblick," sagt R. HARTMANN, „entsteht eine Anschwellung und eine Rötung der äußern Geschlechtsteile. Die außerhalb der Menstruationsperiode wenig sichtbaren großen Lefzen treten alsdann stark hervor. Die kleinen Lefzen und die Clitoris sind sehr groß und sehr entwickelt" (S. 146).

Bei der Frau ist die Anschwellung der äußern Genitalorgane wenig auffallend; die Menstruationsepoche wird durch den blutigen Ausfluß gekennzeichnet. Bei der weiblichen Menstruation handelt es sich also um neue Erwerbungen.

Der monatliche Ausfluß, wie er heute besteht, rührt wahrscheinlich von Änderungen her, die in einer verhältnismäßig jüngeren Zeit der menschlichen Entwicklung eintraten. Bei den primitiven Menschen fand die Paarung frühzeitig statt, und die Frau wurde vor dem Auftreten der Menstruation schwanger. Diese fehlte während der Schwangerschaft und des Stillens, die

[1] Verhandlungen der Berliner Gesellschaft für Anthropologie, 1876, S. 88.

kaum beendet waren, als bereits eine neue Schwangerschaft eintrat. Die Regel stellte sich also nicht ein.

Die Eigenschaft des Menschen, während des ganzen Jahres fruchtbar zu sein, machte die menschliche Gattung besonders zeugungsfähig. Wahrscheinlich dank dieser großen Fruchtbarkeit hat sie sich über die ganze Erdkugel verbreitet und sich trotz der sehr starken Mortalität und aller Arten von andern Hemmnissen behauptet.

Es fehlt nicht an kürzlich beobachteten Beispielen, daß junge Mädchen vor dem Erscheinen der Menstruation schwanger wurden. So trifft man nach Rhode unter den Gatos-Indianern, an der Mündung des Rio San Lourenzo in den Rio Paraguay, verheiratete Frauen im Alter von 5 bis 8 Jahren, die daher vor dem Auftreten der Menstruation verheiratet sind. Bei den Veda im südlichen Indien „verheiraten sich die Mädchen im Alter von 7 bis 9 Jahren und haben vor der sexuellen Reife Beziehungen zu ihren Gatten." Zu Schiras in Persien verheiraten sie sich ebenfalls vor dem Auftreten der Regel, wenn die Brüste noch vollständig flach sind. In Syrien verheiraten sich nach Robson die Mädchen vor dem Alter der Pubertät, d. h. von 10 Jahren an. Du Chaillu berichtet, daß man bei den Aschira im westlichen Afrika zur Heirat nicht die Entwicklung der Pubertät abwartet. Abbadie erfuhr während seiner Reise in Nubien, daß die Männer „Mädchen kaufen und lange vor dem Auftreten der Menstruation bei ihnen schlafen". Bei den Atschinesen auf Sumatra werden die Mädchen so früh verheiratet, daß noch in keiner Weise von Menstruation die Rede sein kann, zu einer Zeit, wo sie kaum die Zähne gewechselt haben. Der um einige Jahre ältere Gatte ist noch unfähig zum Beischlaf. Die Gatten schlafen zusammen, indem sie Versuche zum Coitus machen, bis zu dem Augenblick, wo es ihnen gelingt, ihn zu vollziehen. Bei den Fidschiinsulanern geschieht die Heirat gleichfalls vor dem Eintritt der Menstruation.

Die alten Hindu verheirateten sich ebenfalls in einem sehr zarten Alter. BÖHTLINGK führt Sanskritverse an, die verkünden, daß die Väter der Töchter, die bis zum Auftreten der ersten Regel nicht verheiratet sind, zur Hölle verdammt sind. In einem andern Vers wird versichert, daß nicht nur der Vater, sondern auch die Mutter und der älteste Bruder in die Hölle fahren müssen, wenn es vorkommt, daß die Tochter ihre erste Regel erlebt, bevor sie verheiratet ist; das Mädchen selbst sinkt alsdann zur niedrigsten Sudra und darf nie zur Frau genommen werden.[1]

Unbestreitbar können die mit noch nicht menstruierenden Mädchen vollzogenen Heiraten fruchtbar sein. POLAK hat dafür Beispiele geliefert, die er in Persien sammelte.[2] Zur Empfängnis bedarf es keiner vorhergegangenen Menstruation. Tatsachen dieser Kategorie kommen nicht nur in warmen Gegenden, sondern sogar in unsern Breiten vor. So hat vor nicht langer Zeit RAKHMANOFF[3] in Rußland der Entbindung einer Frau von 14 Jahren beigewohnt, die den Anblick eines kleinen Mädchens vom selben Alter darbot, „von schwacher

[1] Die angeführten Tatsachen sind PLOSS-BARTELS entnommen: Das Weib, 7. Aufl. I, S. 615—625. [2] PLOSS-BARTELS, a. a. O. S. 625. [3] WRATCH (russisch), 1901, p. 1456.

Konstitution und Ernährung, mit einem kindlichen Gesichtsausdruck. Die Regel hat sich niemals bei ihr gezeigt". Die Entbindung vollzog sich auf eine vollständig normale Weise.

Es ist also nicht unvernünftig, anzunehmen, daß in den primitiven Zeiten die Heiraten von nicht mannbaren Mädchen weit häufiger, wenn nicht ganz und gar üblich sein mußten. Unter diesen Umständen konnte die Regel überhaupt nicht stattfinden, oder sie trat nur zufällig ein.

Es darf nicht vergessen werden, daß die Beispiele von Menstruation bei den Affen unter künstlichen Existenzbedingungen beobachtet wurden, als die Weibchen in zoologischen Gärten isoliert waren und ihr Leben im Käfig verbrachten. Es wird also sehr wahrscheinlich, daß die Regel, wie wir sie heute beobachten, mit einem reichlichen Blutfluß, eine neuerliche Erwerbung der menschlichen Gattung darstellt.

Nachdem der Mensch einmal den primitiven Zustand verlassen hatte, mußte er seine Fruchtbarkeit einschränken und den Augenblick der Heirat später legen. Die ganze Geschichte der wilden und zivilisierten Völker lehrt uns, daß die Fortschritte der Kultur einen mehr oder weniger beträchtlichen Rücklauf des ehelichen Lebens herbeiführten. Daher konnte sich die Regel ungehindert entwickeln und ihre heutige Stufe erlangen. Unter diesen Umständen begreift man ohne Schwierigkeit, daß die Menstruation so bizarre, anormale und sogar pathologische Züge aufweist. Ein reichlicher Blutausfluß, eingeleitet und begleitet von Schmerzen und von oft sehr stark auftretenden nervösen und psychischen Störungen, hat keine Ähnlichkeit mit irgend einer normalen Erscheinung des physiologischen Lebens.

Ebenso begreift man, daß bei den meisten Völkern die Menstruation als etwas ganz und gar Besonderes betrachtet wird. „Von allen Völkern der Erde werden die Weiber während der Menstruation als unrein angesehen" (PLOSS-BARTELS a. a. O. S. 420). Diese Auffassung ist so allgemein, daß es überflüssig ist, sie durch eine Reihe genauer Beispiele zu bekräftigen. Wir begnügen uns damit, einige anzugeben, die durch irgendwelche besondere Punkte interessant sind. So wird bei den Hindus die Frau von der höheren Kaste während des ersten Menstruationstages als eine Paria betrachtet, während des zweiten Tages wie jemand, der einen Brahma getötet hat. Bei vielen Völkern wagt die menstruierende Frau sich weder den Männern zu nähern, noch eine Menge von Gegenständen zu berühren, denn sie kann Störungen und Einbußen von großer Bedeutung verursachen. Die Deutschen des achtzehnten Jahrhunderts glaubten, daß aus den im Mist vergrabenen Haaren einer menstruierenden Frau Schlangen entständen.

Unter diesen Umständen ist es nicht erstaunlich, daß gewisse Völker die Menstruation als eine Schöpfung böser Geister betrachten. Die Iraner nahmen an, daß die Menstruation zuerst bei DSCHAHI auftrat, der Dämonin der Unzucht (PLOSS-BARTELS a. a. O. S. 443). Diese Ansichten entsprechen einem vagen Begriff, daß die Regel eine Sache von anormalem Gepräge ist. Die Entwicklung der Menstruation kann eine solche Auffassung wohl erklären.

Eine andre bizarre und anscheinend anormale Tatsache der Zeugungsfunktion könnte ebenfalls mit Hilfe der Geschichte ihrer Entwicklung erklärt werden. Wir meinen die Leiden der Niederkunft. Es ist wahrhaftig erstaunlich und ganz und gar seltsam, daß ein so physiologischer Vorgang von so stark auftretenden Schmerzen und Störungen begleitet wird. Es gibt viele Tiere, die während des Entbindungsaktes leiden, aber in der Klasse der Säugetiere hält in dieser Beziehung die Frau unstreitig den Rekord.

Die Beobachtung bei mehreren Europäerinnen, die in sehr jugendlichem Alter niederkamen, bewies entgegen jeder Voraussicht, daß die Entbindung „leicht von statten geht und daß die postpuerperuale Periode regelmäßig verläuft" (Rakhmanoff). Auch Dr. Dionij hat der Ansicht Ausdruck gegeben, daß, „wenn er zwischen zwei Erstgebärenden von 15 und von 40 Jahren zu wählen hätte, er sicherlich die erstere vorziehen würde." Die Mädchen der Kolonisten auf den Antillen verheirateten sich früher in einem sehr zarten Alter. Du Tertre beobachtete 1667 dort eine junge Frau von 12½ Jahren, die schon geboren hatte, ihn aber versicherte, daß ihre Niederkunft nicht eine Viertelstunde gedauert habe, ohne ihr Schmerzen zu verursachen. Der Missionar Beierlein, der lange Zeit in Madras tätig war, wo die Heiraten sehr früh geschlossen werden, versichert, daß sich die Niederkunft leichter als in Europa vollzog (Ploss-Bartels, a. a. O. S. 626).

Anderseits jedoch scheinen bestimmte Tatsachen zu beweisen, daß die allzujungen Mütter während und nach ihrer Niederkunft einer starken Sterblichkeit ausgesetzt sind. Die frappanteste Tatsache in dieser Hinsicht wurde von HASSENSTEIN mitgeteilt, der angibt, daß in Abessinien die Mortalität unter den niedergekommenen Frauen 30 Prozent erreicht, was er dem Umstand zuschreibt, daß die Heiraten in einer Zeit erfolgen, zu der der Körper der Frau noch nicht genügend entwickelt ist (PLOSS-BARTELS a. a. O. S. 626).

Im englischen Indien wies man zu mehreren Malen auf die Übelstände der allzu frühen Heiraten hin und Dr. MANSELL führt in einer diesem Gegenstand gewidmeten Petition den Fall einer zwölfjährigen Frau an, deren Entbindung durch die unvollständige Entwicklung des Beckens gefährdet war, was die Durchbohrung des Kopfes des Kindes notwendig machte (ebenda S. 629).

Der berühmte englische Geburtshelfer Dr. DUNCAN hat sich mit der Mortalität im Gefolge der Niederkunft stark beschäftigt, zum Zwecke, das beste Heiratsalter festzustellen. Er kam zu dem Resultat, daß die Frauen zwischen 20 und 24 Jahren die Entbindung am besten vertragen, d. h. sie ergeben die schwächste Sterblichkeit während und nach der Niederkunft. Er konstatierte zugleich, daß diese Frauen die fruchtbarsten sind, und daß die Knochen ihres Beckens gerade während dieser Periode ihre Entwicklung beenden. Die Frauen, die unter 20 Jahren sind oder dieses Alter weit überschritten haben, lieferten ein stärkeres Verhältnis tötlicher Fälle infolge von Entbindung.

Die soeben zusammengefaßten Tatsachen laden uns ein, eines der frappantesten Beispiele der Disharmonie näher zu untersuchen, die durch den Gang der Entwicklung des Geschlechtsapparats in der menschlichen Gattung veranlasst wird. So gibt sich die Pubertät bei der Frau durch das Auftreten der Regel kund, zu einer Zeit, in der die Mädchen noch ihren kindlichen Charakter bewahren, und in der die Knochen ihres Beckens noch nicht endgültig entwickelt sind. Es besteht also zwischen der Pubertät und der allgemeinen Reife des Organismus oder der Mannbarkeit ein deutlicher Mißklang.

Diese Disharmonie wird noch offenkundiger erscheinen, sobald wir uns ans Studium der verschiedenen Phasen der Entwicklung der Teile und Funktionen der Fortpflanzung begeben. In der menschlichen Gattung wird die Fortpflanzung durch die Annäherung der Geschlechter gesichert, die durch gegenseitige Sympathie oder Liebe hervorgerufen ist. Diese geschlechtliche Vereinigung erlaubt den männlichen Elementen — Spermatozoen — bis zu den Eichen zu gelangen, in ihr Inneres einzudringen und sie zu befruchten. Man ist zu der Annahme berechtigt, daß all diese verschiedenen Akte gleichmäßig fortschreiten müßten, um das gemeinsame Ziel zu erreichen. In Wirklichkeit ist es nichts damit. Die verschiedenen Teile der Geschlechtsfunktion entwickeln sich auf eine sehr disharmonische Weise.

Die Liebe und die sexuelle Empfindung sind es, die in der menschlichen Gattung zuerst auftreten. Es wurde schon im achtzehnten Jahrhundert von Ramdohr[1] darauf hingewiesen, daß kleine Knaben Personen des weiblichen Geschlechts gegenüber häufig Liebesempfindung zeigen. Sie legen zugleich eine sehr große Eifersucht an den

[1] Venus Urania, Leipzig 1798.

Tag und das Verlangen, der einzige Besitzer des geliebten Wesens zu sein. Die Tatsache ist ziemlich verbreitet und man trifft sie bei sehr berühmten Leuten. So verliebte sich DANTE im Alter von neun Jahren in BEATRICE; CANOVA war im Alter von kaum fünf Jahren bereits verliebt, und Lord BYRON liebte MARY DUFF im Alter von sieben Jahren.[1]

Die geschlechtliche Erregbarkeit gibt sich auch in einem sehr zarten Alter kund, zu einer Zeit, wo von der Reife der reproduktiven Elemente noch nicht die Rede sein kann. So hat man bei einzelnen Kindern in der Wiege Bewegungen und Stellungen beobachtet, die auf Lustempfindung hindeuten. Kompetente Kliniker, wie CURSCHMANN und FÜRBRINGER,[2] konstatierten das Vorhandensein der Geschlechtsempfindung bei Kindern unter fünf Jahren. Später macht die Entwicklung derselben nur Fortschritte; sie wird lange vor dem Alter allgemein, in dem beim Knaben das Sperma mit den reifen und sehr beweglichen Samenfäden auftritt.

Hier liegt die Ursache der besonders unter den Knaben so verbreiteten Onanie. Da sich bei Knaben bereits zu einer Zeit, in der von wirklichem Beischlaf noch nicht die Rede sein kann, die charakteristische und wollüstige Geschlechtsempfindung zeigt, kommen sie durch eine Art Instinkt dazu, sich selbst zu befriedigen. Die Onanie wurde sehr häufig als „Befriedigung der geschlechtlichen Bedürfnisse durch ein widernatürliches

[1] MOLL, Untersuchungen über die Libido sexualis, I, S. 44.

[3] Real-Encyklopädie der gesamten Heilkunde, 2. Aufl. Bd. XIV, 1888, S. 593.

Mittel" (FÜRBRINGER a. a. O.) bezeichnet. Aber es ist die menschliche Natur selbst, welche die Empfindung sich in einer allzu frühen Zeit entwickeln und sie der Reife der geschlechtlichen Elemente vorauseilen läßt. Man muß also mit LETOURNEAU wohl annehmen, daß „die geschlechtlichen Abschweifungen anormal, aber offen gestanden nicht widernatürlich sind, da man sie bei zahlreichen Tieren beobachtet".

Bei den Knaben ist diese Übung so verbreitet, daß nach CHRISTIAN [1] „sehr wenig Individuen sich rühmen können, ihr vollständig entronnen zu sein". Derselbe Autor legt die folgende Frage vor: „Bedenkt man, daß die Onanie eine Tatsache ist, die bei bestimmten Völkern zu bestimmten Zeiten in den Sitten vorkam, daß sie eine alltägliche Gewohnheit wurde, so fragt man sich, ob hier nicht ein in den Tiefen der menschlichen Natur verstecktes Laster vorliegt, das die geringste Reizung zur Erregung und an den Tag bringt?" Die Antwort kann nicht zweifelhaft sein. Die Ursache der Onanie, dieses „Lasters" oder sogar „Verbrechens", wie es TISSOT und so viele andre Autoren mit ihm bezeichnet haben, ruht unbestreitbar in der Disharmonie der Natur des Menschen, in der frühzeitigen Entwicklung der Geschlechtsempfindung. Bei den zivilisiertesten Völkern, wie bei den niedrigsten Rassen gehört diese Art der Befriedigung zu den häufigsten.

Es muß angenommen werden, daß im männlichen Geschlecht die Onanie im allgemeinen früher auftritt

[1] Dictionnaire encyclopédique des sciences médicales, XV, 1881, p. 376.

und verbreiteter ist, als bei den Mädchen. Die Entwicklung der sexuellen Empfindungen im weiblichen Geschlecht ist mehr Unregelmäßigkeiten unterworfen. Bei gewissen Völkern ist die Onanie dergestalt in die Sitten eingedrungen, daß man sie nicht einmal zu verheimlichen sucht. So masturbierten sich bei den Khoikhoin (Hottentotten) die kleinen Mädchen so oft, daß sie sich nicht einmal während dieses Aktes zu verbergen bestrebt waren, von dem man in Gesprächen und Geschichten offen spricht. An analogen Beispielen fehlt es nicht.[1] Dennoch betrachten die meisten Völker die Onanie als eine Sünde, die man soviel als möglich verheimlichen muß.

Bei den Mädchen ist die Onanie weit weniger häufig als bei den Knaben, was offenbar daran liegt, daß sich die geschlechtliche Erregbarkeit beim weiblichen Geschlecht im allgemeinen weit später entwickelt.[2] Es ist fast eine allgemeine Regel, daß die zur Geschlechtsreife gelangten Mädchen noch keine spezifische Empfindung haben, und daß viele von ihnen nach der Hochzeit über die geschlechtliche Empfindung erst aufgeklärt werden müssen. Es kommt ziemlich häufig vor, daß sie sich erst nach der ersten Niederkunft einstellt. Dagegen beginnt bei den jungen Mädchen die Liebe sich früh zu entwickeln, sie bewahrt jedoch lange Zeit ihren platonischen Charakter und verbindet sich mit der geschlechtlichen Erregung erst später.

[1] FRITSCH, Die Eingeborenen Südafrikas, Breslau, 1873.

[2] Man hat mir versichert, daß die Affenweibchen im zoologischen Garten von Antwerpen nur in Ausnahmefällen onanieren, während bei den Männchen derselben Arten, das sexuelle Bedürfnis zu befriedigen, sehr allgemein war.

Die Reife der befruchtenden Elemente (Spermatozoen) beim männlichen Geschlecht tritt bald nach der Entwicklung der Erregbarkeit und der Liebe ein. Allein in der Zeit, wo der Samen reif wird, ist es der Organismus des Mannes noch nicht. Daher stammt, besonders bei den in der Kultur vorgeschrittenen Völkern, die Unmöglichkeit, jung zu heiraten und regelmäßige sexuelle Beziehungen zu pflegen. Der junge Mann muß seine Ausbildung vollenden, einen Beruf wählen und fähig werden, seine Kinder zu ernähren, um sich verheiraten zu können. Wir sehen daher, daß mit dem Fortschritt der Zivilisation das mittlere Alter, in dem die jungen Leute sich verheiraten, immer weiter hinausrückt. Während die Geschlechtsreife bei den europäischen Völkern im männlichen Geschlecht zwischen 12 und 14 Jahren eintritt, beträgt das mittlere Alter der ersten Heirat

Jahre	bei den	Jahre	bei den
25,94	Engländern	24,69	Engländerinnen
28,41	Franzosen	25,32	Französinnen
28,51	Norwegern	26,98	Norwegerinnen
29,15	Holländern	27,78	Holländerinnen
29,94	Belgiern	28,19	Belgierinnen.[1]

Wenn man diese Ziffern vergleicht, kann man den großen Abstand zwischen dem Eintreten der Geschlechtsreife und der Eheschließung beurteilen.

Die Abnahme der Zeugungsfähigkeit ist von disharmonischen Erscheinungen begleitet, die nicht weniger auffallend sind, wie jene, die man im Augenblick des

[1] WAPPÄUS, Allgemeine Bevölkerungsstatistik, 1861, II. S. 285.

Auftretens der Geschlechtsfunktion beobachtet. Die Spermatozoen entwickeln sich beim Mann während einer langen Reihe von Jahren und man trifft sie noch bei sehr bejahrten Greisen. So hat PAWLOW[1] solche in großer Menge bei einem Greis von 94 Jahren gefunden, und dieses Beispiel ist lange nicht das einzige. Aber das Vorhandensein des befruchtenden Elements ist nicht die einzige Bedingung, damit sich der Zeugungsakt vollziehen kann. Denn bei den Greisen kann der in den Hoden gebildete Samen sehr häufig nicht in den Geschlechtsapparat der Frau eingeführt werden, wie es die Umstände erfordern. Daher rühren im vorgerückten Alter alle Arten von Unannehmlichkeiten in der Geschlechtsfunktion, was jedoch die spezifische Erregbarkeit und die Fortdauer der Verliebtheit bis zum spätesten Alter nicht verhindert. Die Ärzte in Greisenasylen beobachteten, daß sich ihre Patienten hauptsächlich mit der Frage der Liebe beschäftigten. Aber schon die alten Autoren lehrten, daß sich bei alten Leuten das Liebesgefühl häufig in einer abirrenden Neigung zu Knaben äußert.

Die sexuelle Erregbarkeit und das Liebesgefühl, die lange vor der geschlechtlichen Reife und der allgemeinen Mannbarkeit des Organismus auftreten, bleiben auch lange nach ihnen erhalten. Welch ein Unterschied zwischen den Disharmonien der Zeugungsfunktion beim

[1] Über die pathologisch-anatomischen Veränderungen der Hoden während des Alters. St. Petersburg 1894 (russisch). Vor einigen Jahren fand man zu Lyon bei der Autopsie eines Hundertjährigen (103 Jahre alt) seine Samenblasen mit reifem und sehr entwickeltem Sperma gefüllt. Annales d'hygiène publique, 1900, p. 340.

Menschen und dem Zustand des vollkommenen Funktionierens der Sexualorgane bei den meisten Pflanzen. Freilich bedürfen viele Blumen zur Befruchtung der Unterstützung der Insekten, wie wir im zweiten Kapitel ausgeführt haben. Aber trotz dieser Komplikation — welche Harmonie in der Organisation und in dem Funktionieren bei den Pflanzen! Im Augenblick, in dem die Geschlechtsprodukte reif werden, beginnen die Blumenblätter sich zu entfalten und der Nektar wird ausgeschieden. Viele Blüten strömen während dieser Periode Düfte aus, die den Insekten angenehm sind. Vom Geruch und von der Farbe der Blüten angezogen, nähern sich diese Tiere den Geschlechtsorganen und beladen sich, indem sie sich mit Pollen oder Nektar zu versorgen suchen, mit Pollenkörnern, die sie auf die andern Blüten derselben Gattung übertragen. Sobald die Befruchtung vollzogen ist, welken die Blumenblätter, sie duften nicht mehr und die Insekten vernachlässigen die Blüten, die ihrer Hilfe nicht mehr bedürfen.

Es ist durchaus nicht erstaunlich, daß die disharmonischen Verhältnisse in der Tätigkeit des Geschlechtsapparats der menschlichen Gattung häufig Übelstände hervorrufen. Die Kinder, bei denen sich die geschlechtliche Erregbarkeit sehr früh entwickelt, nehmen leicht die Gewöhnung an, sich selbst zu befriedigen durch Verfahren, die man als „widernatürlich" bezeichnet hat. Bei vielen davon machen sich die schädlichen Folgen dieser Handlung bald bemerklich. „Das Kind," sagt Dr. Christian (a. a. O. S. 377), „hat noch keinen Samen und daher ist bei ihm die Onanie besonders unheilvoll und das umsomehr, je jünger es ist. In der ersten Kindheit verdient die Onanie jeden Fluch, mit dem man sie belastet hat; sie gefährdet da direkt die Gesundheit, den Verstand und selbst das Leben. Die ganz jungen Kinder verkümmern, werden bleich, stumm, abgestumpft, wenn sie diese verhängnisvolle Angewöhnung besitzen. Die Gefahr rührt hauptsächlich daher, daß der Organismus noch nicht die Entwicklung erreicht hat, die zur Ausübung der Geschlechtsfunktion notwendig ist.“ Glücklicherweise sind diese so gefährlichen Folgen relativ selten.

Im achtzehnten Jahrhundert erregte die Publikation eines Schweizer Arztes, TISSOT, über die Gefahren der Onanie viel Aufsehen. Sein Buch ist voll von Übertreibungen und Ungenauigkeiten, aber es enthält sehr interessante Geständnisse gewisser Personen, die der Onanie fröhnten. Eine darunter schrieb an TISSOT: „Hielte mich die Religion nicht zurück, hätte ich bereits ein Leben geendet, das um so grausamer ist, als es durch meine eigne Schuld so ist.“ Nicht selten sieht man Onanisten zu Melancholikern werden.

Die Entwicklung der Geschlechtsreife, welche der Mannbarkeit und der Charakterbildung vorangeht, hat gleicherweise große Übelstände im Gefolge. Die Unmöglichkeit, die Ehe einzugehen in einem Alter, in dem der Mensch noch nicht endgültig reif für diesen Akt ist, hat eine unregelmäßige und oft gefahrvolle Ausübung der geschlechtlichen Funktion zur Folge.

Die allzulange Dauer der spezifischen Erregbarkeit ist gleichfalls ein wirkliches Unglück. Greise, die die Liebe weder zu erregen, noch zu befriedigen imstande sind, sind oft die Opfer ihrer Liebesgefühle, wie ihrer unbefriedigten Geschlechtsempfindungen. Es ist festgestellt, daß diese Empfindung auch nach dem vollständigen Verschwinden der Geschlechtsdrüsen, der für die Zeugungsfunktion wesentlichen Organe, in ihrer Integrität fortdauern kann. Ebenso steht die Tatsache vollkommen fest, daß Frauen, denen man beide Ovarien herausgenommen hat, ihre geschlechtliche Erregbarkeit vollständig bewahrt haben.

Die Disharmonie der Zeugungsfunktion läßt sich auch in den Beziehungen zwischen Personen verschiedenen Geschlechts beobachten. Die Tatsache, daß beim Mann die geschlechtliche Erregbarkeit im allgemeinen weit früher auftritt als bei der Frau, führt sehr häufig zur Disharmonie der Eheleute. Zu einer Zeit, in der die Frau auf dem Höhepunkt ihrer spezifischen Begierden steht, beginnt die geschlechtliche Tätigkeit bei dem Manne bereits zu sinken. Daher die eheliche Untreue und die unnatürlichen Betätigungen der Funktion, die zur Liebe zwischen Personen gleichen Geschlechts (homosexuelle Liebe) führen können.

In einer Untersuchung über diesen Gegenstand äußert Schopenhauer[1] den folgenden Gedanken: „Daß nun aber etwas so von Grund aus Naturwidriges, ja der Natur gerade in ihrem wichtigsten und angelegensten Zweck Entgegentretendes aus der Natur selbst hervorgehen sollte, ist ein so unerhörtes Paradoxon, daß dessen Erklärung sich als ein schweres Problem darstellt . . .“

[1] Die Welt als Wille und Vorstellung. II, Anhang zu Kapitel XLIV. S. 645.

Stellt man sich auf den Standpunkt der Disharmonie in der Entwicklung und in der Tätigkeit des Fortpflanzungsapparats, so werden diese anscheinend so bizarren und paradoxen Verirrungen des Geschlechtsinstinkts leicht begreiflich.

Diese Disharmonie ist vom zartesten bis zum vorgerücktesten Greisenalter die Quelle so vieler Übel, daß fast alle Religionen die Geschlechtsfunktion auf eine mehr oder weniger strenge Art erörtert haben. Dr. CHRISTIAN wundert sich darüber, daß „man in fast allen Religionen den seltsamen Gedanken antrifft, daß man der Gottheit huldige, indem man sich des Coitus enthält" (a. a. O. S. 364).

Gerade wegen der anormalen Konsequenzen der geschlechtlichen Disharmonie kamen die Religionen zu ihren strengen Schlüssen und verkündeten den (in unserm ersten Kapitel behandelten) Grundsatz von der Verderbtheit der menschlichen Natur.

III

Disharmonien des Familieninstinkts. — Der künstliche Abort. — Aussetzung und Tötung von Kindern. — Disharmonien des sozialen Instinkts.

Da die so tief in der organischen Welt eingewurzelte Zeugungsfunktion in der menschlichen Gattung soviel Disharmonie aufweist, braucht man sich nicht zu verwundern, auch in der Äußerung des Familiensinns beim Menschen unharmonischen Erscheinungen zu begegnen, besonders da dieser Instinkt jünger und in der Tierreihe weniger verbreitet ist, als der Geschlechtsinstinkt.

Wir sahen, daß bei vielen Tieren der Geschlechtsinstinkt starken Verirrungen unterliegt und daß die Beispiele der Onanie und der Paarung unter Männchen nicht selten sind. Dagegen gibt es in der Tierwelt keine Fälle, wo die Empfängnis, die Schwangerschaft und die Niederkunft von irgend welchen irregeleiteten Instinkten verhindert werden.

Es ist das Privilegium der menschlichen Gattung, sich so zu paaren, daß die Empfängnis unmöglich wird. In dieser Hinsicht zog sie aus dem Verlust des Penisbeines, das wir im dritten Kapitel erwähnten, Gewinn, denn das Vorhandensein dieses Beines verhindert die Unterbrechung des sexuellen Aktes. Es gibt viele künstliche Mittel, um dem Sperma den Weg zu den Eichen zu versperren, und man braucht hier nicht bei ihrer Aufzählung zu verweilen, so geläufig und verbreitet ist ihre Anwendung. In den zivilisierten Ländern erreicht man besonders durch diese Maßregeln die Einschränkung der Fortpflanzung. Im Beginn ihres Daseins mußte sich die menschliche Gattung durch eine sehr große Fruchtbarkeit hervortun. Aber mit den Kulturfortschritten erfanden die Menschen bald wirksame Mittel, um sie zu vermindern.

Die wilden oder wenig zivilisierten Völker behelfen sich weniger mit Maßregeln zur Verhinderung der Empfängnis, als mit dem künstlichen Abort, der allgemein bei ihnen ausgeübt wird.

Das Buch von PLOSS-BARTELS über das Weib, das wir zu mehreren Malen anführten, enthält ein ganzes Kapitel (I. XXXV) über diesen Gegenstand. Der künstliche Abort, der den Zweck verfolgt, die Geburtsziffer zu beschränken, ist ein über die ganze Erdkugel verbreiteter Brauch. Bei den meisten primitiven oder wenig zivilisierten Völkern übt man ihn offen und gesetzlich ohne das geringste Hindernis aus. Eine große Zahl dieser Völker hat das Zweikindersystem angenommen und sie zögern im Fall neuer Schwangerschaft nicht, den Abortus auszuführen. Die Eingeborenen von Keisar und von den Watubela-Inseln folgen streng dieser Regel. Bei den Eingeborenen der Aaru-Inseln findet man selten mehr als drei Kinder in einer Familie, denn die andern werden vor der Zeit abgetrieben, eine Praxis, die der Brauch geheiligt hat.

Der künstliche Abort ist besonders verbreitet in Indien. Er ist unter den Hindus, die unter der Herrschaft der Engländer stehen, ganz ebenso häufig, wie unter den unabhängigen Völkern. Auf der Halbinsel Kutch kürzen die Frauen ihre Schwangerschaft sehr oft durch künstliche Mittel ab, und eine Mutter rühmte sich nach MACMURDO offen, sich fünfmal diesem Verfahren unterzogen zu haben. Bei den afrikanischen Stämmen, bei den Eingeborenen und den Weißen Amerikas ist der Abortus ebenfalls außerordentlich häufig.

Sogar in Europa gibt es Völker, bei denen der Abortus, wenigstens in gewissen Grenzen, als erlaubt gilt. Die Türken sind der Ansicht, daß der Fötus bis zum 5. Monat kein wirkliches Leben besitzt; sie haben auch keine

Skrupel, einen Abort herbeizuführen. Auch in der Zeit, wo der Abort strafbar wird, wird er nicht weniger ausgeübt. Allein im Zeitraum von 6 Monaten wurden 1872 zu Konstantinopel mehr als 3000 Fälle von künstlichem Abort verhandelt. Unter diesen Umständen ist es nicht zum Erstaunen, daß im Orient die illegitimen Kinder sehr selten sind.

Der künstliche Abort ist keineswegs eine moderne Erfindung; man kennt ihn schon in den ältesten Zeiten. Die alten Griechen betrieben ihn offen, ohne daß die Landesgesetze ihm entgegentraten. Zur Zeit PLATONS war es Hebammen erlaubt, Aborte herbeizuführen, und ARISTOTELES ordnete die vorzeitige Geburt bei den Verheirateten in den Fällen an, in denen „die Frau entgegen aller Voraussicht schwanger wurde."

STELLER berichtet, daß bei den Itälmenen auf Kamtschatka im achtzehnten Jahrhundert „die Ehe mehr aus sinnlicher Lust, als zur Erzeugung von Kindern geschlossen wird, denn sie unterbrechen die Schwangerschaft durch alle Arten von Medikamenten und führen den Abort durch Kräuter oder gewaltsame Manipulationen herbei."

Die Technik der Aborte ist jederzeit sehr verschieden gewesen, und außer einer Menge von Drogen, die meistens pflanzlichen Ursprungs sind, wendet man häufig verschiedene mechanische Maßnahmen an. Die Eingeborenen von Grönland bedienen sich dazu einer Walroß- oder Seehundsrippe und die von Hawaii auf den Sandwichsinseln eines besonderen aus Holz geschnitzten Instruments, das eine Art Gottheit darstellt.

Bestimmte Völker stemmen sich indessen seit langem der Ausübung des Aborts stark entgegen. Im Altertum die Meder, die Baktrer, die Perser und die Juden. Bei den alten Inkas wurde der künstliche Abort mit dem Tode bestraft. Die christlichen Völker haben diesen einschränkenden Weg erst später betreten. Aber diese Beispiele beziehen sich nur auf eine Minderheit der die Erde bewohnenden Völker und der künstliche Abort wird noch sehr häufig bei ihnen vollzogen, obgleich heimlich.

Die Tiere, die den Abort nicht herbeiführen können, vernichten ihre Nachkommenschaft ziemlich häufig, wie wir bereits im 2. Kapitel erwähnten. Auch in der menschlichen Gattung ist die Tötung der neugeborenen Kinder ziemlich häufig. Die Griechen und Römer betrachteten das Kind im Augenblick seiner Geburt nicht wie ein Wesen, das ein Recht aufs Leben hätte. Die alten Germanen hatten das Recht, ihre Kinder auszusetzen. Die Araber der präislamitischen Zeit hatten die Gewohnheit, eine große Anzahl der neugeborenen Mädchen lebendig einzugraben. In Indien ist ein analoger Brauch sehr verbreitet. Die Aussetzung der Kinder in China ist von allgemeiner Offenkundigkeit. Nach den von Eitel[1] übermittelten Nachrichten töten die Chinesen der Provinz Kanton häufig die Mädchen bei der Geburt. „Man kann sagen — versichert dieser Autor — daß die Tötung der Kinder weiblichen Geschlechts die allgemeine Regel bei den Hak-lo ist und besonders bei den Hak-ka der ackerbautreibenden Klassen." „Der Durchschnitt der

[1] Anthropologie, IV., 1893, p. 129.

unmittelbar nach der Geburt getöteten Mädchen wird von den Hak-ka selbst auf beinahe zwei Drittel angeschlagen. In einem kleinen Dorf, in dem der Autor mehrere Jahre lebte, stellte eine unter Mitwirkung einiger Christinnen sorgfältig geführte Enquête fest, daß alle Frauen dieses Dorfes, die mehr als zwei Kindern das Leben gegeben hatten, davon ohne Ausnahme mindestens eins getötet hatten."

Auf Tahiti tötet man zwei Drittel der neugeborenen Kinder, meistens solche weiblichen Geschlechts. Man tötet die drei ersten Kinder sowie die Zwillinge und zieht nie mehr als zwei oder höchstens drei Kinder auf.[1] Bei den Melanesiern ist der Brauch, die Kinder zu töten, außerordentlich verbreitet. „Es ist kaum glaublich," sagt Ratzel,[2] „daß auf Ugi (Salomoninseln) alle Kinder getötet und durch gekaufte von Bauro ersetzt werden."

Es ist nicht erstaunlich, daß dank dieser Ausdehnung des künstlichen Aborts und der Tötung der neugeborenen Kinder eine große Zahl der sogenannten primitiven Völker in progressiver Abnahme oder auf dem Wege vollständigen Verschwindens sich befinden. Das ist der Fall bei den Urbewohnern von Neusüdwales, bei den Doresen von Neu-Guinea, bei den Eingeborenen der Aaru-Inseln und anderen. Nichts ist beweiskräftiger für die Schwäche des Familieninstinkts in der menschlichen Gattung. Bei den Völkern höherer Kultur haben die groben Maßregeln der Primitiven vervollkommneten Mitteln zur Verhinderung der Empfängnis

[1] Gerland in Waitz, Anthropologie der Naturvölker, VI, 1872, S. 139. [2] Völkerkunde, 1888, II, S. 274.

den Platz geräumt. Auch ist die Tötung der Neugeborenen außerordentlich selten geworden. Die künstlichen Aborte vollziehen sich durch raffinierte, vom wissenschaftlichen Fortschritt eingegebene Mittel. Anstatt mit Seehundsrippen oder Haarnadeln durchbohrt man die fötalen Hüllen mit sterilisierten Bougis unter tadellos aseptischen Bedingungen. Indem man sich von der Frucht der Liebe befreit, gefährdet man das Leben und die Gesundheit der Frau so wenig als möglich.

Man kann nicht daran zweifeln, daß mehr als ein Volk in Folge der schwachen Entwicklung des Familieninstinkts verschwunden ist. Es ist aber nicht zu befürchten, daß die menschliche Gattung eines Tages aus Mangel an Nachkommenschaft verschwinden könnte. Es ist jedoch ebenso wahr, daß die Leichtigkeit, mit der man die Geburt von Kindern verhindern kann, die Ohnmacht des Familieninstinkts beweist; sie bildet eine wichtige Frage, die würdig wäre, daß sich die Gelehrten und die Gesetzgeber damit beschäftigten.

Der Familieninstinkt ist sehr fest eingewurzelt, da er seinen Ursprung von Tieren nimmt, die weit älter sind als der Mensch; nichtsdestoweniger unterliegt er in der menschlichen Gattung einer großen Zahl von Störungen, die sogar das Verschwinden bestimmter Völker oder Rassen herbeiführen können. Trotzdem genügt er, um die Erhaltung des Menschen durch die Zeiten hindurch zu sichern.

Der Mensch ist unstreitig ein geselliges Wesen, aber der Instinkt, der ihn zur Vereinigung treibt, stammt aus jüngerer Zeit. Die tierischen Gesellschaften, die in der Welt der Insekten so entwickelt sind, haben augenscheinlich mit der Verbindung der Menschen nichts zu schaffen. Bei den Säugetieren, den näheren Vorfahren der menschlichen Gattung, ist das soziale Leben noch sehr primitiv. Sogar bei den anthropomorphen Affen ist in dieser Hinsicht kein großer Fortschritt zu konstatieren. Viele von diesen Affen äußerten, in Gefangenschaft gehalten, freundschaftliche Gefühle für den Menschen und für verschiedene Tiere, was ihre Fähigkeit, gesellig zu leben, beweist. Aber unter natürlichen Bedingungen leben die Anthropoiden nur familienweise und bilden nur wenig zahlreiche Gesellschaften. Dr. SAVAGE [1] berichtet über das soziale Leben des Schimpansen folgendes: „Wie man sie hier sieht, kann man nicht sagen, daß sie herdenweise leben, denn man sieht selten mehr als 5 oder höchstens 10 vereinigt; man sagt jedoch, indem man gute Gewährsmänner anführt, daß sie sich gelegentlich in größerer Zahl zum Spiel vereinigen. Der mir diese Nachrichten gab, behauptet, daß er eines Tages etwa fünfzig zusammen spielen sah, heulend, schreiend und mit Stöcken auf alten Stämmen trommelnd, was sie mit allen vier Extremitäten gleich leicht ausführen."

Man kennt das soziale Leben der anthropoiden Affen nicht genügend, aber nach allem, was man weiß, ist es klar, daß es nur die ersten Spuren der Vergesellschaftung aufweist. Der Mensch ist sicherlich in dieser Hinsicht viel weiter gegangen. Sogar die niedersten Rassen und die primitivsten Völker, die es heute gibt, die der Busch-

[1] Zitat nach HUXLEY, Die Stellung des Menschen, 1863.

männer und die Eingeborenen von Australien, geben einen ausgesprochenen sozialen Instinkt kund.[1]

Die Konstanz des sozialen Instinkts in der ganzen menschlichen Gattung erweckte den Glauben, daß diese natürliche Eigenschaft genüge, den menschlichen Gesellschaften die Grundlage eines glücklichen Lebens zu schaffen. In den so zahlreichen Versuchen, die Moral auf ein rein rationelles Prinzip zu begründen, ohne Annahme irgendwelcher übernatürlicher Kräfte, stellte man stets das instinktive Bedürfnis des Menschen, in Gesellschaft zu leben, in den Vordergrund. Indem man die Regeln der menschlichen Lebensführung von den Eigenschaften der Natur des Menschen ableiten wollte, berief man sich auf die angeborene Sympathie des Menschen mit seinesgleichen. Diese Formel ist so verbreitet und so alltäglich geworden, daß es durchaus unütz ist, sie breit zu entwickeln. Wir können uns also auf wenige Anführungen beschränken.

Gegen die Mitte des letzten Jahrhunderts verfaßte ein deutscher Arzt, LUDWIG BÜCHNER,[2] eine Art von materialistischem Kodex, der zu dieser Zeit eine große Berühmtheit genoß. Über die Frage, die uns im Augenblick interessiert, sagt er folgendes:

„Was wir ‚moralisches Gefühl‘ nennen, findet seinen Ursprung in jenen sozialen Instinkten oder Gewohnheiten, welche jede menschliche (oder tierische) Gesellschaft bei sich entwickelt und entwickeln muß, wenn

[1] Einzelheiten bei SUTHERLAND, Origin and growth of the moral instinct. London 1898.

[2] BÜCHNER, Kraft und Stoff, 1902, S. 273.

sie nicht sofort an eigner Unfähigkeit zu Grunde gehen will. Die Moral entwickelt sich daher aus der Soziabilität oder Gesellschaftlichkeit und wechselt mit den in einer bestimmten Gesellschaft herrschenden Begriffen oder Bedürfnissen." „Da nun der Mensch ein wesentlich gesellschaftliches Wesen ist und ohne Gesellschaft als solcher gar nicht oder nur als Raubtier gedacht werden kann, so ist leicht einzusehen, daß sein Zusammenleben mit anderen ihm Pflichten der Gegenseitigkeit auferlegen mußte, welche sich im Laufe der Zeit zu bestimmten Moralgrundsätzen entwickelten."

Ein halbes Jahrhundert später wiederholt man immer noch beinahe dieselbe Sache. In einem erst vor wenigen Jahren erschienenen Buch äußert sich der berühmte deutsche Naturforscher Ernst Häckel [1] in folgender Weise: „Unsere moderne Naturerkenntnis wirkt für die praktische Philosophie und Ethik nicht nur negativ, indem sie den Kantischen Dualismus zertrümmert, sondern auch positiv, indem sie an dessen Stelle das neue Gebäude des ethischen Monismus setzt. Sie zeigt, daß das Pflichtgefühl des Menschen nicht auf einem illusorischen ‚kategorischen Imperativ' beruht, sondern auf dem realen Boden der sozialen Instinkte, die wir bei allen gesellig lebenden höheren Tieren finden. Sie erkennt als höchstes Ziel der Moral die Herstellung einer gesunden Harmonie zwischen Egoismus und Altruismus, zwischen Selbstliebe und Nächstenliebe." „Will der Mensch in geordneter Gesellschaft existieren und sich wohl befinden, so muß er nicht nur sein eignes

[1] Die Welträtsel. Siebente Auflage. Bonn 1901, S. 403 u. 404.

Glück anstreben, sondern auch dasjenige der Gemeinschaft, der er angehört, und der „Nächsten," welche diesen sozialen Verein bilden. Er muß erkennen, daß ihr Gedeihen sein Gedeihen ist und ihr Leiden sein Leiden. Dieses soziale Grundgesetz ist so einfach und so naturnotwendig, daß man schwer begreift, wie demselben theoretisch und praktisch widersprochen werden kann; und doch geschieht das noch heute, wie es seit Jahrtausenden geschehen ist."

Der sexuelle und der Familieninstinkt können durch sehr verschiedene Mittel befriedigt werden; ebenso steht es mit dem sozialen Instinkt. Die Onanie und die homosexuelle Liebe können den Geschlechtstrieb befriedigen; die Enthaltung, der künstliche Abortus und die Tötung der Neugeborenen lassen sich neben der Liebe zur Frau und zu den paar Kindern, die man leben läßt, bei jedem Schritt beobachten. Ebenso kann der soziale Instinkt eines ergrauten Mörders durch die Zuneigung zu einem oder mehreren andern Übeltätern vollständig befriedigt werden. Man weiß, daß die größten Verbrecher ihre eigene Moral haben: sehr treu gegen ihre Genossen empfinden sie einen grimmigen Haß gegen die ganze übrige Menschheit.

Es handelt sich also nicht nur darum, den jedem menschlichen Individuum eigenen sozialen Instinkt zu besitzen und zu betätigen. Es ist noch festzustellen, in welchem Grad und gegenüber von welchen unsresgleichen dieser Instinkt ausgeübt werden muß, und gerade hier beginnt die große Schwierigkeit, die weder durch rationalistische Theorien, noch durch die Lehren der Religion bis jetzt hinreichend gelöst werden konnte. Müssen wir unsere sozialen Instinkte auf unsere nahen und fernen Verwandten ausdehnen, oder sogar auf alle Mitbürger oder Landsleute, oder weiter auf alle weißen oder schwarzen, guten oder schlechten Menschen? Oder muß sich dieser soziale Instinkt besonders Angehörigen derselben Religion gegenüber bewähren oder gegenüber Menschen mit den gleichen Ideen, wie wir? Das instinktive Gefühl ist in dieser Hinsicht absolut stumm und gerade hier liegt die Hauptfrage, die es zu lösen gilt. Man weiß, daß man zu verschiedenen Zeiten und unter verschiedenen Bedingungen diese Frage auf ganz verschiedene Weise beantwortet hat. So bildete in dem Zeitpunkte, in dem das religiöse Gefühl vorherrschte, der Glaube ein weit mächtigeres Band, als die Idee des Vaterlands. Später ist es dagegen die letztere, die überwiegt. In neuester Zeit hat man oft das Gefühl der internationalen Solidarität angerufen. So vereinigten sich kürzlich mehrere Völker, um den Chinesen gegenüberzutreten, und vergaßen darüber die Fragen der Nationalität. Bestimmte Völker indoeuropäischen Ursprungs vereinigten sich nicht nur unter sich, sondern auch mit einem Volk mongolischer Rasse zum Zweck, den gemeinsamen Feind zu züchtigen. Was war jedoch das Band, das so viele unter sich so verschiedene Menschen vereinigte? Nicht die Religion, denn unter den vereinigten Völkern befanden sich Katholiken, Protestanten, Orthodoxe und Buddhisten. Vielmehr die Gemeinschaft der Interessen, begründet auf die Gleichart der Kultur, der militärischen und politischen Organisation.

Man denkt häufig, daß der soziale Intsinkt, oder was dasselbe ist, die Sympathie, zwischen den Menschen sich immer mehr ausdehnt und so allgemein wird, daß alle Glieder der Menschheit sich solidarisch fühlen und nur tätig sind, um zum Glücke aller beizutragen. Aber das Problem ist in Wirklichkeit weit verwickelter. Die zu weit getriebene Sympathie kann schädlich werden. Man sah unter dem Einfluß von Sympathiegefühlen Nationen an einem Krieg tätigen Anteil nehmen, ohne daß der Erfolg dieser Aktion ihnen mehr als wenig günstig war. Die Sympathie schlechten und gefährlichen Menschen gegenüber kann gleichfalls verhängnisvoll sein. Der soziale Instinkt muß also häufig im eigenen Interesse der zu einem gemeinsamen Ziel vereinigten Ansammlung von Menschen eingeschränkt werden.

Gilt es die Sympathie auf die ganze Menschheit auszudehnen, oder ist sie auf eine Gruppe von Menschen zu begrenzen? Die Theoretiker sprechen häufig von der Solidarität des ganzen Menschengeschlechts, im Glauben, daß es möglich wäre, den Rassen, die am weitesten vom Typus des zivilisierten Menschen entfernt sind, gleichmäßig Sympathie zu erweisen. In den von verschiedenen Rassen bewohnten Ländern ist diese theoretische Auffassung häufig mit rein praktischen Schwierigkeiten zusammengestoßen. Auch hat man in Amerika und in mehreren anderen Ländern gegen die Chinesen beschränkende Gesetze erlassen, indem man ihnen den andern Völkern gewährten Grad von Sympathie verweigerte. Die Negerfrage hat sich in Ländern, wo die Schwarzen mitten unter den Weißen leben, gleichfalls stark kompliziert. In Europa verurteilt man im allgemeinen das Eindringen von Menschen weißer Rasse in Länder, die von primitiven Völkern bewohnt werden. SUTHERLAND, der Autor einer bemerkenswerten Abhandlung über den Ursprung und die Entwicklung des moralischen Instinkts, rechtfertigt diese Gewaltakte. Auf die Frage: „War es gut, daß sich die Weißen der tropischen Wälder bemächtigten, die den Schwarzen gehören?" antwortet er bejahend. „Ein gewisser moralischer Instinkt verurteilt eine solche Politik — sagt er —, dennoch ist sie unbestreitbar gut." In der Zusammenfassung seiner Studien über den Gegenstand kommt der Autor zum Schluß, daß „das moralische Verhalten in einem vernünftigen Kompromiß zwischen den individuellen und sozialen Instinkten besteht, die so oft in Konflikt geraten." Er verschweigt nur, gleich seinen Vorgängern, die vernünftige Grundlage.

Der soziale Instinkt ist eine sehr junge Erwerbung der menschlichen Gattung, er ist noch zu schwach entwickelt, um in der menschlichen Lebensführung als treuer und ausreichender Führer zu dienen. Diesem Übelstand zu steuern, hat man seit den entlegensten Zeiten seine Zuflucht zu einer göttlichen Sanktion genommen, die die Beziehungen unter den Menschen regeln sollte. Man fügte ihr noch das positive Gesetz hinzu, stets zum nämlichen Zweck. Dank allen diesen Mitteln gelangte man zu einer gewissen Form des gemeinsamen Lebens. Ihr Vorhandensein kann besonders durch außergewöhnliche Zustände erwiesen werden, die sich einstellen, sobald bei Katastrophen das positive Gesetz nicht mehr angewendet werden kann. So funktionierten 1812 zu Moskau vor der Ankunft der Franzosen oder nach der kürzlichen vulkanischen Eruption auf Martinique die Autoritäten nicht mehr und die antisozialen Leidenschaften der Bevölkerung entfesselten sich in einer Weise, die nur eine sehr schwache Meinung von der Kraft des sozialen Instinkts aufkommen läßt.

Wir sahen, daß der Instinkt der Nahrungswahl, wie der Geschlechts- und der Familieninstinkt, beim Menschen unvollkommen sind, in dem Grade, daß es unmöglich ist, sich auf sie ohne einen anderen sichereren Führer zu verlassen. Es war daher notwendig, festzustellen, welche Nahrung dem Menschen unter den verschiedenen Lebensumständen am bekömmlichsten ist, und welche Art der Befriedigung des Fortpflanzungstriebes und des Familieninstinktes unter gewissen gegebenen Verhältnissen die beste ist. Ebenso ist es unerläßlich, das genaue Ziel der Betätigung des sozialen Instinkts zu bestimmen. Aus Liebe zu seinesgleichen muß man mit allen Mitteln die Menschen so glücklich wie möglich zu machen versuchen.

Was ist aber das Glück? Die Empfindung des Wohlseins, die das Individuum selbst hat, oder die Meinung der andern Menschen über den Wert der Empfindungen? Man weiß, daß es oft sehr schwierig zu sagen ist, ob eine gegebene Person glücklich ist oder nicht. Wenn man, aus der Entfernung urteilend, sieht, wie es einem gut geht, wie er eine Familie und ausreichende Existenzmittel hat, ist man versucht, das in Rede stehende Individuum ganz und gar glücklich zu nennen, was aber häufig der Ansicht der Person selbst diametral entgegengesetzt ist. Es ist also manchmal unmöglich, sich auf das Urteil anderer zu berufen. Anderseits kann die Meinung des Individuums über sein eigenes Glück, von dem man sich eine Idee bilden will, ebenfalls begründeter Kritik ausgesetzt sein. Oft ist die Glücksempfindung nur ein Symptom allgemeiner Paralyse, wie man nach folgendem Bericht meinen könnte: „Der Kranke ist mit sich zufrieden und von seiner Konstitution und seiner Lage entzückt. Unaufhörlich rühmt er sich seiner ausgezeichneten robusten Gesundheit, der Kraft seiner Muskeln, der Frische seines Teints, seiner Widerstandsfähigkeit gegen Ermüdungen etc. Seine Kleider sind prächtig, seine Wohnung prunkvoll. In einem vorgerückteren Stadium übersteigt die Übertreibung alles Maß: jener behauptet, mit seinem Atem Mauern umblasen zu können, dieser spricht sich die Fähigkeit zu, 100 Kilogramm aufzuheben, jener trinkt ein Faß aus, dieser ist niemals müde, was er auch tun mag. Die megalomanischen Ideen treten endlich hinzu und die Kranken schreiben sich Titel, Macht und Reichtümer im Überfluß zu. Sie sind Abgeordnete, Herzöge, Fürsten, Generäle, Könige, Kaiser, Päpste, Gott.“[1]

Da die allgemeine Paralyse eine der Konsequenzen der Syphilis ist, brauchte man also nur diese Krankheit zu verbreiten, um der Mehrzahl der Menschen das Gefühl des größtmöglichen Glückes zu verschaffen.

Die Absurdität einer solchen Perspektive braucht nicht

[1] Ballet und Blocq, Allgemeine progressive Paralyse, in dem unter Leitung von Charcot, Bouchard und Brissaud herausgegebenen Traité de médecine, VI, 1894, p. 1032.

betont zu werden. Es bleibt nicht weniger wahr, daß die mit dem sozialen Leben so eng verknüpfte Frage des Glückes eines der schwierigsten Probleme ist.

Ganz ebenso machtlos ist der soziale Instinkt, die Frage der Gerechtigkeit zu lösen, die dem Problem des allgemeinen Zweckes des menschlichen Daseins untergeordnet ist. Es ist leicht begreiflich, daß es beim gegenwärtigen Zustand der menschlichen Kenntnisse unvermeidlich ist, zahlreiche Ungerechtigkeiten zu begehen und besonders zu erleiden. Dieses Übel ist auch eine der Folgen der wesentlichen Disharmonie der Natur des Menschen.

Aus allem Vorangehenden folgt klar, daß es zur Auffindung eines rationellen Führers bei der Äußerung des sozialen Instinkts vor allem der Feststellung bedarf, worin das wahre individuelle Glück und die wahre Gerechtigkeit bestehen. Nur dann kann man wissen, was man tun muß, um das Dasein der Menschen so glücklich wie möglich zu gestalten.

Sechstes Kapitel

Disharmonien des Erhaltungstriebs.

Erhaltungsinstinkt in der tierischen Welt. — Lebensinstinkt beim Menschen. — Seine schwache Entwicklung während der Jugend. — Buddhistische Legende über den Erhaltungstrieb und die Todesfurcht. — Die Todesfurcht in der Literatur. — Bekenntnisse Tolstois über die Todesfurcht. — Theorie Tolstois über den gleichen Gegenstand. — Andre Meinungen über diese Frage. — Die Furcht vor dem Tod eine instinktive Äußerung. — Entwicklung des Lebensinstinkts im Laufe des menschlichen Daseins. — Behandlungsweisen der Greise. — Tötung alter Leute. — Selbstmord der Greise. — Disharmonie des Lebensinstinkts mit den Bedingungen des Daseins. — Rolle der Todesangst in den Religionen und philosophischen Systemen.

Es ist nicht verwunderlich, daß der soziale Instinkt des Menschen soviel Disharmonien und Unvollkommenheiten aufzeigt, denn er ist eine allerjüngste Erwerbung und noch nicht bei einem genügenden Gleichgewichtszustand angelangt. Dagegen müßte der Erhaltungs- und Lebensinstinkt in der menschlichen Gattung im höchsten Grad eine harmonische Entwicklung darbieten. Dieser Instinkt hat sich in der Tat in der ganzen Reihe der Wesen bis zum Menschen, wo er seinen vollendetsten Ausdruck findet, entwickelt.

Von den niedersten Organismen an konstatiert man alle Arten von Einrichtungen, welche die individuelle Erhaltung sichern. Wesen, deren Hauptbestandteil nur aus einem mikroskopischen Tröpfchen lebender Substanz (Protoplasma) besteht, werden durch Schalen geschützt, die sehr widerstandsfähig gegen schädliche Einflüsse sind, die ihre Vernichtung herbeiführen könnten. Die Pflanzen sichern ihre Existenz bald durch Stacheln, die sie davor schützen verzehrt zu werden, bald durch die Erzeugung von reizenden Substanzen oder wirklichen Giften. Bei den Tieren sind die Mittel zur Erhaltung des Lebens noch zahlreicher. Rückenschilde und Muscheln, Ausscheidung von Flüssigkeiten, die einen widrigen Geruch verbreiten oder die Flucht des Tiers verbergen (wie die von den Sepiafischen und andern Kopffüßern ausgeschiedene Tinte), Hauer und starke Zähne und viele andre Eigenschaften sind nur verschiedene Mittel zur Behauptung des individuellen Lebens. Wollte man bei dieser Frage verweilen, müßte man ein vollständiges Lehrbuch der vergleichenden Anatomie der Tiere und Pflanzen schreiben.

Bei den niederen Wesen vollzog sich die individuelle Erhaltung ohne die Mithilfe bewußter oder unbewußter psychischer Akte. Aber bald stellten sich zahlreiche Instinkte ein, welche die Verteidigung ermöglichen. Unter diesen Organismen fliehen die einen bei der geringsten Gefahr; die andern entrinnen dem Feind, indem sie sich mit einer Schicht von schäumigem Schleim, noch andre mit ihren eignen Exkrementen oder sogar mit verschiedenen Fremdkörpern umgeben. Alle diese Züge verraten die Liebe zum Leben und das tiefe Verlangen nach individueller Erhaltung, die in der ganzen Welt der organisierten Wesen verbreitet sind.

Alle diese Mittel der Gefahr zu entgehen und dem Tod zu entrinnen, konnten ins Werk gesetzt werden, ohne daß die Tiere eine Vorstellung (wenn auch nur eine wenig genaue) davon bekamen, was der Tod ist. Es ist unbestreitbar, daß es Tiere gibt, welche lebende Beute von der toten unterscheiden können. Bestimmte Fleischfresser erkennen den Kadaver am Geruch. Die gewohnt sind, sich von dem Fleisch lebender Beute zu nähren, weisen tote Nahrung zurück; die Unbeweglichkeit lehrt sie unterscheiden. Da die Kenntnis des Todes in diesem Fall nur unvollkommen ist, sind die in Frage stehenden Tiere leicht zu täuschen, sei es dadurch, daß man ihnen künstlich bewegte Kadaver, oder dadurch, daß man ihnen lebende, aber durch irgend ein Mittel unbeweglich gemachte Beute vorsetzt. Um diesen wenig intelligenten Feinden zu entgehen, versetzen sich viele Insekten, von der Gefahr erschreckt, augenblicklich in Unbeweglichkeit und tun, als wären sie tot. Dieses letztere Verhalten muß noch in die Kategorie der so verschiedenartigen natürlichen Mittel zur Sicherung des individuellen Lebens eingereiht werden.

Die Tiere der höchsten Klasse, die Säugetiere, offenbaren indessen eine tiefe Unkenntnis des Todes, denn viele darunter bleiben neben Kadavern ihresgleichen vollständig gleichgültig liegen oder fressen sie sogar auf unter der Gefahr, eine tötliche Krankheit zu bekommen. Beispiel: Die Ratten, welche die Kadaver von an der Pest verendeten Ratten fressen und, indem sie ihren Hunger stillen, sich selbst die tötliche Pest zuziehen, die sie auf andre Gattungen, besonders auf den Menschen, übertragen. Aber neben diesen Säugern, die den Tod von ihresgleichen nicht empfinden, gibt es andre, die beim Anblick der Kadaver ihrer Abstammung eine instinktive Bewegung des Schreckens zeigen. Die an einem toten Pferde vorbeikommenden Pferde äußern ihre Unruhe durch bestimmte Zeichen und wollen ausreißen. In den Schlachthäusern zeigen die Ochsen, die Zeugen des Todes von ihresgleichen werden, ebenfalls eine Empfindung der Angst und Panik.

Trotz dieser Beispiele ist es aber unzweifelhaft, daß die Tiere (auch die höchsten in der Stufenleiter der Wesen) keinen Begriff vom unvermeidlichen Tod und vom Schicksal haben, das jedem lebenden Wesen vorbehalten ist. Diese Kenntnis ist eine Erwerbung der menschlichen Gattung.

Beim Menschen ist der Erhaltungsinstinkt auf eine unbestreitbare Weise entwickelt. Wenig hervortretend beim Beginn des Lebens, äußert er sich bereits bei den kleinen Kindern auf eine deutliche Weise. Beim Anblick einer menschlichen Leiche haben sie eine Empfindung der Angst, die jener entspricht, die der Anblick einer Schlange oder eines andern schrecklichen Tiers erregt.

Bei den jungen Leuten ist der Erhaltungstrieb, der so eng mit der instinktiven Todesfurcht verbunden ist, noch nicht sehr entwickelt. Oft sind besondere Umstände nötig, um ihn zu erwecken, wie die Gefahr, die man bei einer Krankheit läuft, bei einem Unfall oder in einem Kriege. Junge Leute, die sich im Besitz ihrer Gesundheit vor der Todesfurcht gefeit glauben, fühlen sie häufig auf eine lebhafte Weise, sobald es ihnen nicht mehr so ganz gut geht. Im Resumé seiner Eindrücke von der Schlacht von Sebastopol äußert sich Graf LEO TOLSTOI, der zu dieser Zeit erst 26 Jahre zählte, folgendermaßen: „Trotz der Zerstreuung durch verschiedenartige und drängende Beschäftigungen war das Gefühl der Erhaltung und das Verlangen, so schnell als möglich diesen schrecklichen Ort des Todes verlassen zu können, in eines jeden Seele gegenwärtig. Dies Gefühl offenbarte sich beim tötlich verwundeten Soldaten, . . . wie bei dem Freiwilligen, der sich mit all seinen Kräften mitten in die kompakte Masse schob, um dem General auf dem Pferde den Weg zu bahnen, und bei diesem General selbst, der Befehle erteilt, und die Schnelligkeit der Bewegungen der Soldaten mäßigt. Dasselbe Gefühl herrschte in gleicher Weise bei dem Seemann, der sich mitten in einem in Bewegung befindlichen Bataillon befand, bis zur Atemnot bedrängt durch die wogende Masse; und bei dem verwundeten Offizier, den vier Soldaten auf einer Bahre tragen und in der Nähe der Nikolaus-Batterie auf die Erde legen, weil es unmöglich ist, weiter zu kommen; und bei dem Artilleristen, der seit 16 Jahren an seiner Kanone dient“ usw. [1]

Aber unter normalen Lebensverhältnissen äußert sich bei den jungen Leuten der Erhaltungsinstinkt noch nicht in ausgiebiger Weise. Wie oft wagen sie ihr Leben aus einer unbedeutenden Ursache und be-

[1] Sebastopol im Dezember 1854, Mai und August 1855, Werke, Bd. II. Moskau 1897 (russisch).

gehen alle Arten von Torheiten, die ihre Gesundheit und ihr Leben gefährden können, ohne die Folgen ihrer Handlungsweise zu erwägen. Oft werden sie von sehr erhabenen Beweggründen getrieben, aber noch häufiger vergeuden sie ihre Kräfte, um einen niederen Instinkt zu befriedigen. Es ist das Alter der uneigennützigsten Opfer und auch das von Ausschweifungen jeder Art, alkoholischer, geschlechtlicher und andrer. Man denkt, daß das Lebensgefühl stets dasselbe ist, und daß es zwischen dem Tode mit 30 oder mit 60 Jahren nur einen einfachen Gradunterschied, der dem Altersunterschied entspricht, gibt.

Die jungen Leute mit ihrem noch wenig entwickelten Lebensinstinkt sind häufig sehr anspruchsvoll. Die Genüsse, die sie kennen lernen, sind mittelmäßig, während die durch die geringsten Unannehmlichkeiten erzeugten Leiden dagegen heftig sind. Unter diesen Umständen werden sie leicht Epikuräer, im niedrigsten Sinne des Wortes, oder verfallen in den ausgeprägtesten Pessimismus.

„Edite, bibite, post mortem nulla voluptas," war das Losungswort der deutschen Studenten, die Vergnügung suchten und von der Entwicklung des Lebensinstinkts beim Menschen verschiedener Altersstufen nichts wußten.

Anderseits setzt die Jugend bei der Bilanz der Glücks- und der Unglücksgefühle getreu ihrer Natur den Wert der ersteren herab und übertreibt die schmerzlichen Empfindungen. So kommt sie zu einer pessimistischen Lebensauffassung und erklärt, daß das menschliche Dasein ein wahres Übel ist. Es ist bemerkenswert, daß

SCHOPENHAUER seine pessimistische Theorie im Alter von 31 Jahren veröffentlichte. Sein Nachfolger E. VON HARTMANN verkündete bereits im Alter von 26 Jahren, daß das menschliche Dasein ein Übel ist, von dem man sich um jeden Preis befreien muß.

Dagegen wurden die optimistischen Theorien des Lebens entweder von Leuten in einem vorgerückteren Alter entwickelt, oder von Personen, die durch besondere Umstände dazu geführt wurden, das Glück des Daseins zu schätzen. Als Gegengewicht gegen die pessimistischen Theorien der deutschen Philosophen hat DÜHRING eine optimistische Ansicht in seinem Werke Der Wert des Lebens formuliert. DÜHRING war schon damals blind. Ein berühmter englischer Gelehrter, Sir JOHN LUBBOCK, veröffentlichte vor einigen Jahren ein Buch: Das Glück zu leben,[1] das mit dem Satze beginnt: „Das Leben ist eine große Wohltat.“ Seine Lebensauffassung ist vollständig von jener der Pessimisten verschieden, aber er formulierte sie im Alter von 53 Jahren.

Seit langem weiß man, daß das Leben von den Alten mehr geschätzt wird, als von den Jungen. So sagte JEAN JACQUES ROUSSEAU: „Wir beunruhigen uns in dem Maße mehr über unser Leben, als es an Wert verliert. Die Greise bedauern es mehr als die Jünglinge....“ (EMILE).[2] Dieser Gedanke ist durchaus richtig und wird von einer großen Anzahl Tatsachen bekräftigt. Ich kenne in ganz intimer Weise einen Mann der Wissen-

[1] The pleasures of Life. London, 1887. [2] Oeuvres de J. J. ROUSSEAU, II, 1876, p. 432.

schaft, der sich in seiner Jugend sehr unglücklich fühlte. Mit einer Art Hypersensibilität für Schmerz ausgestattet, suchte er sie auf jede mögliche Weise zu lindern. Irgend ein Widerspruch konnte ihn in einen Zustand wahrer Erschlaffung versetzen, der er wieder durch Narkotika entgegenwirkte. Um bestimmten moralischen Leiden zu entrinnen, impfte er sich Krankheitsstoffe ein. In einem reiferen und vorgeschritteneren Alter machte später seine Hypersensibilität weniger heftigen Empfindungen Platz. Er empfindet das Übel nicht mehr auf eine so lebhafte Weise, wie während seiner Jugend. Dagegen schätzt er die positive Seite des Daseins weit mehr, und auch in Fällen, in denen er sich unglücklich fühlt, kommt ihm niemals der Gedanke, sein Dasein abzukürzen. In seiner Jugend war er Pessimist und nahm an, daß das Böse das Gute weit überwöge. Im vorgerückten Alter hat sich seine Schätzung des Daseins vollständig geändert.

Es ist sicherlich nicht notwendig, alt zu sein, um einzugestehen, daß der Tod ein großes Übel ist. „Der sich so stellt, als sähe er dem Tod ohne Schreck entgegen, lügt," sagte JEAN JACQUES ROUSSEAU (a. a. O. p. 76). „Jeder Mensch fürchtet sich zu sterben, das ist das große Gesetz der fühlenden Wesen, ohne das jede sterbliche Gattung bald vernichtet sein würde. Diese Furcht ist eine einfache Regung der Natur, die nicht bloß indifferent, sondern gut an sich ist und dem Gesetz entspricht."

Oft hört man Leute ihre Gleichgültigkeit gegenüber dem Tod aussprechen, aber man muß ihre Empfindung sehr analysieren, um sie richtig zu bewerten. Wir waren einmal mit einer schon bejahrten Dame zusammen, die sich den Tod wünschte und sagte, sie habe nicht die geringste Furcht davor. Nachdem ich ihren Fall näher untersucht hatte, überzeugte ich mich leicht, daß es sich um eine ernstlich kranke Person handelte, die glaubte, der Tod sei das einzige Heilmittel für ihre Leiden. Als sie erfuhr, daß sie geheilt werden könne, äußerte sie eine echte Freude, noch leben zu können, befreit von dem beständigen Schmerz.

Der Lebensinstinkt und die Todesfurcht, die nur eine der Äußerungen des ersteren ist, beanspruchen bei der Untersuchung der Natur des Menschen eine ganz hervorragende Bedeutung; es ist also unbedingt für uns notwendig, bei einigen Beispielen zu verweilen, die uns aufklären können. Bereits im Altertum hat dieses Problem viele Reflexionen gezeitigt. Eine der besten Erzählungen über diese Frage ist unstreitig die der buddhistischen Legende.[1] Der junge Prinz SAKJAMUNI, der Gründer des Buddhismus, der den Grund der Dinge erkennen wollte, verriet die Neigung, der Welt zu entsagen und fromm zu werden. Um ihn daran zu hindern, ließ ihn sein Vater in einem prächtigen Schloß erziehen, wo er sich aller Güter erfreuen konnte, und wo man von ihm alle schmerzlichen Eindrücke fern hielt. Unter diesen Umständen sah er nie Greise, nie Kranke, nie Tote. Trotz der Abschließung entschlüpfte der junge Prinz mehrmals, um Ausflüge zu Wagen zu unternehmen. Bei der ersten Ausfahrt begegnet er auf dem Wege „einem alten schwachen gebrochenen Mann, mit Adern, die am

[1] Lalita Vistara, pp. 166—170.

Körper heraussprangen, mit wackelnden Zähnen, einem von Falten gefurchten Körper, mit grauem Haar, gebeugt, gekrümmt wie ein Dachbalken, niedergeschlagen, gestützt auf einen Stock; dem die Jugend entschwunden war, dessen Kehle nur schlecht artikulierte Laute wiedergibt, der sich mit vorgebeugtem Körper auf einen Stock stützt und an allen Gliedern und Teilen der Glieder zittert." Als er von seinem Kutscher erfahren hatte, daß es ein Greis sei, und daß „bei aller Kreatur das Alter die Jugend hinwegnimmt", daß jeder dahinkommt, und daß es „keinen andern Weg für die Kreatur gibt", machte dies auf ihn einen solchen Eindruck, daß er zu seinem Kutscher sagte: „Welch ein Unglück für die unwissende und schwache Kreatur, deren Verstand, berauscht vom Stolz der Jugend, das Alter nicht sieht! Wende schnell den Wagen, ich will heimkehren. Was gehen die Spiele und Freuden mich an, der ich die zukünftige Wohnung des Alters bin!" Ein andres Mal begegnete SAKJAMUNI auf dem Weg einem vom Fieber befallenen Mann, der, schwach an Körper, nur mit Mühe atmete. Als ihn sein Kutscher belehrte, daß es ein Kranker wäre, rief der junge Prinz aus: „Die Gesundheit gleicht also dem Spiel eines Traumes! Und die Furcht vor der Krankheit hat also diese schreckliche Form! Wo ist der Weise, der nach dem Anblick solcher Daseinsbedingungen den Gedanken der Freude und der Lust besitzen könnte?" Einige Zeit später ging SAKJAMUNI zum dritten Male aus und „sah einen Toten, der auf einer Sänfte lag, mit einem Leichentuch bedeckt, von der Menge seiner Verwandten umgeben, die alle weinten, klagten, seufzten, in aufgelöstem Haar, sich den Kopf mit Staub bestreuten und sich an die Brust schlugen, indem sie ihm folgten." Die durch den Anblick des Toten hervorgerufene heftige Erregung ließ den Prinzen die folgenden Worte sagen: „O Unglück über die Jugend, die durchs Alter ausgehöhlt wird! O Unglück über die Gesundheit, die alle Arten von Krankheiten zerstören! O Unglück über das Leben des Menschen, das nicht lange dauert! O Unglück über die Verlockungen des Vergnügens, die das Herz des Weisen verführen!"

Diese Reflexionen SAKJAMUNIS bilden die Grundlage des Buddhismus, der den Stempel einer pessimistischen Auffassung über die Natur des Menschen trägt. Die modernen Pessimisten haben den nämlichen Weg eingeschlagen. Man weiß, daß sich SCHOPENHAUER schon als Jüngling viel mit den großen Fragen des menschlichen Daseins beschäftigte. Seine Mutter wirft ihm in ihren Briefen seine „Klagen über das Unvermeidliche" vor, was beweist, daß er sich bereits mit 27 Jahren gegen den Tod auflehnte. Das Problem des Endes war eines derjenigen, für das er sich am meisten interessierte, und seine Furcht vor Krankheiten und vor dem Tode war derartig, daß er Berlin gelegentlich der ersten Choleraepidemie 1831 verließ (unter dem Eindruck von HEGELS Tod, den diese Krankheit hinwegraffte) und sich in Frankfurt, das er für die gesündeste Stadt hielt, niederließ. Er versichert,[1] daß „das größte Übel, das Schlimmste, was überall gedroht werden kann, der Tod ist, die größte Angst Todesangst." Die Unmöglichkeit, ihm zu entrinnen, gab ihm den Gedanken einer pessimistischen Philosophie ein.

[1] Die Welt als Wille und Vorstellung, Bd. II, S. 529.

Gleich der Philosophie beschäftigt sich jeder Zeit die Literatur viel mit dem Problem des Todes. EDMOND DE GONCOURT erzählt in seinem Tagebuch, daß bei den Zusammenkünften mit seinen Kollegen diese Frage sehr häufig aufs Tapet kam. Von einer dieser Unterhaltungen berichtet er folgendes:[1] „Heute wieder Aufnahme unseres alten Diners der Fünf, bei dem FLAUBERT fehlt, an dem TURGENIEFF, ZOLA, DAUDET und ich teilnahmen. Die moralische Langeweile der einen, die physischen Leiden der andern lenken das Gespräch auf den Tod ...... und das Gespräch dauert bis 11 Uhr, zuweilen sucht es davon wegzukommen, aber immer wieder kehrt es zu dem schwarzen Gegenstand zurück. — DAUDET sagt, daß es bei ihm eine Art Wahn wäre, eine Vergiftung des Lebens, und daß er nie eine neue Wohnung betreten habe, ohne daß darin seine Augen nach einem Platz für seine Aufbahrung gesucht hätten. — ZOLA sagt, daß seitdem seine Mutter bei ihrem Tode zu Médan, als sich die Treppe als zu klein erwies, durch ein Fenster hinabgelassen werden mußte, er dieses Fenster nie ansehen könne, ohne sich zu fragen, wer dadurch herunterkommen werde, er oder seine Frau: ja, seit diesem Tag steht der Tod immer im Hintergrund unsrer Gedanken, und sehr oft ... während der Nacht, wenn ich meine Frau betrachte, die nicht schläft, fühle ich, daß sie wie ich daran denkt, und wir bleiben so, ohne auf unsre Gedanken anzuspielen, alle beide .... aus Scham, ja aus einer gewissen Scham .... O, dieser Gedanke ist schrecklich — und Schrecken überkommt einem

[1] Journal des Goncourt, VI, 1878—1884, 1892, p. 186.

dabei. Es gibt Nächte, in denen ich plötzlich mit beiden Füßen aus dem Bett springe, und mich sekundenlang in einem Zustand unsäglichen Entsetzens befinde."

JEAN FINOT[1] erhielt von EDMOND DE GONCOURT die vertrauliche Mitteilung, „daß, wenn er den Gedanken an den Tod aus seinem Bewußtsein verbannen könnte, sein Leben von einer großen Last befreit sein würde." Der erstere dieser Autoren fügt hinzu, daß „bei einer historischen Zusammenkunft bei VICTOR HUGO fast alle berühmten Gäste auf die Frage nach ihrer Auffassung vom Tode ganz offen den Schrecken und die Traurigkeit gestanden, die er ihnen unaufhörlich einflöße."

Von allen modernen Schriftstellern hat sich sicherlich Graf LEO TOLSTOI am meisten mit dem Problem des Todes beschäftigt. In vielen seiner Werke hat er ihm unvergeßliche Seiten gewidmet, aber das schmerzlichste und tiefste Gemälde der Todesfurcht, das ich kenne, findet sich in seinen „Bekenntnissen". Der Leser wird mir Dank wissen, wenn ich die Hauptstellen, die sich darauf beziehen, wiedergebe. Er wird sich zunächst an die oben mitgeteilte Szene aus der Belagerung von Sebastopol erinnern. Jedermann empfand angesichts der Gefahr die Furcht zu sterben, aber diese Empfindung erfüllte den jungen Mann von 26 Jahren nicht ganz und gar.

Kurze Zeit bevor er sein fünfzigstes Jahr erreichte, trat die Frage des Todes in ihrer ganzen Schärfe an TOLSTOI heran. Den Beginn der Krisis beschreibt er auf folgende Weise: „Zuerst waren es Augenblicke der

[1] La philosophie de la longévité. Paris 1900, p. 209.

Ratlosigkeit, der Lebensstockung, als wüßte ich nicht, wie ich leben, was ich tun sollte; ich fühlte mich verloren und verfiel in Niedergeschlagenheit. Das ging jedoch vorüber und ich setzte mein Leben fort, wie vorher. Dann wiederholten sich die Augenblicke der Ratlosigkeit immer häufiger in derselben Form. Die Lebensstockung äußerte sich stets durch dieselben Fragen: — Warum? Und was nachher?" Einige Zeit hindurch legte sich TOLSTOI keine Rechenschaft über seinen Zustand ab, aber allmählich begann er ihn von Grund aus zu analysieren und kam zu folgendem Schluß: „Die Wahrheit ist, daß das Leben eine Sinnlosigkeit ist. Ich hatte gelebt, gearbeitet, ich war vorwärts gegangen und zu einem Abgrund gelangt, und es lag nichts vor mir außer dem Verschwinden. Ich konnte indessen weder anhalten, noch zurückgehen, noch die Augen schließen, um nur nicht draußen Schmerzen und absoluten Tod, d. h. die leere, die vollständige Vernichtung zu sehen."

„In diesem Zustand kam ich dazu, nicht leben zu können; und während ich mich vor dem Tod fürchtete, mußte ich List anwenden, um mich nicht zu töten." Ich konnte keiner Handlung meines Lebens irgend einen vernünftigen Grund unterlegen. Ich verwunderte mich nur, wie ich dies nicht schon von Anfang an hatte einsehen können. All dies, sagte ich mir, ist seit so langer Zeit jedem bekannt. Wenn nicht heute, so werden morgen die Krankheiten, der Tod kommen — und sie sind bereits gekommen — für die alten Leute, für mich, und nichts weiter als Fäulnis und Würmer werden zurückbleiben. Meine Taten, gleichviel welche, werden früher oder später vergessen werden und ich werde nicht mehr sein. Warum sich also sorgen? Wie der Mensch das sehen kann und leben, das ist erstaunlich. Man kann nur leben, solange man lebenstrunken ist; wird man aber nüchtern, so kann man sich nicht dagegen verschließen, daß all dies bloß ein dummer Betrug ist. Es ist sehr wahr: es gibt darin gar nichts Lächerliches oder Geistreiches; es ist nur grausam und dumm, ganz einfach."

Da TOLSTOI nicht wußte, wie er diesem Widerspruch des Daseins entrinnen sollte, klammerte er sich an die Liebe zu den Seinen. „Die Familie .... sagte ich mir; aber die Familie, die Gattin, die Kinder, sie sind ja auch Menschen! Sie befinden sich unter den nämlichen Verhältnissen, wie ich: sie müssen entweder in der Lüge leben, oder auch die schreckliche Wahrheit sehen .... Warum müssen sie also leben? Warum ich sie liebe, beschütze, über sie wache? Damit sie dieselbe Verzweiflung kennen lernen, die in mir ist, oder damit sie als dumme Wesen leben? Wenn ich sie liebe, kann ich ihnen die Wahrheit nicht verhehlen; jeder Schritt ins Wissen führt zu dieser Wahrheit. Und die Wahrheit ist der Tod."

Bevor ich diese Reihe von Berichten schließe, die dem Leser einen hinreichenden Begriff von der Liebe zum Leben und von der Furcht vor dem Tod geben dürften, will ich nur noch ein Beispiel anführen, das nicht der Unterhaltungsliteratur entnommen, sondern aus der alltäglichen Wirklichkeit geschöpft ist.[1] Es handelt sich um den Tod eines „Dieners des Herrn in

[1] Union pour l'action morale, Nr. 6, 15. Janvier 1902, p. 258.

einer der christlichen Gemeinschaften, der inbrünstig wie Franziskus von Assisi, rein wie ein kleines Mädchen, von strenger Askese und einer Mildtätigkeit war, die seine ganze Gegend erleuchtet hat." „Es wäre eine logische Notwendigkeit gewesen, daß der Tod eines solchen Menschen heiter war. Wäre er eine Romanfigur gewesen, der Autor hätte ihn nicht auf eine andere Weise sterben lassen können." Nach den Briefen eines nahen Freundes des Sterbenden, aus denen wir einige Stellen ausziehen, haben sich die Dinge in Wirklichkeit so zugetragen: „Unser armer Freund kämpft auf eine tragische Weise Schritt für Schritt mit dem Tod. So gefaßt, so heiter, so vollständig im reinen mit sich selbst er auch ist, ist er doch entsetzt über das Herannahen des Todes. Es ist ein erschütterndes Schauspiel, das zu Tränen rührt. Und man ist nicht allein ohnmächtig, ihm physisch zu helfen, sondern auch ohnmächtig, den schrecklichen moralischen Schmerz der ihrer selbst mächtigen Vernunft zu lindern, die das Leben will und im Begriff ist, lebend in den Tod zu gehen." „Ich könnte," schrie er, „noch eine Vorlesung über Theologie oder Nationalökonomie halten und ich muß sterben ... Es ist schrecklich, seinen vollen Verstand zu haben ... Es wäre besser, nicht mehr denken zu können .... Und was verlangen wir von Gott? Das ewige Glück! Das ist so, als wenn einer Ihrer Arbeiter von Ihnen 1000 Franken für einen Arbeitstag verlangen wollte! Sie würden zu ihm sagen: Was wollen Sie, mein Freund, sind Sie närrisch? Es ist hart, zu sterben." „Ich gestehe Ihnen, mein Freund, daß man hier seine Religion und seine Philosophie umformt .... Die Güte Gottes ist nicht jene, die wir begreifen. Das Mysterium liegt auf uns .... Ist also der Tod wirklich der König der Schrecken für jene, die ihr ganzes Leben lang gut gewesen sind?"

Was ist also diese Liebe zum Leben, die den Tod so schrecklich macht? Man hat sich viel mit dieser Frage beschäftigt und TOLSTOI selbst hat eine Untersuchung „über die Furcht vor dem Tode" veröffentlicht.[1] Er sucht zu beweisen, daß dieses Gefühl nur das Resultat einer falschen Lebensauffassung ist. „Die Menschen, die den Tod fürchten — sagt er —, tun es, weil sie ihn als ein dunkles Leeres auffassen, aber diese Leere und diese Dunkelheit vermuten sie einzig deshalb, weil sie das Leben nicht sehen." Der Mensch darf nach TOLSTOI den Tod nicht mehr fürchten, als irgend eine andere Veränderung, der er beständig während seines ganzen Daseins ausgesetzt ist. „Niemand fürchtet sich einzuschlafen, sagt TOLSTOI, und dennoch tragen sich im Schlaf die Dinge genau wie im Tode zu, d. h. es tritt Verlust des Bewußtseins ein. Der Mensch fürchtet sich nicht einzuschlafen, obgleich die Unterdrückung des Bewußtseins genau derjenigen gleicht, die während des Todes stattfindet."

TOLSTOI meint, die Furcht vor dem Tode sei nur eine Art Aberglauben, der verschwindet, sobald man das Leben in seiner wahren Bedeutung ins Auge zu fassen beginnt.

Ein andrer russischer Schriftsteller, TOKARSKY, ver-

[1] TOLSTOIS sämtliche Werke (russisch). Bd. XII, 1894, p. 512.

öffentlichte vor einigen Jahren eine Untersuchung über die Furcht vor dem Tod, in der er ebenfalls die ungenügende Begründung dieser Furcht zu beweisen versucht.[1] Der Autor war Irrenarzt und hatte die Überzeugung, sich eine unheilbare und sicher tötliche Krankheit zugezogen zu haben. Seine Forschungen über die Todesfurcht hatten also eine persönliche Quelle. Gestützt auf eine Reihe von Zeugnissen von Personen, die in Todesgefahr schwebten, versichert TOKARSKY, daß sie nichts Schreckliches an sich hat, und daß demzufolge kein Grund vorliegt, sie zu fürchten.

Diese These wurde in allerjüngster Zeit wieder von FINOT[2] aufgestellt, der zu ihren Gunsten Argumente anführt, die jenen seines Vorgängers analog sind. Er meint, daß der Mensch selbst die Furcht vor dem Tod geschaffen hat, und daß der Ausblick ins Unbekannte dabei eine große Rolle spielt. „Hinter dem, was wir sehen — sagt FINOT — gibt es immer etwas, das wir nicht sehen, und dies Unsichtbare erschreckt uns“ (p. 211). Der Gedanke, daß der Tod im allgemeinen von Schmerzen begleitet werde, scheint FINOT absolut irrig, und er kommt zu dem Schluß, daß „es unsre Unwissenheit und unsre Vorurteile waren, die diesen für unser Bewußtsein so Schrecken erregenden und der Wirklichkeit so wenig entsprechenden Aberglauben geschaffen haben“ (p. 213). In der Tat dienen bestimmte Beispiele von Leuten, die dem Tode nahe waren und das Leben wieder erlangten,

[1] Fragen der Philosophie und der Psychologie, 1897, Nr. 40, p. 931 (russisch).

[2] La Philosophie de la longévité. Paris 1900.

zum Beweis für die Ansicht FINOTS, daß der Tod, weit davon entfernt, von Schmerzen begleitet zu sein, vielmehr angenehme Empfindungen erregt. So hatten nach dem Bericht eines Schweizer Gelehrten, HEIM, die Touristen, die bei Bergabstürzen so nahe am Tode waren, daß sie seine Vorboten und Zeichen fühlten, vor allem eine selige Empfindung.

Es ist unbestreitbar, daß die Empfindung bei bestimmten Fällen des Todes eher sanft und angenehm ist; nicht weniger unbestreitbar ist jedoch, daß in vielen andern Fällen, und das ist die Majorität, das Gefühl des Herannahens des Todes im Gegenteil sehr schmerzlich ist. Nur ist diese Frage keineswegs notwendig mit der Todesfurcht bei Menschen verbunden, die noch nicht im Begriff sind, zu sterben. Nun, gerade diese Furcht ist die bedeutsamste im menschlichen Leben. Die Menschen, die an Entkräftung sterben, spüren im Augenblick des Todes den quälenden Hunger nicht. Das Leiden infolge des eigentlichen Hungergefühls dauert nur einige Zeit. Beim Menschen dauert es ungefähr 20 Stunden; die allgemeine Mattigkeit und Schwäche werden alsdann nicht mehr von Hungerempfindungen begleitet. Es gibt also eine Analogie mit der Todesfurcht, die in einigen Fällen nicht bis ans Ende des Lebens dauert. Die quälende Empfindung des Durstes ist im Gegenteil weit konstanter und hört nicht einmal vor dem Tod auf.

FINOT fragt sich, ob die Todesfurcht instinktiv ist. „Die Frage hat ihre Bedeutung,“ sagt er. „Denn instinktiv würde zunächst sagen, unabhängig von unserm guten Willen, im Gegensatz zur Erziehung. Sie müßte sich also immer und überall beim Herannahen des Todes aufdrängen. Es genügt, zahlreiche Fälle von Vorahnungen und von Erzählungen von Leuten zu untersuchen, die der Todesgefahr entrannen, um das Gegenteil gewahr zu werden" (p. 211). Der Hunger ist unbestreitbar eine instinktive Empfindung und dennoch empfindet man ihn nicht immer, wenn der Organismus durch Nahrungsmangel entkräftet oder von dem Erschöpfungstod bedroht ist.

Die eingehendste Untersuchung der Tatsachen läßt keinen Zweifel darüber, daß die Todesfurcht eine wirklich instinktive Empfindung ist. Man gewahrt sie bereits bei bestimmten höheren Tieren in einer Form, die andern instinktiven Äußerungen ganz und gar gleicht. Jener intime Freund, dessen ich früher Erwähnung tat, war seit Jahren auf den Tod vorbereitet und faßte ihn in einer absolut ruhigen Weise ins Auge. Überzeugt, daß er seine Aufgabe, so weit es ihm möglich war, erfüllt hatte, fand er es zwar ganz natürlich, zu leben aufzuhören, aber er faßte nur mit großem Widerwillen die Perspektive eines vielleicht siechen, in allen Fällen aber beschwerlichen Greisenalters ins Auge. Unter dem Gesichtspunkt der Vernunft und der Willenskraft konnte also von der geringsten Todesfurcht nicht die Rede sein. Nichtsdestoweniger erzeugte die Konstatierung irgend einer gesundheitlichen Störung, die tötlich werden konnte, unvermeidlich ein ganz besonderes Gefühl, das nichts anderes war, als die instinktive Furcht zu sterben. Wenn man die Erzählung analysiert, die TOLSTOI in seinen „Bekenntnissen" gibt, sieht man gleichfalls, daß die Furcht, nicht mehr zu sein und nur Fäulnis und Würmer hinter sich zurückzulassen, nichts anderes bedeutet, als die instinktive Furcht vor dem Tode, dies Gefühl, das die Reflexion nicht aufheben kann. Einem zu sagen (wie es TOLSTOI in seiner Abhandlung über die Todesfurcht tut), diese Furcht sei eine Art Aberglaube, den man durch die Überlegung bekämpfen müsse, ist fast dasselbe, wie wenn man von einer Frau, der man die Ovarien herausgenommen hat, behauptet, da sie zu zeugen unfähig wäre, hätte sie auch kein Recht mehr zur Geschlechtsempfindung. Sie wird sie trotzdem haben, weil diese Empfindung von keinem Vernunftschluß abhängt, sondern rein instinktiv ist.

Übrigens hat man schon seit langem der Todesfurcht instinktiven Charakter zuerkannt. So ist sie auch von SCHOPENHAUER interpretiert worden. Für ihn „gibt es von dem Standpunkt der Erkenntnis aus keinen Grund, den Tod zu fürchten: im Erkennen aber besteht das Bewußtsein; daher für dieses der Tod kein Übel ist. Auch ist es wirklich nicht dieser erkennende Teil unsers Ichs, welcher den Tod fürchtet; sondern ganz allein vom blinden Willen geht die fuga mortis, von der alles Lebende erfüllt ist, aus."[1] Dieser „blinde Wille" ist nichts andres, als ein rein instinktives Gefühl, das mit dem eigentlichen bewußten Willen nichts zu tun hat.

Ohne sich näher darüber auszulassen, ist LORD BYRON seit langer Zeit zu der Auffassung gekommen, daß die

[1] Die Welt als Wille und Vorstellung, II, S. 533.

Todesfurcht eine instinktive Äußerung der Seele ist. So sagt er in seinem Gedicht Kain:

Ich lebe, doch ich lebe nur, zu sterben,
Und seh auch nichts im Leben, um den Tod
Zu hassen — nur ein angebornes Kleben,
Den eklen, aber unbesiegbarn Trieb
Zum Leben, den ich so verabscheu, wie
Ich mich veracht, und doch nicht bänd'gen kann.
So leb' ich denn.[1]

An einer anderen Stelle läßt BYRON Kain sagen:

Aber eh' er [sein Vater]
Erkenntnis pflückte, wußt er nichts vom Tode.
Ich selber, ach, ich weiß kaum, was er ist,
Und fürcht' ihn dennoch — fürcht', ich weiß nicht was!

Es ist also nicht daran zu zweifeln, daß unter den Instinkten, mit denen die Natur des Menschen ausgestattet ist, einer besteht, der das Leben schätzt und den Tod verabscheut. Dieser Instinkt entwickelt sich langsam und allmählich mit dem Alter. In dieser Hinsicht weist er eine erstaunliche Verschiedenheit von vielen anderen

[1] The poetical works of LORD BYRON, pp. 404, 406.

I live,
But live to die: and, living, see nothing
To make death hateful, save an innate clinging,
A loathsom, and yet all invincible
Instinct of life, which I abhor, as I
Despise myself, yet cannot overcome —
And so live.

. . . .

Not to snatch first that fruit: but ere he pluck'd
The knowledge, he was ignorant of death.
Alas! I scarcely now know what it is,
And yet I fear it — fear I know not what!

instinktiven Regungen auf. Wenn der Hunger, der Durst, der Geschlechtstrieb gestillt sind, folgt darauf ein Gefühl der Befriedigung, das bis zur Sättigung und sogar bis zum Überdruß gehen kann. Dieser Zustand dauert eine verschieden lange Zeit an, um dem neuen Erwachen derselben instinktiven Bedürfnisse Platz zu machen.

Bei dem Lebensinstinkt vollziehen sich die Dinge auf eine ganz verschiedene Weise. Dieser Instinkt, der sich in der großen Majorität der Fälle langsam entwickelt, nimmt im Lauf des Lebens an Intensität zu. Die Kinder und Jünglinge haben stets ein großes Verlangen darnach, erwachsen zu sein. Ist der Mensch aber einmal beim reifen Alter angekommen, wünscht er nie alt zu werden. Mit großer Betrübnis konstatiert er das Erscheinen der ersten Runzeln und der ersten weißen Haare. Anstatt Befriedigung darüber zu empfinden, einen großen Teil der Lebensbahn durchmessen zu haben, fühlt man im Gegenteil eine große Traurigkeit, daß man sich dem Tod näher sieht. Wie immer sich das Alter auch äußert, zeichnet es sich durch Häßlichkeit der Züge und durch etwas Widriges und sogar Abstoßendes aus. Die kleinen Kinder zeigen beim Anblick sehr alter Leute eine sichtbare Furcht und aus diesem Grunde, zu einem pädagogischen Zweck, droht man ihnen mit dem Einschreiten der Greise.

Man weiß, bis zu welchem Grad bei den primitiven Völkern die Tötung der alten Leute verbreitet ist. Die Eingeborenen der Fidschi-Inseln graben ihre Greise lebend ein, indem sie sich darauf berufen, daß sie absolut unnütz geworden sind. Dieser Brauch ist in ganz Melanesien verbreitet, und man trifft ihn auch in Neukaledonien und auf den benachbarten Inseln Polynesiens. Das Alter wird im allgemeinen auf diesem Teil der Erdkugel verachtet. Die Australier achten die alten Leute so weit, als sie tätig sind: aber sobald die Alten sich nicht mehr selbst erhalten können, kümmert man sich nicht mehr um sie. Oft tötet man sie und verspeist sie, was mit religiösen Ideen der Eingeborenen in Zusammenhang steht.[1] Nach den Forschungen Grimms „töteten die alten Germannen die Greise und Kranken und begruben sie oft lebend."

Die modernen zivilisierten Völker haben sicherlich viele Fortschritte verwirklicht; sie töten die Greise nicht mehr, sie dulden sie, aber sie lassen ihnen die Freiheit des Selbstmordes. In vielen Ländern verweigert man den Greisen Arbeit unter dem Vorwand, daß sie nicht stark genug seien, und zu gleicher Zeit verschließt man ihnen die Asyle, unter dem Vorwand, sie seien noch nicht alt genug. Bei seiner Behandlung der Frage des mittleren und des normalen Lebens äußert sich Paul Bert[2] über den Greis folgendermaßen: „Er verdient Glückwünsche, Rücksichten und Pflege, aber die Fortdauer seines Lebens darf die Fürsorge der Gesellschaft nicht mehr beanspruchen."

Nun, trotz dieser Eigenschaften des Alters, die es

[1] Waitz-Gerland, Anthropologie der Naturvölker, VI.

[2] Die Worte sind von Ebstein in „Die Kunst, das menschliche Leben zu verlängern" angeführt, 1891. S. 51. Es war mir unmöglich, das Original von Paul Bert wiederzufinden, da der bibliographische Hinweis Ebsteins ungenau ist.

schrecklich, unnütz machen, und die bewirken, daß es bestenfalls bloß geduldet ist, trotz der physischen und intellektuellen Schwachheit der Greise, behauptet sich der Lebenstrieb bei ihnen in seiner ganzen Integrität. Um uns darüber zu unterrichten, besuchten wir häufig die Greisenasyle; wir konnten uns leicht davon überzeugen, daß alle noch lang zu leben wünschten. In einem von Personen ziemlich hoher Bildung bewohnten Asyl versicherte man uns, man fühle sich alle Zeit unter dem Bann des Todes, als sei man zur Todesstrafe verurteilt.

In der Salpêtrière sind hochbetagte Frauen sehr zahlreich. Die Siebzigjährigen werden fast als junge betrachtet. Der Hauptehrgeiz der Frauen von 90 Jahren und darüber besteht darin, hundertjährig zu werden. Das Verlangen zu leben ist allgemein.

Die Tatsache, auf die ich hier hinweise, scheint in Widerspruch mit jener andern von der Statistik bezeugten zu stehen, daß die Häufigkeit der Selbstmorde mit dem Alter wächst. Die Greise verüben in der Tat weit häufiger Selbstmord als die Jünglinge. Das ist unbestreitbar. Wenn man jedoch die statistischen Berichte näher prüft, konstatiert man, daß die Hauptursache des Selbstmordes keineswegs im Verschwinden des Lebenstriebes liegt, sondern vor allem in der Unmöglichkeit für die Greise, ihren Lebensunterhalt zu verdienen, und auch in der Häufigkeit der Krankheiten bei den bejahrten Personen. Der Existenzmittel beraubt, aus den Asylen verwiesen, nimmt der Greis seine Zuflucht zum Kohlenbecken oder zum Strick. Die Selbstmordchronik der Greise lehrt uns, daß man die größte Zahl der Opfer unter den armen Leuten trifft. Der Selbstmord wohlhabender und reicher Greise hat sehr häufig unheilbare Krankheiten zur Ursache. Übrigens wären in dieser Beziehung noch viele Punkte aufzuhellen. Es wäre besonders sehr interessant, mehr Einzelheiten über die inneren Motive zu besitzen, von denen die Greise bestimmt werden, sich den Tod zu geben. In der jüngsten Zeit hat der Selbstmord des berühmten Hygienikers MAX VON PETTENKOFER die allgemeine Aufmerksamkeit auf sich gelenkt. Nach einer wohlerfüllten wissenschaftlichen Karrière legte er im Alter von 76 Jahren seine Professur an der Münchener Universität nieder und richtete sich nicht weit von der Stadt auf einer Besitzung ein, wo er sich dem Gartenbau und anderen ländlichen Beschäftigungen widmete. Obgleich Diabetiker bewahrte er noch seine geistige Frische; aber der Tod der Wesen, die ihm teuer waren, machte ihn im höchsten Grade traurig. Außerdem litt er in seiner letzten Zeit an einer schweren septischen Halsentzündung. Diese an sich nicht tötliche Krankheit ward indessen die Ursache zum Tode PETTENKOFERS, der sich im Alter von 83 Jahren erschoß. Die Autopsie[1] ergab einen ziemlich gut erhaltenen Organismus, mit Ausnahme einer chronischen Entzündung der Hirnhaut mit einer starken Atheromatose (Verkalkung) der Hirnarterien. Die Umstände dieses Selbstmordes sind besser bekannt, als viele andere. Es bleiben indessen noch mehrere Punkte von höchster Bedeutung

[1] Münchener medicinische Wochenschrift, 1901, S. 324.

dunkel. In jedem Fall hindert die Hirnhautentzündung des alten Gelehrten, die Motive seines Selbstmordes als unabhängig von Erscheinungen des normalen Lebens zu betrachten. Anderseits fehlt es nicht an Beispielen von Greisen von sehr hoher und verfeinerter Bildung, die auch in einem Alter, das weit vorgerückter ist, als das des Münchener Professors, stark am Leben hingen.

Mit dem Lebenstrieb verhält es sich genau so, wie mit dem Geschlechtstrieb bei vielen Frauen. Ebenso wie die Liebe zum Leben besonders betont wird, wenn die beste Zeit des Daseins vorüber ist, wird die Geschlechtslust von Frauen häufig erst empfunden, wenn ihre Schönheit bereits verblüht ist.

Eine weitere dem Lebenstrieb und dem Liebesinstinkt gemeinsame Eigenschaft besteht darin, daß sie sich bis zu einem vorgerückten Alter erhalten, wo sie nicht mehr befriedigt werden können.

EDMOND DE GONCOURT erzählt in seinem Tagebuch, daß die intimen Gespräche bei seinen Zusammenkünften mit einigen literarischen Größen (ZOLA, DAUDET, TURGENIEFF) sich sehr häufig um die Frage der Liebe zum Leben und zu den Frauen drehte. „Seltsam," sagte EDMOND DE GONCOURT, „der Tod oder die Liebe sind stets die Unterhaltung unsrer Nachmittage" (a.. a. O. p. 186). Die genannten Schriftsteller empfanden zu dieser Zeit eine Vorahnung des Alters, das an ihre Türe klopfte, und es ist ganz natürlich, daß die beiden Triebe, deren Hartnäckigkeit so rätselhaft und so paradox scheint, sie über alles beschäftigten.

Im vorhergehenden Kapitel sahen wir, bis zu welchem

Grad der Geschlechtsinstinkt, der sich oft entwickelt und fast immer bestehen bleibt in einer Lebensperiode, wo seine regelmäßige und normale Funktion nicht möglich ist, disharmonisch ist. Wir sahen auch, auf welches Übel jene Disharmonie des Zeugungsapparates hinauslief. Allein es handelt sich in diesem Falle um einen Übelstand, der freilich ernst ist, mit dem man sich jedoch noch abfinden kann.

Weit wichtiger ist die Disharmonie des Lebensinstinkts, die sich in dem Augenblick äußert, wo man den Tod herannahen fühlt. Sie wird unter diesen Umständen unfaßbar und besonders schrecklich. Die Menschheit hat seit undenklichen Zeiten nach einem Schlüssel für dieses tragische Rätsel gesucht und es mit allen Mitteln zu lösen versucht. Die Religionen haben sich jederzeit stark mit diesem Problem beschäftigt. „Die Religion," sagt GUYAU,[1] „ist zum größeren Teil ein Nachdenken über den Tod. Wenn wir nicht sterben müßten, herrschte zweifellos noch Aberglauben unter den Menschen; aber wahrscheinlich gäbe es weder systematisierten Aberglauben noch eine Religion." Die Philosophie hat ebenfalls die große Frage unseres Todes zu lösen versucht. Einige Philosophen des Altertums gaben bereits dem Gedanken Ausdruck, daß die Philosophie nichts anderes ist, als Nachdenken über den Tod. SOKRATES und CICERO[2] sagten: „. . . Das Leben eines Philosophen besteht im beständigen Nachdenken über den Tod." In der Neuzeit hat SCHOPENHAUER[3] die nämliche

[1] L'irreligion de l'avenir, 6e éd. Paris 1895. p. 449.
[2] Tusculana, I. K. 30. [3] Die Welt als Wille etc. II., S. 527.

These entwickelt. „Der Tod,“ sagt er, „ist der eigentliche inspirierende Genius oder der Musaget der Philosophie .... Schwerlich sogar würde, auch ohne den Tod, philosophiert werden. Daher wird es ganz in der Ordnung sein, daß eine spezielle Betrachtung desselben hier an der Spitze des letzten, ernstesten und wichtigsten unsrer Bücher ihre Stelle erhalte.“

Nach allen Tatsachen, die wir in den letzten drei Kapiteln zusammengestellt haben, kann man keinen Zweifel daran hegen, daß die Natur des Menschen, obgleich sie in vieler Hinsicht vollkommen und erhaben ist, sehr zahlreiche und sehr große Disharmonien, Quellen vieler unsrer Leiden, aufweist. An die Lebensbedingungen nicht so angepaßt, wie es z. B. die Orchideen für die Befruchtung durch Vermittlung von Insekten sind, oder die Schlupfwespen, um ihre Nachkommenschaft zu erhalten, erinnert die Natur des Menschen mehr an jene Insekten, die sich am Licht, dem sie ihr Instinkt entgegentreibt, die Flügel verbrennen.

Schon zu den Zeiten, in denen die Menschheit noch keinerlei klare Vorstellung von der Natur des Menschen hatte, besaß sie vage Kenntnisse von ihrer Disharmonie und suchte diesem großen Übel entgegenzuwirken. In den folgenden Kapiteln wollen wir versuchen, den Leser über den so wichtigen Gegenstand zu unterrichten, indem wir zeigen, was der Mensch getan hat, um den Disharmonien seiner Natur abzuhelfen.

ZWEITER TEIL

VERSUCHE ZUR VERMINDERUNG

DES DURCH DIE

DISHARMONIEN DER MENSCHLICHEN NATUR VERURSACHTEN ÜBELS

Religionen und philosophische Systeme

SIEBENTES KAPITEL

Versuche der Religionen zur Bekämpfung der Disharmonien der menschlichen Natur.

Der Animismus als Grundlage der primitiven Religionen. — Die jüdische Religion in ihrem Verhältnis zum Glauben an die Unsterblichkeit der Seele. — Die Religionen der Chinesen. — Ahnenkultus in der Religion Konfutses. — Die Idee der Unsterblichkeit im Taoismus. — Das Weiterleben der Seele in der buddhistischen Religion. — Das Paradies der chinesischen Buddhisten. — Als Götter verehrte Ahnen. — Wirkung des religiösen Glaubens auf die Todesfurcht. — Pessimismus der Lehre Buddhas. — Die Bedeutung des Nirwana. — Die von Buddha gepredigte Entsagung. — Einwände gegen die Unsterblichkeit der Seele. — Sensibilität der Zellen unsres Organismus. — Religiöse Hygiene. — Religiöse Maßnahmen zur Reglung der Zeugungsfunktion und zur Vermeidung der Krankheiten. — Die Religionen haben ihr Ziel, die Disharmonien der menschlichen Natur zu bekämpfen, nicht erreicht.

Die Menschheit hat nicht darauf gewartet, bis die Wissenschaft ihr die Disharmonien ihrer Natur enthüllt hat, um Mittel zu deren Bekämpfung aufzusuchen. Das Verlangen, zu leben, die Gesundheit zu bewahren, die Instinkte zu befriedigen und sie zusammenzustimmen, hat von den ersten Stadien des bewußten Lebens an dazu getrieben, Abhilfe gegen die Unvollkommenheiten der menschlichen Natur ausfindig zu machen.

Wir sahen, daß sogar bei den Tieren der Instinkt, der sie in der Nahrungswahl leitet, nicht genügt, um sie vor der Gefahr bestimmter Nahrungsmittel zu bewahren. Seit langer Zeit hat der Mensch die Trüglichkeit dieses Führers bemerkt und anderswo nach sichereren Merkmalen gesucht, die Nahrung, die ihm zuträglich ist, von den Stoffen, die Krankheit und Tod hervorrufen können, zu unterscheiden. Der ganze Scharfsinn des primitiven Menschen mußte auf die Beobachtung der Wirkung der verzehrten Stoffe angewendet werden, um daraus bestimmte hygienische Regeln abzuleiten.

Die Zeugungsfunktion mit ihren zahlreichen Unvollkommenheiten mußte seit den entlegensten Zeiten gleichfalls die Aufmerksamkeit des Menschen auf sich ziehen, der auf Abwege geriet, indem er blind der Stimme seiner Triebe folgte.

Besonders der Lebensinstinkt und die Todesfurcht waren die kräftigsten Reizmittel, um den primitiven Menschen anzutreiben, einen Ausweg aus dieser so schwierigen Sackgasse zu suchen. Zur Erhaltung seiner Gesundheit und seines Lebens suchte der Mensch zuträgliche Nahrungsmittel, und regelte er die Geschlechtsfunktion.

Mit dem Erwachen seiner Intelligenz wurde der Mensch darauf hingeleitet, über das Unbekannte nach Analogie mit dem, was er am besten kannte, d. h. nach sich selbst, zu urteilen. Aus diesem Grunde schrieb er allen Dingen seiner Umgebung Eigenschaften zu, die den seinen glichen, und Beweggründe, die denen analog waren, von denen er selbst getrieben wurde. Gleich ihm waren nicht nur alle lebenden Wesen mit Willen und Intelligenz begabt, auch die unbeseelten Körper konnten wie der Mensch handeln.

Aus dieser elementaren Auffassung entstand, was TYLOR[1] Animismus genannt hat, „diese Grundlage der Philosophie der Religion von den Wilden an bis hinauf zu den zivilisierten Menschen." Wenn ein Mensch stirbt, verschwindet er in Wirklichkeit nicht ganz, er geht nur in einen neuen Zustand über. Der Leichnam lebt nicht genau wie wir, aber er lebt auf eine besondere, obwohl analoge Weise weiter. Diese Auffassung mußte dem Bedürfnis der Lebenserhaltung, der Furcht vor dem Tode, d. h. vor dem vollständigen Zugrundegehen entsprechen. Sie ist nichts anderes, als der Glaube an die Unsterblichkeit oder an das zukünftige Leben.

Die Idee des Animismus ist über die ganze Erdkugel außerordentlich verbreitet. Es ist klar, daß er als die wirksamste Tröstung gegen den unvermeidlichen Tod betrachtet wurde, und daß er mit unserm großen Verlangen, zu leben, übereinstimmt. „Das Ignorieren des Todes und die kindliche Einbildung, daß die Toten noch wie sonst handeln können" — sagt TYLOR — „konnte die Wilden dahin bringen, ihre Angehörigen mit den Waffen, den Kleidern, dem Schmuck zu begraben, deren sie sich während des Lebens bedienten, dem gestorbenen Verwandten Nahrung anzubieten, vor dem definitiven Begräbnis dem Schädel eine Zigarre in den Mund zu stecken, oder sogar das Spielzeug den Kindern ins Grab zu legen. Aber ein Schritt weiter würde für diese unklare Phantasie einen logischen Beweggrund liefern. Ist ein Mensch gestorben und hat seine Seele sich vom Körper getrennt,

[1] Die Anfänge der Kultur. Deutsch von SPENGEL. 2 Bde. Leipzig 1873.

dann ist der Weg zur Versorgung der abgeschiedenen Seele mit Nahrung, mit Kleidern, mit Waffen, diese Gegenstände mit dem Leichnam zu begraben oder sie sogar zu verbrennen.“ Es ist unnütz, hier alle „animistischen“ Gewohnheiten zu beschreiben, die bei den primitiven Völkern im Brauch sind und deren mehr oder weniger deutliche Spuren man sogar bei der Mehrzahl der zivilisiertesten Völker, wenn nicht bei allen, trifft. In mehreren Werken, besonders in denen von TYLOR, LUBBOCK,[1] WAITZ-GERLAND,[2] wird man eine große Zahl von Tatsachen finden, die sich auf diese Frage beziehen. Wir beschränken uns darauf, einige anzuführen, die uns am beweiskräftigsten scheinen. Die turanischen Völker des westlichen Asiens begraben mit ihren Toten alle Arten von Gerät, wie Äxte, Kieselsteine, und auch Nahrungsmittel, wie Fleisch, Butter, in der Überzeugung, daß alle diese Dinge für die lange Reise des Verstorbenen ins Land der Seelen unerläßlich sind. Ein Tasmanier, den man fragte, zu welchem Zweck man Lanzen ins Grab lege, antwortete, als ob es sich um eine selbstverständliche Sache handle, „damit der Eingeschlafene sie im Kampf benutzen kann.“ Die Grönländer legen Bogen und andere Waffen ins Grab der Männer, Messer, Nadeln und andere Nähutensilien in das der Frauen, überzeugt, daß ihnen diese Dinge in der anderen Welt vom größten Nutzen sein werden. In der Kongoregion herrscht der Brauch, ein Loch auf dem Grab anzulegen, an der Stelle, wo der Mund

[1] Die Entstehung der Zivilisation. Deutsch von PASSOW. Jena 1875. [2] Anthropologie der Naturvölker, 6 Bde., 1866—1872.

oder Kopf des Verstorbenen liegt, und in dieses Loch, jeden Monat einmal, feste und flüssige Nahrungsmittel zu schütten.

Viele Völker geben sich nicht damit zufrieden, zu den Toten leblose Dinge zu legen. Im Gedanken, daß sich die menschliche Seele nach dem Tod in das Königreich der Toten begibt, opferten die Karaiben Sklaven auf dem Grab der Häuptlinge, zu deren Bedienung im neuen Leben. Zum nämlichen Zwecke gruben sie Hunde und Waffen ein. Die Neger der Guineaküste töteten während der Begräbnisfeierlichkeiten eines hochstehenden Mannes einige Frauen und Sklaven zu seiner Bedienung in der andern Welt. Zugleich grub man seine besten Kleider ein, vergoldete Fetische, Korallen und Perlen, damit sich der Tote mit all diesen kostbaren Dingen schmücken kann.

Tylor versichert, daß die animistischen Auffassungen „allen Wilden ohne Ausnahme" gemeinsam sind. Nach Herbert Spencer[1] muß angenommen werden, daß „man bei Betrachtung der menschlichen Völker — Stämme, Gesellschaften, Nationen — zahlreiche Beweise findet, daß beinahe alle, wenn nicht überhaupt alle, einen vagen oder deutlichen Glauben an die Auferstehung der Seele des Toten haben." Man hat mit Recht vermutet, daß die Grundlage dieses so verbreiteten Glaubens die Erscheinung der Toten, die man oft während des Schlafes im Traume zu erblicken sich vorstellt, bildet. Diese

[1] Howard Collins, An epitome of the synthetic Philosophy. London 1889.

Traumbilder werden für die Seelen gehalten, die unsterblich sind und die Lebenden besuchen.

Bei allen zivilisierten Völkern begegnet man Überbleibseln dieser Gewohnheiten, die aus den entlegensten Zeiten herrühren. So legen am Jahrestag ihres Todes die Spanier Brot und Wein auf das Grab ihrer Verwandten. Die Bulgaren feiern ihre Toten am Palmsonntag. Sie essen und trinken reichlich, dann schütten sie die Reste auf die Gräber ihrer Angehörigen aus, die sie während der Nacht verzehren.

SAINT-FOIX[1] erzählt, daß man beim Begräbnis von Bertrand Duguesclin 1389 zu Saint Denis mehrere Pferde opferte. Der Bischof von Auxerre segnete zunächst die Pferde, indem er die Hände auf ihren Kopf legte, dann wurden die Pferde getötet. Bei der Bestattung des Generals Friedrich Kasimir 1781[2] zu Trier wurde entsprechend den Bräuchen des deutschen Ordens sein Pferd hinter dem Sarg geführt; nachdem der Leichnam des Generals ins Grab hinunetergelassn war, wurde das Pferd getötet und in die Gruft geworfen.

Menschenopfer und Tieropfer finden heutzutage bei den zivilisierten Völkern nicht mehr statt; aber eine Menge anderer während der Begräbnisse ständig geübter Bräuche deuten auf animistischen Ursprung hin. So in Rußland die Gewohnheit, Reis neben den Toten zu legen und Fichtenzweige den Weg entlang zu streuen, den der Sarg nimmt. Die Kränze aus Immortellen oder

[1] Essais historiques sur Paris, in seinen Oeuvres complètes. Maestricht, 1778, Bd. IV, p. 150.

[2] Zitiert von TYLOR, Die Anfänge der Kultur. Kapitel XI.

anderen Blumen, die eine so große Rolle bei unsern Begräbnissen spielen, sind sehr alten Ursprungs. Sie wurden schon von den Römern verwendet und bilden sehr wahrscheinlich eine Anspielung auf ein zukünftiges Leben an einem Ort, wo Pflanzen und Blumen sprießen.

Der über die ganze Erde so verbreitete Glaube an das Weiterleben nach dem Tode hat sicherlich allen Religionen als Grundlage gedient. Wir können hier diese Frage nicht mit der ganzen Aufmerksamkeit, die sie verdient, untersuchen. Die Untersuchung würde die Grenzen unseres Buches weit überschreiten und weit ausgedehntere Kenntnisse erfordern, als wir sie besitzen. Es ist schon sehr wichtig, zu konstatieren, daß man bei den Völkern, die in den verschiedensten Regionen unseres Planeten wohnen und so verschiedenen Bedingungen des äußeren Milieu und der Kultur unterstehen, die Überzeugung antrifft, der Tod ist nicht das wirkliche Ende des Daseins, sondern er stellt nur einen Übergangszustand zwischen dem gegenwärtigen und dem zukünftigen Leben dar. Allein es ist unmöglich, angesichts der großen Bedeutung der Frage, sich mit dieser Tatsache zufrieden zu geben und bestimmte Einwände, die gegen die Konstanz des Glaubens an ein jenseitiges Leben erhoben wurden, abzulehnen.

Man hat darauf hingewiesen, daß der Gedanke des zukünftigen Lebens in der jüdischen Religion nicht vorhanden ist, so wie diese in der Bibel überliefert ist. Noch jüngst hat Häckel[1] die so verbreitete Meinung wiederholt, daß der Glaube an die Unsterblichkeit der

[1] Die Welträtsel. 7. Aufl. Bonn 1901, S. 226.

Seele „in der älteren und reineren jüdischen Religion" fehlt; „man findet," sagt er, „die Lehre von der individuellen Fortdauer nach dem Tod weder im Pentateuch, noch in den älteren Schriften des Alten Testaments, die vor dem babylonischen Exil geschrieben wurden." Das ist nur bis zu einem gewissen Punkt richtig. Es ist wahr, daß in den Büchern Moses vom zukünftigen Leben nicht die Rede ist, auch nicht vom Paradies und auch nicht von der Hölle im gewöhnlichen Sinn dieser Bezeichnungen, aber es ist nicht weniger wahr, daß die alten Juden mit so vielen anderen Völkern die Idee des Weiterlebens nach dem Tode teilten. „Wie fast alle primitiven Völker ohne Ausnahme," sagte RENAN,[1] „glaubten die Hebräer an eine Art Trennung der Person, an einen Schatten, eine blasse und körperlose Gestalt, die nach dem Tode unter die Erde stieg und dort in einer Art düsterer Säle ein trauriges und trübes Leben führte." „Die Toten lebten dort ohne Bewußtsein, ohne Erkenntnis, ohne Gedächtnis, in einer Welt ohne Licht, von Gott verlassen." „Die meisten ..... dachten daran, sich ein gutes Lager zu besorgen, ein bequemes Bett für die Zeit, die sie bei den Refaïm zubrachten. Besonders gern stellte man sich vor, man sei dort mit seinen Ahnen, man spreche und ruhe mit ihnen."

Der mit der Idee des Weiterlebens nach dem Tode so eng verbundene Ahnenkultus geht aus mehreren Stellen des Pentateuch hervor. So rief Jakob, der den Tod nahen sah, „Joseph seinen Sohn und sprach zu ihm: Hab ich Gnade vor dir gefunden, so lege deine Hand

[1] Histoire du peuple d'Israel, A. I, 1887, pp. 128, 129.

unter meine Hüfte, daß du die Liebe nud Treue an mir tust, und begrabest mich nicht in Ägypten, sondern ich will bei meinen Vätern und in ihrem Begräbnis begraben sein" (Genesis, XLVII, 29, 30). Nach CHANTEPIE DE LA SAUSSAYE[1] haben „der Animismus und besonders der Ahnenkultus beim Volke Israel wie bei fast allen anderen Völkern eine höhere Bedeutung, als man früher dachte, gehabt."

Sehr bemerkenswert ist, daß die Idee eines zukünftigen Lebens, die in der alten jüdischen Religion noch vag war, sich mit der Zeit immer klarer herausgestaltet hat. So zeichnet HESEKIEL (6. Jahrhundert vor Christus) aus seiner Erkenntnis Gottes heraus das Bild der zukünftigen Ereignisse: „Jahveh wird in die verstreuten Gebeine einen Odem bringen, daß sie sollen lebendig werden" (CHANTEPIE DE LA SAUSSAYE, I, 300); dieser Gedanke wurde auf eine noch klarere Weise im Buch DANIEL entwickelt (2. Jahrhundert vor Christus), wo die folgende Stelle steht: „Und viele, so unter der Erde schlafen liegen, werden aufwachen; etliche zum ewigen Leben, etliche zu ewiger Schmach und Schande" (DANIEL, XII, 2). „Das ist klar," fügt RENAN[2] hinzu, nachdem er diese Worte angeführt hat, „Israel ist zur äußersten Grenze seiner hundertjährigen Anstrengung gelangt, zum Königreich Gottes, das gleichbedeutend mit der Zukunft ist und der Auferstehung. Da Israel die Idee einer so getrennten, den Leib überlebenden Seele

[1] Lehrbuch der Religionsgeschichte. Freiburg und Leipzig. 2. Aufl. 1897, Bd. I, S. 253.

[2] Histoire du peuple d'Israel. IV, 1893, p. 327.

fremd war, konnte es zum Dogma der Fortdauer des Lebens nur gelangen, indem es den ganzen Menschen wieder auferstehen ließ."

Später wird im Talmud die Idee des zukünftigen Lebens mit vielen Einzelheiten entwickelt. Das Paradies wird als eine Stätte voll köstlicher Düfte dargestellt, während die Hölle ein schmutziger Ort ist, voll Mist und Kot. Nach dem Talmud gibt es „im jenseitigen Leben weder Speise noch Trank. Die Guten werden sitzen mit Kronen auf dem Haupte und werden Gott mit Entzücken schauen."[1]

In der kabbalistischen Philosophie haben die Juden die Lehre der „Gilgul"-Seelenwanderung angenommen und behauptet, daß sich die Seele Adams auf David übertragen hat und sich später auf den Messias übertragen wird. Bestimmte menschliche Seelen verwandeln sich in Tierseelen, in Baumblätter und sogar in Steine.[2]

Die Idee des Fortlebens nach dem Tode fehlt also in der jüdischen Religion durchaus nicht.

Man hat auch gesagt, daß die chinesischen Religionsbekenntnisse den Gedanken der Unsterblichkeit nicht enthielten. So versichert L. BÜCHNER[3] in seinem Buch Kraft und Stoff, das als eine Art materialistischen Kodex der zweiten Hälfte des neunzehnten Jahrhunderts betrachtet wird, daß „der Buddhismus, wahrscheinlich das verbreitetste Religionssystem der Erde, keine Unsterblichkeit der Seele kennt." Dieser Satz findet sich

[1] Talmud, Traktat Berakhote, 17. Blatt. [2] TYLOR, Die Anfänge der Kultur, Bd. II. [3] Kraft und Stoff. 13. Aufl. S. 238.

auch bei HÄCKEL,[1] in seinen Welträtseln, einem Buch, das die materialistischen Theorien vom Ende des abgelaufenen Jahrhunderts zusammenfaßt. „Der Glaube an die Unsterblichkeit der Seele fehlt vollständig den meisten höher entwickelten orientalischen Religionen; er fehlt dem Buddhismus, der noch heute über 30 Prozent der gesamten menschlichen Bevölkerung der Erde beherrscht; er fehlt ebenso der alten Volksreligion der Chinesen, wie der reformierten, später an deren Stelle getretenen Religion des CONFUCIUS."

Diese Frage verdient näher untersucht zu werden. Es ist festgestellt, daß die fundamentale Grundlage der alten Religion der Chinesen gerade der ausgedehntetste Ahnenkultus ist. Alle wichtigen Familienereignisse geschehen „in Gegenwart der Ahnen". Das Band zwischen den Verwandten überdauert den Tod. Wie in den andern Beispielen von Animismus und Totenkultus bietet man den Toten Speisen an und umgibt sie mit Dingen, die ihnen nützlich sein können. Nach RÉVILLE[2] nahm das chinesische Volk „als Masse das Prinzip der persönlichen Fortdauer nach dem Tod voll und ganz an, und noch einmal, es wäre absolut unverständlich, daß man je die Idee hatte, Wesen, die als vernichtet oder in das unbewußte All zurückgekehrt betrachtet wurden, wirkliche Speisen anzubieten." Indem der Chinese den Toten Speisen, Kleider, kostbare Seltenheiten opfert, neigt er dazu, sich das jenseitige

[1] Die Welträtsel, 1901, S. 226.

[2] Histoire des religions, III. La religion chinoise, Paris 1889; siehe auch Chantepie de la Saussaye, a. a. O. Bd. I, p. 58.

Leben „als sehr wenig verschieden von dem vorzustellen, das er hienieden führt. Die Toten fahren fort, sich für dieselben Dinge, für dieselben Leute zu interessieren und dieselbe Nahrung zu schätzen."

Mit der Entwicklung der Idee der Fortdauer haben sich auch die Bräuche geändert. Anstatt den Toten materielle Dinge zu opfern, wie es noch bei einer großen Anzahl Völker geschieht, bieten die Chinesen ihnen Sinnbilder dar. „Häuser aus Papier, Stoffe, Mundvorräte, Puppen, die Sklaven darstellen, aber all das aus Papier oder Stroh, werden verbrannt, damit sie in geistiger Form zu dem Geiste gelangen, den man also ehren will." (A. RÉVILLE a. a. O. p. 191.)

Eines der Hauptmotive dieses Ahnenkultus ist die Furcht „daß die Toten, unzufrieden damit, vernachlässigt zu werden, die Lebenden ihre Entrüstung fühlen lassen, indem sie ihnen Krankheiten oder verheerende Plagen auferlegen" (ebenda p. 195).

Der Totenkultus war so tief bei den Chinesen eingewurzelt, daß CONFUCIUS selbst ihm trotz seiner intellektuellen Bildung und seiner Skepsis einen hohen Tribut zollen mußte. „Der weise CONFUCIUS," sagt A. RÉVILLE, „machte sich zur Pflicht, seinen Ahnen die Speisen zu opfern, die ihm die Fürsten sandten, die ihm eine Ehre erweisen wollten" (p. 185).

CONFUCIUS und seine Anhänger äußerten sich in betreff des zukünftigen Lebens mit viel Zurückhaltung und Zweideutigkeit, was sie aber nicht hinderte, „Bräuche und Sitten, die einen vollen und ganzen Glauben an die Fortdauer der menschlichen Person voraussetzten, ängstlich zu beobachten." Obwohl LAOTSE selbst weder ein Paradies, noch eine Hölle annahm, und eher sehr rationalistische Ideen vortrug, glaubten seine Anhänger nichtsdestoweniger an die Unsterblichkeit und nahmen schließlich sogar die Lehre von der Belohnung nach dem Tode an.

Die Anhänger LAOTSES, die Taosse, beschäftigten sich in einer ganz besonderen Weise mit der Frage der Unsterblichkeit. Es handelte sich zunächst darum, einen Unsterblichkeitstrank zu finden, der das irdische Leben ins Unendliche zu verlängern vermochte. „Eine der großen Anmaßungen des Taoismus," sagt RÉVILLE, „besteht darin, das Geheimnis zu besitzen, nicht zu sterben. Freilich hat man viel Mühe damit, es zu erlangen, noch mehr vielleicht, es anzuwenden. Indem man sich aber nach bestimmten Vorschriften richtet, erhält man wenigstens ein Patent der Langlebigkeit. Nur die vollkommenen Taosse, die den Grad der gewollten Überlegenheit erreichten, kommen in die höhere Welt, ohne Krankheit und Tod erleiden zu müssen" (a. a. O. p. 450). Auch sieht man Meister des Taoismus lebend zum Himmel fahren, wie TSCHANG-TAO-LING, der „auf einen hohen Berg stieg und im Himmel verschwand" (ebenda p. 444).

Die heutigen Taosse haben die Ideen der Unsterblichkeit vollauf angenommen. Sie „lehren eines der wohleingerichtetsten Fegefeuer. Es genügte ihm (LAOTSE) dafür, die ihm bereits vertraute Idee der Wanderung desselben Geistes durch mehrere aufeinander folgende Körper zu verlängern und zu erweitern, indem er sie auf alle Menschen anwandte. Am Ende dieser entsühnenden Verwandlungen erreicht man — ist man nicht bereits durch die Heiligkeit dieses Lebens dahin gelangt — die Unsterblichkeit der Geister und der Seligen" (ebenda p. 469).

Lange dachte man, die Taosse kännten, nach dem Vorgang des Stifters ihrer Religion, die Hölle nicht. Aber man mußte diese Ansicht aufgeben, und das um so mehr, als der „taoistische Klerus sich ausgedacht hat, in den der Schutzgottheit jeder Stadt geweihten Tempeln die Qualen darzustellen, die den Sündern von den zehn Gerichtshöfen auferlegt werden, deren Sitz auf dem Grund eines in den Tiefen der Erde selbst verborgenen Ozeans ist" (ebenda p. 470).

Es gibt also eine große Menge Chinesen, Konfutseaner und Taosse, die an ein jenseitiges Leben glauben. Aber besonders den Buddhisten schreibt man zu, sie verneinten die Unsterblichkeit.

BUDDHA nahm das brahmanische Prinzip der Seelenwanderung an. Das geht aus mehreren Urkunden hervor, die der Kritik gut widerstanden haben. Der orthodoxe Buddhismus drückt sich über die Unsterblichkeit der Seele nicht klar aus. BUDDHA selbst vermeidet es, diese Frage anzuschneiden. Mußten unter solchen Umständen „Gemüter, die vor dem Nichts zurückbebten, die von der Hoffnung ewigen Heils nicht lassen konnten, nicht aus dem Schweigen BUDDHAS vor allem dies heraushören, daß ihnen zu glauben, zu hoffen nicht verboten war?"[1]

[1] OLDENBERG, Buddha. S. 320.

Die buddhistischen Lehrer versuchten sich folgendermaßen herauszuwinden, wenn man ihnen die lästige Frage vorlegte. Der König Pasenadi begegnete eines Tages der Nonne Khemâ, einer Jüngerin BUDDHAS, die wegen ihrer Weisheit berühmt war. Der König stellte die Frage an sie: „Ist der Vollendete (BUDDHA) jenseits des Todes? — Der Erhabene, o großer König, hat nicht offenbart, daß der Vollendete jenseits des Todes ist. — Also ist der Vollendete jenseits des Todes nicht, o Ehrwürdige? — Das auch, großer König, hat der Erhabene nicht offenbart, daß der Vollendete jenseits des Todes nicht ist. — Also, o Ehrwürdige, ist der Vollendete jenseits des Todes und ist zugleich nicht? So ist, Ehrwürdige, der Vollendete weder jenseits des Todes noch ist er nicht?" (OLDENBERG a. a. O. S. 321).

So lobte Sumirmita, „der Sohn eines Gottes, dem eine Menge Götter vorangehen und ihn umgeben," BUDDHA (Tathâgata) folgendermaßen: „Du bist der Arzt, der geschickt heilt, der das Glück der Unsterblichkeit verleiht."[1]

Man begreift leicht, daß die Buddhisten beim Fehlen genau bestimmter Vorschriften ihrer Neigung, ein Prinzip des jenseitigen Lebens anzunehmen, bald folgten.

Auch „verkündet der Buddhismus nicht, wie man es heute leicht sagt, die Vernichtung der menschlichen Seele beim Tode. Weit entfernt davon! Er ist von der normalen Fortdauer dieser Seele so überzeugt, daß er nur einigen wenigen Auserwählten das Privileg zugesteht,

[1] Lalita Vistara, p. 303.

endlich dem Triebwerk des dauernden Lebens zu entweichen." (A. Réville a. a. O. p. 475.)

Getreu den Grundlagen ihrer alten Religion fuhren die chinesischen Buddhisten fort, zu ihren Ahnen zu beten und den besten Weg zu suchen, um zur Unsterblichkeit zu gelangen. Auch zögerten sie nicht, das Nirwana ins Paradies umzubilden und im chinesischen Volk die Idee der Belohnung nach dem Tode zu verbreiten. „Die buddhistischen Klöster in China enthalten gewöhnlich eine Reihe kleiner Zellen, in denen mit groben Farben Szenen dargestellt sind, welche die achtzehn Höllen der Klagen und Schmerzensschreie anfüllen. Denn unter dieser Erde gibt es acht Höllen, in denen die Wärme unerträglich ist, und zehn andere, in denen die Kälte nicht weniger schrecklich ist." (A. Réville a. a. O. p. 556.)

Das Paradies der chinesischen Buddhisten, oder Nipang (reines Land), ist ein Ort, an dem man „Gold, Silber, kostbare Steine in Menge findet. Dort fließen kristallhelle Wasser über goldenen Sand, den prächtige Lotosblumen bedecken, und laufen längs entzückender Wege. Dort hört man stets eine köstliche Musik. Dreimal am Tage fällt ein Blumenregen. Dort sieht man prächtige Vögel, Fasanen, Ara und andere, die alle vier Stunden die Schönheiten der Religion im Chor besingen und ihre Zuhörer an Buddha, Dharma und Sangha erinnern .... Das sind einige von den Wundern, die jene erwarten, die dort nach ihrem Tod wiedererstehen. Keine Sünde, nichts Böses tritt dort hinein" ... (ebenda p. 525.)

Es ist unnütz, noch mehr Einzelheiten anzuführen, um die Verfehltheit der Meinung zu beweisen, daß ein Drittel der Menschheit materialistische Ansichten bekennt, in denen für die Idee der Fortdauer nach dem Tode kein Raum ist. Es ist im Gegenteil vollständig klar, daß die große Mehrheit der Menschen überzeugt ist, der Tod sei nicht das eigentliche Ende des Daseins und dieses Leben stelle nur ein vorübergehendes Stadium dar, dem das zukünftige Leben folge. Während jedoch viele Naturvölker dieses als einfache Verlängerung des irdischen Lebens betrachten, stellen sich die Völker mit verfeinerteren Ideen das zukünftige Leben erfüllt mit Wonnen für die Guten und mit Martern für die Bösen vor.

Die über die ganze Erde verbreitete Idee eines zukünftigen Lebens bildet wahrscheinlich die Grundlage der Religionen. Von ihr nahm die Idee der höchsten Wesen, der Gottheiten, ihren Ausgang. Viele Tatsachen deuten nachdrücklich darauf hin, daß die primitiven Götter nichts anderes sind, als die toten Eltern und Ahnen, die in der anderen Welt leben und von hier aus die irdischen Dinge lenken. Die bösen Ahnen verwandeln sich in übel gesinnte Geister, während die guten Ahnen die Funktionen freundlicher und sanfter Götter ausüben.

Eine sehr große Anzahl von Völkern richtet Gebete zu ihren Ahnen und behandelt sie mehr oder weniger wie Götter. Die Kaffern bringen ihren abgeschiedenen Verwandten Opfer und Gebete dar, im Glauben, daß die Geister der Toten ihre alte Wohnstätte besuchen und je nach ihren Eigenschaften die Lebenden unterstützen oder quälen. Wegen ihres Vermögens, nach dem Tode Gutes und Böses zu tun, können diese Verwandten noch nicht als wirkliche Gottheiten angesehen werden. Man muß jedoch nicht aus den Augen verlieren, sagt LUBBOCK,[1] „daß der Gott eines Wilden einfach ein Wesen ist, das eine von dessen eigener wenig verschiedene Natur hat, das vielleicht etwas mächtiger ist, als er", und wir werden sehen, daß es zwischen den toten Verwandten, deren Übeltaten man fürchtet, oder die man bittet, Gutes zu erweisen, und den Gottheiten aller Art eine ganze Skala von Zwischenzuständen gibt.

Die Indianer Nordamerikas „bitten die Geister ihrer Ahnen um gutes Wetter und Glück auf der Jagd, und denken, fällt ein Indianer ins Feuer, das sei nur geschehen, weil die Geister der Ahnen ihn für die Vernachlässigung in dem Darbringen der Opfergaben bestrafen wollten. Die Natchez von Louisiana gingen noch weiter und bauten Tempel zum Gedächtnis der Toten" (TYLOR a. a. O. II). In Polynesien, „auf der Insel Tanna, sind die Geister der abgeschiedenen Vorfahren die Götter; die alten Häuptlinge werden nach ihrem Tode Gottheiten, welche über das Wachstum der Früchte wachen. Die Eingeborenen richten Gebete an sie und opfern ihnen die ersten Früchte" (ebenda). Die Ureinwohner der Inseln des malayischen Archipels „bitten die Geister der Ahnen um Glück und um Hilfe im Unglück". In Afrika ist der Totenkultus sehr entwickelt. Die Zulus machen

[1] Die Entstehung der Zivilisation. Deutsch von PASSOW. Leipzig 1875.

ihre Eroberungen mit Hilfe der „Amatongos“ oder Geister der Ahnen. „Auch die kleinen Kinder und die alten Weiber, die im Leben keine Rolle spielen, werden nach ihrem Tode mit großer Macht ausgestattete Geister. Die Kinder werden gute Geister, die alten Weiber solche, die nur Böses tun. Aber der Hauptgegenstand des Familienkultus ist besonders das verstorbene Haupt“ (ebenda). Der Zulu betet seinen Vater an, der das Haupt ist, an das er den Anfang und das Ende seines Gebets richtet. Er ist überzeugt davon, daß der Vater, der sich der Liebe zu seinen Kindern erinnert, ihn nach dem Tode nicht verlassen wird. Diese Idee der vergöttlichten Ahnen wird von den Zulus „bis zum ersten Ahnen der Menschen und Schöpfer des Weltalls ausgedehnt bis zum ururalten Unkulunkulu“ (ebenda).

Man hätte zu viele Beispiele anzuführen, so zahlreich sind sie. Die Grundlage bleibt die nämliche, aber die Nebendinge und die Einzelheiten sind sehr verschieden, bei den kaum idealisierten Vorfahren der Negerstämme anfangend und fortschreitend bis zum „Allmächtigen Vater, der Himmel und Erde gemacht hat“. (Symbol von Nikäa.)

Die Idee eines zukünftigen Lebens in Form der Unsterblichkeit oder in irgend einer anderen, in Verbindung mit der Idee vieler Götter oder eines einzigen Gottes, wurde in der Absicht ausgebildet, dem Lebensbedürfnis zu entsprechen und der Todesfurcht entgegenzuwirken, d. h. zur Bekämpfung des größten Widerspruchs in der menschlichen Natur. Man muß sich also fragen, bis zu welchem

Punkt den verschiedenen Religionen dieser Versuch geglückt ist.

Viele Naturvölker besitzen einen absoluten Glauben an die Vorschriften ihrer Religion und betrachten das Versprechen eines jenseitigen Lebens als eine unumstößliche Gewißheit. So sind die Ureinwohner der Fidschi-Inseln überzeugt, „daß sie in einer andern Welt, genau in dem Zustand, in dem sie die Erde verlassen haben, wiedergeboren werden; auch wünschen sie zu sterben, bevor sie irgend ein Gebrechen befällt." Und da es sehr schwierig für sie ist, ein vorgerücktes Alter ohne Krankheit oder Schwäche zu erreichen, „so gibt, sobald einer sein Alter herannahen fühlt, er seinen Kindern bekannt, es sei Zeit für ihn, zu sterben." Läßt er es außer acht, dies zu tun, nehmen es die Kinder auf sich, ihm zuvorzukommen. Die Familie hält Rat, man bestimmt einen Tag und gräbt das Grab. Die alte Person hat die Wahl, ob sie erdrosselt oder lebend begraben zu werden wünscht. Das folgende Beispiel beweist, bis wohin der Glaube an das zukünftige Leben gehen kann. Ein englischer Reisender, HUNT, erhielt den Besuch eines jungen Fidschiinsulaners, der ihn zu dem Leichenbegängnis seiner Mutter einlud, das demnächst stattfinden sollte. HUNT nahm die Einladung an und schloß sich dem Zug an, aber erstaunt, keine Leiche zu sehen, erkundigte er sich bei dem jungen Mann. Dieser zeigte ihm seine Mutter, die in ihrer Mitte herankam, ebenso lustig, ebenso ruhig wie die Anwesenden. HUNT drückte dem jungen Mann sein Erstaunen aus und fragte ihn, wie er ihn habe täuschen können, indem er ihm sagte, seine Mutter sei tot, da sie doch lebe und wohlbehalten sei. Er antwortete ihm, daß sie soeben den Leichenschmaus gefeiert hätten und jetzt zum Begräbnis gingen; sie sei alt und sein Bruder und er hätten gedacht, sie habe lange genug gelebt, es sei Zeit, sie sterben zu lassen, und dem habe sie mit Freuden zugestimmt.[1]

Der angeführte Fall steht nicht vereinzelt da, denn man hat Dörfer angetroffen, die mehrere Hundert Einwohner ohne einen einzigen Menschen zählten, der älter war als 40 Jahre, da alle Greise begraben worden waren. Man begreift leicht, daß unter dem Antrieb eines so glühenden Glaubens die Menschen in solchen Verhältnissen vor dem Sterben keine Furcht mehr haben können. Der Indianer Nordamerikas fürchtet nach SCHOOLKRAFT[2] den Tod sehr wenig. „Er hat keine Furcht, sich an einen Ort zu begeben, der, wie er es sein ganzes Leben hindurch hat sagen hören, von ständigen Freuden ohne jeden Schmerz reichlich erfüllt ist."

Ich kenne das Beispiel eines kleinen Mädchens orthodoxer Religion, das von den Schönheiten des Paradieses so überzeugt war, daß es in einer schweren Krankheit den Tod mit großer Ungeduld erwartete. Bevor sie starb, versicherte sie, daß sie bereits die schönen Blumen sähe und den herrlichen Gesang der Vögel höre, die das Paradies bevölkern.

Aber der bis zu diesem Grad getriebene Glaube ist eine Ausnahme. Sehr häufig gelingt es ihm nicht, die Todesfurcht abzuwehren, und es genügt mir, zur Be-

[1] LUBBOCK, a. a. O. [2] Angeführt von LUBBOCK.

stätigung dieses Satzes an den Fall jenes „Dieners des Herrn" zu erinnern, von dem im vorhergehenden Kapitel die Rede war. Von einer unheilbaren Krankheit ergriffen, litt er trotz seiner Frömmigkeit auf eine außerordentlich heftige Weise und konnte sich in den Gedanken des unausweichlichen Todes nicht finden. Die Furcht vor dem Tode bekundete sich bei dieser Person mit einer solchen Kraft, daß wir glaubten, dieses Beispiel wählen zu müssen, um dies Gefühl zu charakterisieren.

Nur bei den Fanatikern oder bei den einfachen und primitiven Naturen hat der blinde Glaube den Instinkt der Todesfurcht bekämpfen können. Aus diesem Grunde suchten die Religionen seit den ältesten Zeiten zur Milderung der hauptsächlichen Disharmonie der menschlichen Natur etwas anderes, als den Ausblick auf ein paradiesisches Leben. In dieser Hinsicht ist die Lehre BUDDHAS für unsern Standpunkt die interessanteste. Es handelt sich nicht um jenen modifizierten und umgebildeten Buddhismus, von dem weiter oben die Rede war, und der zur Idee eines jenseitigen Lebens, einer schrecklichen Hölle und eines Paradieses voller Entzückungen zurückgekehrt ist.

BUDDHA gab sich über das große Übel des menschlichen Daseins keiner Täuschung hin. Im Urzustand war seine Lehre besonders pessimistisch. Er sagte darüber: „Elend ist sicherlich diese Welt, die geschaffen ist, die geboren wird, altert, stirbt, verschwindet und wieder entsteht. Aber man kennt das Mittel nicht, diese Welt zu verlassen, die nur ein großer Haufe von Schmerzen ist. Alter, Krankheit, Tod und der Rest, ach! was dieser Welt, die nur ein großer Haufe von Schmerzen ist, ein Ende setzen kann, man weiß es nicht! Allem, was vom Alter, von der Krankheit, vom Tod kommt und der Rest“[1]

Die Begegnungen, von denen wir im vorhergehenden Kapitel sprachen, geben BUDDHA folgende Gedanken ein: „O Unglück über die vom Alter ausgezehrte Jugend! O Unglück über die Gesundheit, die alle Arten von Krankheiten zerstören! O Unglück über das Leben des Menschen, das nicht lange dauert! O Unglück über die Verlockungen der Lust, die das Herz des Weisen verführen! Wenn es doch weder Alter, noch Krankheit, noch Tod gäbe, mit jenem großen Schmerz, der als Pfeiler dief ünf Elemente des Daseins hat (Skandhas)! Nicht mehr Alter, Krankheit und Tod, die immer miteinander verbunden sind! Wohl; wenn ich zurückgekehrt bin, will ich an die Befreiung denken!“ (Ebenda p. 170.)

Nach langem Nachdenken über diese Fragen glaubte BUDDHA die Lösung des Problems gefunden zu haben, indem er die vollständige Resignation predigte. Als Jüngling hatte er von seinem Vater verlangt: „Ich wünsche, Herr, daß das Alter niemals Macht über mich gewinne, und daß ich immer im Besitz der schönen Farben der Jugend bleibe; daß ich immer voll Gesundheit bin und Krankheit mich nicht angreift; daß mein Leben unbegrenzt ist und daß es keinen Tod gibt.“[2] Später mußte er alle diese Forderungen aufgeben.

In seiner berühmten Predigt zu Benares faßt BUDDHA

[1] Lalita Vistara, p. 289. [2] Ebenda p. 176.

die Hauptsätze seiner Lehre folgendermaßen zusammen: „Dies, ihr Mönche, ist die heilige Wahrheit von der Entstehung des Leidens; es ist der Durst, der von Wiedergeburt zu Wiedergeburt führt, samt Freude und Begier, der hier und dort seine Freunde findet: der Lüstedurst, der Werdedurst, der Vergänglichkeitsdurst." „Dies, ihr Mönche, ist die heilige Wahrheit von der Aufhebung des Leidens; die Aufhebung dieses Durstes durch gänzliche Vernichtung des Begehrens, ihn fahren lassen, sich seiner entäußern, sich von ihm lösen, ihm keine Stätte zu gewähren." [1]

In diesem Geist der Entsagung wurde BUDDHA Mönch und lebte streng nach den Regeln des reinen Lebens, die er für sich aufgestellt hatte (reiner Glaube, reiner Wille, reine Rede, reine Tat, reine Daseinsmittel, reiner Fleiß, reine Aufmerksamkeit, reines Nachdenken). Es haben sich nur nicht viel andere Charaktere vom gleichen Zuschnitt gefunden, um diesen Vorschriften treu zu bleiben. Der Buddhismus entfernte sich also bald von seinen ursprünglichen Prinzipien, um eine alltägliche religiöse Lehre zu werden.

Mit der Idee des Buddhismus verknüpft man unvermeidlich die Idee des Nirwana, im Glauben, dieses bezeichne das wirkliche Ziel, dem sich das menschliche Leben nähern muß. Viele Philosophen, besonders die Pessimisten, SCHOPENHAUER an der Spitze, adoptierten das Nirwana als das höchste Daseinsziel, nach ihrer Auffassung des Weltalls. Allein man hat die Idee des Nirwana auf eine sehr verschiedene Weise ausgelegt, was

[1] OLDENBERG, Buddha, S. 146.

um so weniger erstaunlich ist, als die besten Sanskritforscher über die Bedeutung dieses Wortes noch nicht übereinstimmen.

Wir sind nicht so anmaßend, uns in diese Diskussionen zu mengen, da wir kein Sanskrit verstehen, die unerläßliche Grundlage bei einer solchen Kontroverse. Anderseits haben wir aber auch nicht mehr das Recht, an dieser wichtigen Frage stillschweigend vorüber zu gehen, unter dem Vorwande, daß sie von den Fachleuten noch nicht endgültig gelöst sei, um so mehr, als nach vielen Denkern das Nirwana als der wahre Zweck des menschlichen Daseins betrachtet werden muß.

Lange Zeit hindurch stellte man sich das Nirwana als eine Art Nichts vor, in dem für irgend eine psychische Kundgebung kein Raum wäre. Der berühmte Oxforder Sanskritolog, MAX MÜLLER,[1] stellte sich dieser Betrachtungsweise entgegen, denn ihm zufolge findet sich in allen Stellen der buddhistischen Quellen, „in denen das Nirwana erwähnt wird, keine, die die Vernichtung bezeichnet. Die meisten dieser Stellen, wenn nicht alle, seien sogar absolut unbegreiflich, wenn wir dem Wort Nirwana das Wort Vernichtung substituieren."

Diese Ansicht wird von vielen anderen Fachmännern geteilt, die nicht zugeben können, daß der Ausgang eines frommen Lebens in der vollständigen Vernichtung besteht. So denkt RHYS DAVIDS,[2] daß das Nirwana ein sündenloser ruhiger Gemütszustand ist, der am besten mit „Heiligkeit" zu übersetzen wäre. Für ihn kann das

[1] Buddhaghosas Parables, p. XLI.

[2] Der Buddhismus. Aus dem Englischen. S. 119.

Nirwana keineswegs als Verneinung des Daseins oder als Vernichtung erklärt werden, sondern eher als das Fehlen großer Leidenschaften, wie Neid und Haß. PFUNGST [1] stellt sich auf die Seite MAX MÜLLERS; er ist auch überzeugt, daß „die ersten Anhänger BUDDHAS das Nirwana niemals als eine Vernichtung auffassen konnten." Im Gegensatz zur Ansicht dieser Gelehrten versucht DAHLMANN [2] zu beweisen, daß das Nirwana in seinem ursprünglichen Sinn ebenso der Verneinung des Willens zum Leben, d. h. der vollständigen Vernichtung entsprechen könnte.

Man muß wohl sagen, daß das Nirwana im Buddhismus nicht die bedeutende Rolle spielt, die ihm gewisse Kommentatoren zuschreiben wollen. Es ist bezeichnend, daß in mehreren Quellen des Buddhismus nur auf eine beiläufige Weise vom Nirwana die Rede ist. So wird im Lalita Vistara das Wort nur in einer sehr geringen Anzahl von Fällen aufgeführt, ohne indessen von großer Wichtigkeit zu sein. Im nämlichen Dokument jedoch finden wir ein paar Tatsachen, die das Nirwana-Problem aufklären können.

Als der junge BUDDHA, noch erfüllt von Ansprüchen, von seinem Vater verlangte, er soll ihm die ewige Jugend, die Gesundheit, das unbegrenzte Leben und das Fehlen des Todes verschaffen, fügte er folgende Worte hinzu: „Wenn Ihr mir diese vier Geschenke nicht gebt, Herr, dann hört, welches andere Geschenk ich verlange: daß es beim Austritt aus diesem Leben für

[1] Das freie Wort. 5. Januar 1902. Nr. 19, S. 603—607.
[2] Nirvâna, Berlin 1896.

mich keine Seelenwanderung mehr gebe!" (Lalita Vistara, p. 176.)

Wie wir bereits erwähnten, nahm der Buddhismus die brahmanische Lehre der Seelenwanderung an. Nach der Legende durchlief BUDDHA, bevor er als Prinz geboren wurde, Hunderte von verschiedenen Zuständen. Seine Seele ging nicht allein durch 58 Könige, sie hielt sich auch in 18 Affen auf, in 4 Pferden, 4 Schlangen, 3 Eidechsen, 2 Fischen und so fort.[1] Diese fortwährenden Übergänge der Seele durch soviele verschiedene Körper mußten die Gläubigen stark quälen und beschäftigen. Es ist also ganz natürlich, daß bei einem großen Denker wie BUDDHA der Wunsch entstand, sich selbst und andern Gläubigen so viele Wanderungen zu ersparen. Er betrachtete diese ununterbrochenen Wiedergeburten als ein großes Übel, von dem man sich befreien könne, indem man dem reinen Pfade folgte (RHYS DAVIDS a. a. O. S. 132).

Die Bildersprache der buddhistischen Hindu vergleicht die Seelenwanderung mit dem Ozean; die jeden Augenblick wechselnden Wogen sollen in dieser Metapher die fortwährenden Neugeburten darstellen; der Schaum der Wogenkämme entspricht unserm vergänglichen Leib, während das andere Ufer das Nirwana darstellt. „Wer das Nirwana erreicht hat, gelangt nicht wieder in den großen Ozean der Sansara zurück" (ebenda S. 145). In einer von RHYS DAVIDS (a. a. O. S. 128, Anm. 4) zitierten und Kâma Sutta entnommenen Stelle wird ausdrücklich erwähnt,

[1] SPENCE HARDY, A Manual of Buddhism, London 1853, p. 100.

daß „das Meer die Sansara oder die Wanderung darstellt, während das Nirwana eine Insel ist. Hat man einmal deren Ufer erreicht, so ist man sicher, nicht mehr in die Wogen des Ozeans der Seelenwanderung zu künftigen Geburten geschleudert zu werden.“ In andren Worten, um nach dem Tode nicht durch die fortwährenden Wiedergeburten, die oft sehr lästig sind, gequält zu werden, muß man ein reines Leben führen, um sich der Ruhe oder des Nirwana zu versichern. Dies ist also keineswegs die absolute Verneinung jeder psychischen Eigentümlichkeit, sondern einfach die Verneinung der Seelenwanderungen. Von diesem Gesichtspunkt aus lassen sich fast alle Stellen, wenn nicht überhaupt alle, in denen vom Nirwana die Rede ist, ausnahmslos leicht interpretieren.

Alt geworden, an schwerer Krankheit darniederliegend, die von heftigen Schmerzen begleitet war, fühlte sich BUDDHA dem Tode nahe; er dachte an seine Schüler und sagte: „Es ziemt mir nicht, in das Nirwana einzugehen, ohne daß ich zu denen geredet habe, die für mich sorgten, und zu der Gemeinde der Jünger gesprochen habe. Ich will diese Krankheit durch meine Macht bezwingen, und das Leben in mir festhalten.“ Einige Zeit darauf begab sich der ehrwürdige Ananda zu BUDDHA und sagte unter anderem zu ihm folgendes: „Der Erhabene wird nicht in das Nirwana eingehen, bis nicht der Erhabene seinen Willen über die Gemeinde der Jünger bekannt gegeben hat.“ Nachdem er immer schwächer geworden war, erhob sich der Geist BUDDHAS von einer Kontemplation zur andern, auf und ab, durch alle Stufen von Entzückung: dan ging er in das Nirwana ein. Da erbebten die Erde und der Donner rollte.[1]

Es ist klar, daß es sich hier um das Nirwana als einen mit dem Tode in Beziehung stehenden Zustand handelt. Allein es handelt sich um den Tod eines Heiligen, der ein reines Leben führte. Die Metempsychose wird ihm erspart und seine Seele genießt der Ruhe. Wahrscheinlich wurde später das nämliche Wort Nirwana auf den seelischen Zustand desjenigen angewendet, der noch bei Lebzeiten dank seinem reinem Leben sicher war, nach dem Tode der Seelenwanderung zu entgehen.

Da das Nirwana besonders den Gegensatz von der Metempsychose bedeutet, begreift man leicht, warum nicht genau bestimmt ist, welchem Seelenzustand es entsprechen muß. Allein nach der Gesamtheit der Tatsachen über die buddhistische Religion ist es kaum wahrscheinlich, daß es sich hier um eine vollständige Vernichtung handeln kann. In dieser Hinsicht muß die von Max Müller geäußerte Ansicht als die genaueste angesehen werden.

Der Verzicht auf alle Freuden des Daseins und die vollständige Resignation sind also die Mittel, mit denen Buddha den Übeln des menschlichen Lebens zu steuern gedachte. Die Tatsache, daß der ursprüngliche Buddhismus sich nicht erhalten hat, sondern sich rasch in eine der hergebrachten, vielen andern gleichenden Religionen verwandelte, beweist, daß Buddha sein Ziel nicht erreicht hat. Das Versprechen des ewigen Lebens war's, das so viele Menschen verführte und dazu diente, den Buddhismus

[1] Oldenberg a. a. O. S. 225.

über ein so großes Gebiet zu verbreiten. Allein dieser Glaube hat sich nur in Gesellschaftschichten behaupten können, bei welchen die rationalistische Auffassung psychischer Funktionen nicht eingedrungen ist. Seit dem Erwachen des wissenschaftlichen Geistes in Europa erkannte man, daß die Vorstellung eines zukünftigen Lebens auf keine ernste Tatsache begründet war. Das Studium der psychischen Erscheinungen beweist im Gegenteil deren enge Verbindung mit dem Körper, besonders mit den Elementen des Zentralnervensystems. Es genügt eine einfache Verlangsamung der Zirkulation, eine vorübergehende Anämie des Gehirns, um das Bewußtsein, d. h. die wesentliche Empfindung des persönlichen psychischen Lebens, aufzuheben. Die Anästhetika, in Dosen angewendet, die eine ganze Reihe von Funktionen der Nervenzentren nicht unterdrücken können, wie die Tätigkeit des Herzens und der Atemmuskeln, vernichten das Bewußtsein vollständig. Die Personen, die zwecks einer Operation der Wirkung von Chloroform ausgesetzt werden, verfallen in einen Zustand völliger Bewußtlosigkeit. Zuweilen glauben sich die Kranken, nach vorangegangenen peinvollen Empfindungen, besonders Angstgefühlen, in fortwährender Bewegung, und einige Augenblicke später haben sie den Eindruck, als ob sie in einen ungeheuern Abgrund fielen, worauf sie ins Nichts übergehen, ohne Empfindung, ohne Bewußtsein. In anderen Fällen verlieren die chloroformierten Personen, ohne eine Sturzempfindung zu haben, jede Kenntnis der Wirklichkeit und jede psychische und sensorische Funktion erlischt. Dieser Zustand steht sicherlich dem des Todes sehr nahe, der in

Ausnahmefällen im Laufe der Chloroform-Anästhesie eintritt.

Weder in der Chloroformnarkose, noch in einer durch irgend ein anderes Anästhetikum erzeugten, läßt etwas vermuten, daß, unabhängig vom Körper, die geringste Bewußtseinsempfindung besteht. Unter dem Einfluß des Morphiums hat man einen Zustand außerordentlichen Wohlseins, in dem man sich vom Gewicht seines Körpers entlastet fühlt. Aber auch hier gibt sich kein Symptom kund, das der Idee eines von der Funktionierung der Organe unabhängigen Lebens als Stütze dienen könnte.

Die Tatsache, daß das Bewußtsein der Persönlichkeit, das einzige, das uns bei der Erhaltung unserer Individualität interessiert, sich beim Kind langsam und allmählich entwickelt, bestätigt die von der Anästhesie und Narkose gelieferten Tatsachen. Ebenso wie unser Bewußtsein während der ersten Monate und der ersten Jahre des Daseins aus dem Nichts entspringt, muß es am Ende des Lebens in das Nichts zurückkehren.

Die Geisteskrankheiten bestätigen diese Schlüsse, während zugunsten der Fortdauer der Seele nach dem Tode nichts spricht.

Im Innersten unseres Organismus gibt es viele feine Sensibilitäten, die unser persönliches Bewußtsein einige Zeit hindurch überdauern können. Nach dem Stillstand der Herzschläge, wenn das blutlose Gehirn sicherlich keine Persönlichkeitsempfindung erzeugen kann, sind bestimmte Elemente unseres Körpers immer noch vitaler Äußerungen fähig. Die Muskelfasern können sich unter dem Einfluß von Reizmitteln zusammenziehen und die weißen Blutkörperchen können sich in einem bestimmten Sinn bewegen. Es ist sogar unbestreitbar, daß diese Körperchen (Leukocyten) gewisse Eindrücke aufnehmen und durch eine Art Geschmackssinn die Zusammensetzung des Milieu erkennen, in dem sie sich befinden. Allein unser Bewußtsein ist vollkommen unfähig, die Empfindungen dieser Körperchen aufzufassen, obwohl sie einen Teil unsres Organismus bilden. Bei gewissen Krankheiten kommt es vor, daß die Leukocyten, durch besondere Substanzen gereizt, auf große Entfernungen Wanderungen in unsrem Körper veranstalten, ohne daß unser Bewußtsein davon auch nur im geringsten affiziert wird. Durch ihre Sensibilität geleitet, machen jene Elemente beständig Jagd auf unzählbare Mikroben, die in unseren Organismus eindringen, und dennoch offenbart sich diese Leukocyten-Sensibilität uns durch keinen Bewußtseinsakt. Ebenso wie die Mengen mobiler Samenfäden, die in den männlichen Organen sich vorfinden, besondere Empfindungen haben können, ebenso können es die in den Sexualorganender Frau entwickelten Eichen. Diese Elemente müssen sogar den Keim des individuellen Bewußtseins enthalten. Aber erst in der kommenden Generation gelangen diese Keime in ein Stadium, wo von Bewußtsein die Rede sein kann. Der Organismus, der das Sperma und diese Eichen beherbergt, erlangt davon keine Kenntnis. Die Sensibilität der weißen Blutkörperchen und der meisten unserer Zellen, obgleich sie wirklich vorhanden ist, hat mit dieser ganz speziellen Empfindung, dem Bewußtsein der Persönlichkeit, an dem uns in unsrem Lebensverlangen einzig liegt, nichts zu schaffen.

Niemals konnte etwas die Annahme eines zukünftigen Lebens bekräftigen, während eine Menge von erdrückenden Tatsachen sie bekämpfen. Die Erscheinungen der Kommunikation auf große Entfernung, der Telepathie, wie man sie bezeichnet hat, können wirklich sein, aber sie können die Existenz einer vom Körper unabhängigen Seele nicht erweisen. Vielleicht gibt es irgend eine Ausströmung unseres Organismus, die trotz großer Entfernung des Organs, welches sie wahrnimmt, wahrgenommen werden kann, aber es würde sich hier nur um eine besondere Funktion lebendiger Teile unseres Körpers handeln. Allein die Erscheinungen dieser Kategorie sind so selten, so schwierig zu beobachten und von einem solchen Dunkel umhüllt, daß es unmöglich ist, für die Frage der Fortdauer nach dem Tode etwas daraus zu entnehmen.

Man begreift leicht, daß die Idee eines zukünftigen Lebens unter diesen Umständen immer mehr Anhänger verloren hat, und daß die totale Vernichtung des Bewußtseins nach dem Tode ein geläufiger Begriff wurde, den die sehr große Majorität der aufgeklärten Leute akzeptierte.

Außer ihrer Hauptaufgabe, die darin besteht, die Menschheit über die Unvermeidlichkeit des Todes zu trösten, beschäftigen sich die Religionen auch mit bestimmten andren Fragen, die durch die Disharmonien der menschlichen Natur gestellt werden. Sie versuchten zu allen Zeiten, die Tätigkeit der Ernährungs- und Zeugungsorgane zu regeln und ebenso allen Arten von Krankheiten vorzubeugen oder sie zu heilen.

Jedermann kennt den großen Einfluß, den die Religionen auf die Auswahl und Zubereitung der Nahrung geübt haben. Bis heute haben viele Völker Kochgewohnheiten konserviert, die durch religiöse Satzungen diktiert waren. Bei den Juden wurde die Ernährung besonders durch das mosaische Gesetz reglementiert, das sogar auf die kleinsten Details eingeht. So ist es verboten, Tierblut zu verzehren. MOSES befahl: „.... Doch magst du schlachten und Fleisch essen in allen deinen Toren, nach aller Lust deiner Seele, nach dem Segen des Herrn, deines Gottes, den er dir gegeben hat; beide, der Unreine und der Reine, mögen es essen, wie man ein Reh oder Hirsch ißt. Nur das Blut sollst du nicht essen, sondern auf die Erde gießen, wie Wasser" (5. Moses, XII, 15, 16). Und ferner: „Nur hüte dich, das Blut dieser Tiere zu essen, denn das Blut ist die Seele, darum sollst du die Seele nicht mit dem Fleische essen." „Du sollst nicht davon essen, damit dir's wohlgehe und deinen Kindern nach dir, weil du getan hast, was recht ist vor dem Herrn" (ebenda XII, 23, 25). Die Bücher Moses enthalten auch Rezepte zur Bereitung bestimmter Speisen. „Ihr sollt's nicht roh essen, noch mit Wasser gesotten, sondern (Lamm oder Zicklein) am Feuer gebraten, der Kopf mit den Schenkeln und Eingeweide" (2. Moses XII, 9).

Man dachte, diese verschiedenen Vorschriften hätten bestimmte hygienische Kenntnisse zur Grundlage, die man in Harmonie mit den Resultaten der modernen Wissenschaft glaubte. Freilich werden bestimmte Regeln, wie z. B. das Verbot, halbgekochtes Fleisch zu essen, durch unsere heutigen Kenntnisse vollauf bestätigt. Aber die meisten mosaischen Vorschriften, wie das Verbot, Blut, Hasenfleisch, Schweinefleisch und viele andere Speisen zu verzehren, stehen mit der rationellen Hygiene in ausdrücklichem Widerspruch. Die religiöse Küche ist also nur von ausschließlich historischem Interesse.

Die Religionen haben sich auch mit der Zeugungstätigkeit stark beschäftigt. Die meisten Religionsstifter mußten die Disharmonien dieses Teils der menschlichen Natur lebhaft fühlen. Dies brachte sie zur Enthaltsamkeit, der sie selbst folgten und die sie den andern predigten. Nach einer Jugend, in der er alle Freuden genoß, ohne je befriedigt zu werden, gelangte Buddha zu einem Zustand vollständiger Enthaltsamkeit. Er und seine Jünger, die dem Mönchsorden beitraten, mußten den Frauen entsagen. Die sexuelle Annäherung, die ein Mitglied dieses Ordens ausübte, galt als ebenso strafbar wie Diebstahl oder Mord und zog die vollständige Ausschließung nach sich. Auch in den für die Laien bestimmten buddhistischen Regeln ist es nicht erlaubt, „sich dem unkeuschen geschlechtlichen Verkehr hinzugeben, denn es ist etwas Niedriges um ihn.“[1]

Die Ansicht der christlichen Religion über die Zeugungstätigkeit ist allgemein bekannt. Die Apostel des Christentums übten Enthaltung und empfahlen den anderen das nämliche. Der Apostel Paulus versichert seine Enthaltsamkeit mehrere Male: „ . . . . Ich wollte aber lieber, sagte er, alle Menschen wären wie ich bin; aber ein jeglicher hat seine eigne Gabe von Gott, einer so, der andre so. Ich sage zwar den Ledigen und Witwen:

[1] Rhys Davids, Der Buddhismus. Aus dem Englischen. S. 147.

es ist ihnen gut, wenn sie auch bleiben wie ich. So sie aber sich nicht mögen enthalten, so laß sie freien; es ist besser freien, denn Brunst leiden" (1. Brief an die Korinther, VII, 7—9).

Bei den wilden Völkern befaßt sich die Religion ebenfalls viel mit der Zeugungsfunktion. Unter den bizarrsten Tatsachen bezüglich dieses Gegenstandes muß auf den Glauben der Ureinwohnerinnen der Sandwichinseln an eine Gottheit hingewiesen werden, die den Abortus lenkt. Diese Gottheit wird in Gestalt eines länglichen, aus Holz geschnitzten Instrumentes dargestellt, das mit dem Namen Kapo bezeichnet ist. Das obere Ende hat die Form eines phantasischen Kopfes der Gottheit, während der in eine Spitze auslaufende untere Teil dazu bestimmt ist, in den Uterus einzudringen, um die Eihäute des Embryo zu zersprengen und den Abortus herbeizuführen.[1]

Eine Menge andrer Idole werden von wilden Völkern zum Schutz gegen Krankheiten gebraucht. BARTELS[2] hat in seinem Werk über die Medizin der Naturvölker eine ganze Talismankollektion, die diesem Zwecke dient, zusammengestellt. Den leitenden Gedanken für die Anfertigung dieser Amulette bildet die Überzeugung, daß die Krankheiten das Werk böser Geister sind, die soweit als möglich abseits gehalten werden müssen. Die Golden Sibiriens stellen Tiere aus Stroh und Puppen aus Holz her, die dazu dienen, den Dämon der Krankheiten aufzunehmen. Die Giljaken

[1] PLOSS, Das Weib, I. S. 859.

[2] Die Medicin der Naturvölker. Leipzig 1893, S. 225.

fertigen menschliche Gestalten aus Holz an, mit einer Krötenfigur auf der Brust. Dieser Talisman wird als Heilmittel gegen die Brust- und Bauchkrankheiten verwendet.

In den fortgeschritteneren Religionen fehlt es nicht an Reminiszenzen dieser Ideen und Bräuche. MARTIN LUTHER lehrte noch den übernatürlichen Ursprung der Krankheiten. „Das ist ein Punkt, über den es keinen Zweifel geben kann," sagte er, „die Pestilenz, das Fieber und andere schwere Krankheiten sind nichts anderes, denn Teufelswerk." Auch alle Arten religiöser Zeremonien werden als das beste Schutzmittel gegen irgendwelche Krankheit angepriesen.

Die Menschenpest hat in der Geschichte der Menschheit zahlreiche Spuren hinterlassen. Diese schreckliche Krankheit mußte notwendig die Aufmerksamkeit in einer ganz besonderen Weise auf sich ziehen. Man schrieb sie häufig dem göttlichen Zorn zu, den man durch Reinigungen und Sühneopfer zu beruhigen suchte. Man tötete Menschen auf den Altären, um den Zorn Gottes zu stillen und die Sterblichkeit durch die Pest so zu vermindern.

Diese religiösen Bräuche sind mit dem Fortschritt der Kultur des Menschen fast verschwunden, aber immer noch sind Spuren vorhanden, die sich bei jeder Gelegenheit bemerkbar machen. Noch in allerjüngster Zeit ließ man gelegentlich einer Baucheiterung, die bei König Eduard VII. von England sich eingestellt hatte, neben dem Einschreiten der Chirurgen, das nach allen Regeln der modernen Wissenschaft von statten ging, in den Kirchen Hochämter abhalten, zum Zweck, die Heilung des erhabenen Kranken herbeizuführen.

Alle Welt stimmt darin überein, diese Gebräuche als Spuren alter Gewohnheiten zu betrachten, ohne ihnen die Bedeutung beizumessen, die sie ehedem hatten. Die Nahrungsmittelhygiene und die Krankheitsverhütung nach Maßgabe der religiösen Satzungen machten der wissenschaftlichen Hygiene Platz, die auf exakte, mit Hilfe der experimentellen Methode gewonnene Tatsachen begründet ist. Es ist folglich unnütz, diese Seite der Frage zu betonen. Im Gebiet der Religionen bleibt also besonders das Problem des Todes auf der Tagesordnung. Die bis heute vorgeschlagenen Lösungen können, wie wir bewiesen haben, nicht als genügend erachtet werden. Das zukünftige Leben kann durch kein ernstliches Argument aufrecht erhalten werden, während sein Fehlen zur Gesamtheit der menschlichen Kenntnisse sehr gut paßt. Anderseits kann die von bestimmten Religionen, besonders von der BUDDHAS, verkündete Resignation auch nicht die Menschheit befriedigen, die zu leben wünscht und vor dem unvermeidlichen Tod sich entsetzt.

Man begreift, daß bei diesem Stand der Dinge die Denker nach andern Mitteln suchten, um dem großen Dilemma zu entgehen. Ebenso hat man viele philosophische Theorien entwickelt, die das Problem des Lebens und Todes lösen können. Da dieser Gegenstand von allergrößten Interesse ist, halten wir es für nützlich, ihn in einem besondern Kapitel zu behandeln.

ACHTES KAPITEL

Versuche der philosophischen Systeme zur Bekämpfung der Disharmonien der menschlichen Natur.

Bestimmte philosophische Systeme sind in enger Weise mit den Religionen verknüpft. — Ideen der Philosophen des Altertums über die Unsterblichkeit der Seele. — Lehre PLATOS. — Skeptizismus ARISTOTELES'. — Die Stoiker: CICERO, SENECA, MARC AUREL. — Die Systeme der modernen Philosophen. — Der Pessimismus und sein Ursprung. — LORD BYRON. — Systeme von SCHOPENHAUER und E. v. HARTMANN. — Philosophie der Erlösung von MAINLÄNDER. — Kritiken des Pessimismus. — MAX NORDAU. — Die Ideen der modernen Denker über den Tod.

Die philosophischen Systeme schließen sich eng an die religiösen Lehren an. Der Buddhismus z. B. war anfänglich eine philosophische Theorie, die ihren religiösen Charakter unter den Händen der Jünger BUDDHAS angenommen hat; auch sind viele philosophische Systeme nichts andres, als religiöse Dogmen, die man durch Vernunft-Argumente jenseits jeder Offenbarung zu behaupten gesucht hat.

Die Idee eines Lebens nach dem Tode war lange Zeit einer der Hauptgedanken der verschiedenen philosophischen Lehren, die dazu bestimmt waren, das Problem des Todes zu lösen. Die Philosophen des Altertums geben uns zahlreiche Beweise dafür. PLATO[1] erzählt die Geschichte von dem so tragischen Tod seines Lehrers SOKRATES und drückt bei dieser Gelegenheit dessen Ideen über den Tod in sehr klarer Weise aus. Er legt Phädon folgende Worte in den Mund: „... weit entfernt, vom Tod eines Freundes berührt zu werden, fand ich im Gegenteil sein Schicksal beneidenswert, wenn ich seine Haltung sah und seine Reden hörte; und die Unerschrockenheit, die er vor dem Tode zeigte, überzeugte mich, daß er dieses Leben nicht ohne den Schutz einer Gottheit verließ, die ihn in ein andres führte, um ihm das größte Glück, das die Menschen je genießen können, zu eigen zu machen."

PLATO schreibt SOKRATES eine sehr klare Idee der Vergeltung zu. „In der Tat," sagte SOKRATES, „wenn ich im andern Leben nicht ebenso gute und ebenso weise Götter und bessere Menschen als hienieden zu finden glaubte, wäre es nicht recht von mir, über meinen Tod nicht betrübt zu sein. Wisset jedoch, ich hoffe, mich dort mit gerechten Menschen wiederzuvereinigen. Daher bin ich nicht so bekümmert über meinen Tod, und hoffe, daß die Menschen nach diesem Leben noch etwas haben, und daß nach dem alten Spruch die Guten besser behandelt werden, als die Bösen."

Da es sich hier nicht um Wahrheiten handelt, die irgend eine göttliche Autorität offenbarte, war es notwendig, sie durch rationelle Beweise zu begründen. Auch sehen wir, wie PLATO durch alle Arten von Spekulationen auf Mittel sinnt, um uns von der Un-

[1] PLATO, Phädon.

sterblichkeit der Seele zu überzeugen. Er beruft sich auf die pythagoräischen Ideen der Metempsychose und versichert, „die Seelen, die nur Ungerechtigkeit, Tyrannei und Räuberei geliebt haben, werden die Leiber von Wölfen, Habichten und Geiern beleben. Können Seelen von dieser Art anderswohin gelangen?" während die Seelen „jener, die stets die gewöhnliche und bürgerliche Tugend übten, die man Mäßigkeit und Gerechtigkeit nennt, in die Körper friedlicher und sanfter Tiere, wie der Bienen, Wespen, Ameisen, eingehen oder sogar in menschliche Körper zurückkehren, um gute Menschen zu werden."

PLATO führt auch das Gesetz der Kontraste an, als eines der Beweise für die Richtigkeit seiner Theorien. Wie „das Stärkste vom Schwächsten kommt, das Schnellste vom Langsamsten," so muß das Leben den Tod zeugen und der Tod das Leben. „Aus dem Toten also, entgegnete SOKRATES, entsteht alles, was lebt und Leben hat. Infolgedessen sind unsre Seelen nach dem Tod in der Unterwelt." Infolgedessen „stimmen wir darin überein, daß die Lebenden nicht weniger von den Toten geboren werden, als die Toten von den Lebenden, ein unwiderleglicher Beweis, daß die Seelen der Toten irgendwo sind, von wo sie ins Leben zurückkommen."

Durch Argumente dieser Art sucht PLATO die Unsterblichkeit der Seele, die Grundlage seiner Philosophie, zu beweisen. All dies läßt er seinen Meister SOKRATES an seinem Todestage sagen. In seinem Dialog sucht er alle Arten von Einwänden zu widerlegen. Nichtsdestoweniger, trotz der sichern Miene, die er bei der

Aufstellung seiner Lehre annimmt, tritt doch die Skeptis von Zeit zu Zeit in seiner Argumentation zu Tage, und gerade das ist es, was die Philosophie von der Religion unterscheidet.

Es ist klar, daß das ganze System PLATOS geschaffen ist, um das Problem des Todes zu lösen. Er wiederholt zu mehreren Malen, daß „die wirklichen Philosophen ihr ganzes Leben hindurch nur daran arbeiten, sich auf den Tod vorzubereiten; unter diesen Umständen wäre es lächerlich, wenn sie zurückwichen und den Tod fürchteten, sobald er sich ihnen zeigte, nachdem sie diesem einzigen Ende ohne Unterbrechung nachgegangen sind." Sich selbst besonders sucht PLATO von der Existenz des zukünftigen Lebens zu überzeugen: „Ich suche nicht einzig und allein von dem zu überzeugen, was ich zu den Anwesenden sage, obgleich ich davon entzückt wäre, wenn es geschähe; denn mein Hauptziel ist, mich selbst zu überzeugen. Denn so, mein teurer Freund, schließe ich, und du wirst sehen, daß mich dieser Schluß stark angeht; wenn das, was ich sage, wahr ist, so ist es gut, es zu glauben, und wenn es nach dem Tode nichts gibt, werde ich stets den Vorteil daraus gezogen haben, daß ich mit meinen Klagen während der Zeit, die mir mit euch zu verbringen bleibt, nicht zur Last gefallen bin."

Der Zweifel, der bei PLATO erst keimt, wird bei mehreren andern Philosophen des Altertums weit schärfer betont. ARISTOTELES[1] nahm zunächst die Existenz eines sterblichen und eines unsterblichen Seelen-

[1] ZELLER, Die Philosophie der Griechen, Bd. II, Abt. 2, Tübingen 1862, S. 462, 465.

teils an. Beide Teile haben sich am Anfang des irdischen Lebens vereinigt, um sich an seinem Ende wieder zu trennen. Aber diese Theorie der Unsterblichkeit des persönlichen Bewußtseins wurde von Aristoteles bald aufgegeben. Später äußerte er sich gegen die platonische Idee der Unsterblichkeit der Seele sehr klar, was ihn keineswegs verhinderte, an die Unzerstörbarkeit der „tätigen Vernunft", an den unsterblichen Geist, der den Tod überlebt, zu glauben.

Die Stoiker entwickelten einen analogen philosophischen Gedanken noch weiter. Neben einer individuellen Seele nehmen sie eine allgemeine an, das allgemeine Prinzip, das alles in seinem Schoß zusammenfaßt.

Cicero, der sich mit dem Problem des Alters und des Todes befaßte, sucht ebenfalls die Idee eines zukünftigen Lebens zu verteidigen. „Ich bin .... überzeugt," sagte Cicero, indem er sich an Scipio und Lälius wendete, „daß eure berühmten Väter, beide meinem Herzen so teuer, in diesem Augenblick voller Leben sind, eines Lebens, das allein den Namen verdient; denn das Herz ist für uns eine Art Gefängnis, wo wir zur Vollziehung der mühevollen Aufgabe festgehalten werden, welche uns die Notwendigkeit auferlegt." „.... wenn ich die Tätigkeit des menschlichen Geistes sehe, dieses ungeheure Gedächtnis, diese weite Voraussicht, diese Menge Künste, Wissenschaften, Entdeckungen, habe ich die volle Überzeugung, daß eine Natur mit solchen Eigenschaften nicht sterblich sein kann. Die Seele ist fortwährend in Bewegung; diese Bewegung wird ihr durch keine äußere Kraft mitgeteilt; sie ist deren Ursprung, und sie wird nie das Ende sehen, weil sie nicht auf sich selbst verzichten kann. Noch mehr, als einfache Substanz ohne irgend welche Beimischung verschiedener Natur könnte sie nicht geteilt, folglich auch nicht vernichtet werden." Mit Argumenten solcher Art sucht CICERO die Unsterblichkeit der Seele zu beweisen. „Aus diesem Grunde ist das Alter," fügt er hinzu, „für mich nicht nur frei von Kummer, sondern auch von Reiz erfüllt." Aber am Ende bemerkt er selbst die Ungenügendheit seiner Beweise und die skeptische Ader wird bei ihm noch stärker als bei seinen Vorgängern, sodaß er sich verpflichtet fühlt, zu sagen: „Wenn ich mich im Glauben an die Unsterblichkeit der Seele täusche, so ist es eine Illusion, die ich liebe, und ich will nicht, daß man sie mir entreiße, so lange ich lebe. Bin ich einmal gestorben und muß jedes Gefühl in mir erlöschen, wie es einige Halbphilosophen behaupten, so habe ich nicht zu fürchten, daß sie nach dem Tod über meinen Irrtum spotten."

Bei dem immer mehr zunehmenden Skeptizismus erhält sich die Idee der Unsterblichkeit der Seele in ihrer naiven und einfachen Auffassung nur noch in den religiösen Lehren. Die philosophischen Systeme befreien sich mehr oder weniger davon und ersetzen sie durch sehr vage Ideen von pantheistischem Charakter.

SENECA versucht noch die These von der unsterblichen Seele aufrecht zu erhalten, aber man fühlt immer mehr, daß er nicht die Kraft hat, zu glauben. Er gibt eher poetische als rationelle Argumente. „Die Verzögerungen des irdischen Lebens sind die Präludien eines besseren und dauernderen Daseins," schreibt er in einem seiner berühmten Briefe. „Wie der mütterliche Schoß, der uns neun Monate hindurch trägt, uns nicht formt, damit wir ihn immer bewohnen, sondern vielmehr für diese Welt, in die er uns genügend stark, die Luft zu atmen und die Eindrücke der Außenwelt aufzunehmen, setzt: so reift die von der Kindheit bis zum Greisenalter verfließende Zeit uns für eine zweite Geburt. Ein andrer Anfang, eine neue Welt erwarten uns. Bis dahin können wir die Herrlichkeit des Himmels nur aus der Entfernung begreifen. Versteh es also, o Mensch, deiner entscheidenden Stunde ohne Zittern ins Auge zu sehen: die letzte für den Körper, sie ist es nicht für die Seele. Alle Dinge, die dich umgeben, sieh sie an, wie den Hausrat einer Herberge: Du mußt weiter ziehen." „Der Tag, den du als den letzten deiner Tage scheust, muß dich zur Unsterblichkeit gebären."

Aber neben diesen lichtvollen Ausblicken sehen wir bei SENECA düstre und schwarze Ideen durchbrechen. „Ja," sagt er, „alles das, was besteht, muß untergehen; das Nichts ist allen Wesen vorbehalten." „Jeder Tag, jede Stunde offenbart dem Menschen sein ganzes Nichts; stets erinnert ihn irgend eine neue Mahnung an seine Gebrechlichkeit, die er vergißt, und lenkt von der Ewigkeit, von der er träumt, seine Gedanken auf den Tod."

Diese Höhen und diese Tiefen des Denkens führen zu einer neuen Auffassung, die immer mehr Festigkeit gewinnt. SENECA gelangt dazu, seine Ideen über die große Frage des menschlichen Daseins folgendermaßen zu formulieren: „Alle Wesen haben bestimmte Perioden: sie müssen entstehen, wachsen und vergehen. Die Sterne, die ihr über euch sich bewegen seht, die Erde, über die wir willkürlich verbreitet sind und die uns so fest scheint; das alles wird in der Stille untergraben, das alles wird ein Ende haben. Es besteht nichts, das nicht sein Alter hätte: wenn auch zu verschiedenen Zeiten — ein und dasselbe Ende ist allem vorbehalten, das besteht. Alles, was ist, wird damit enden, daß es nicht mehr ist; aber die Welt wird darum nicht untergehen, sie wird sich auflösen. Für uns bedeutet die Auflösung die Zerstörung. In Wirklichkeit betrachten wir nur das, was in unsrer Nähe ist: unsre entartete Seele, die sich vom Körper durchaus nicht zu trennen weiß, sieht darüber hinaus nichts; während wir den Gedanken an unser Ende und an das der uns Nahestehenden mit weit mehr Festigkeit ertragen würden, wenn wir überzeugt wären, daß die Natur bloß eine Aufeinanderfolge von Geburt und Tod ist: daß sich die zusammengesetzten Körper auflösen; daß die aufgelösten Körper sich wieder zusammensetzen, und daß in diesem unendlichen Kreislauf die Macht des göttlichen Weltenlenkers sich ausdrückt" (Brief LXXI). Als Schluß dieser Weltauffassung ergibt sich die endgültige und tröstliche Idee: „Eine große Seele muß Gott zu gehorchen wissen und sich ohne Zaudern dem allgemeinen Gesetz unterwerfen können. Verläßt sie dieses Leben nicht um eines besseren willen, und um in den Himmeln einen glänzenderen und ruhigeren Aufenthalt zu finden, so wird sie wenigstens, frei von Schmerzen, dem Urstoff, aus dem sie kam, zurückgegeben und sich wieder mit der allgemeinen Masse vereinigen."

Mit andern Worten: statt des Lebens nach dem Tode, von dem der primitive Glaube sich in einer ziemlich genauen und hinreichend tröstlichen Weise eine Vorstellung gebildet hatte, fand die Philosophie nur die Idee der Unterordnung gegenüber den unumstößlichen Gesetzen der Natur, und gab sich damit zufrieden, eine vage Rückkehr zu irgend einem allgemeinen und unendlichen Urstoff zu versprechen.

Die Ideen der Stoiker, besonders in der Form, die ihnen Seneca gegeben hat, finden einen feurigen und beredten Parteigänger in Marc Aurel, dessen Selstbetrachtungen wohlbekannt und von aller Welt geschätzt sind. Er kommt darin häufig auf das Problem des Todes, ebenso wie auf das der Haltung, die der Mensch angesichts desselben annehmen muß; und aus diesem Grunde haben sie für uns ein ganz besonderes Interesse. „Der Tod," sagt Marc Aurel,[1] „ist, wie die Geburt, ein Mysterium der Natur, diese eine Zusammensetzung, jener eine Auflösung der Grundstoffe. Im Tode liegt nichts, das dem Vorhandensein eines vernünftigen Wesens widerstreitet und auch nicht dem Plan seiner Konstitution" (IV. 5). Seine Gedanken über den Tod sind von Ungewißheit durchsetzt. „Sei es nun eine Zerstreuung, nämlich Auflösung in die Atome oder Vernichtung, oder ein Verlöschen oder eine Umwandlung" (VII. 32). „Alexander von Macedonien und sein Maultiertreiber

[1] Contemplationes, zuerst in griechischer Sprache niedergeschrieben.

wurden nach dem Tod in den nämlichen Zustand übergeführt: sie sind entweder in den nämlichen Urstoff zurückgekehrt, oder sie sind einer wie der andre in die Atome zerstreut" (VI. 24).

Trotz seines ausgesprochenen Deismus ist MARC AUREL über die Frage der Unsterblichkeit der Seele sehr unentschieden. „Wenn die Seelen nicht vergehen," fragt er sich, „wie kann sie von Ewigkeit her der Luftraum fassen?" (IV. 21.) „Erinnere dich daran," sagt er an einer anderen Stelle seiner Betrachtungen, „dein so dürftig zusammengesetztes Wesen muß sich eines Tages auflösen. Das schwache Lebensprinzip wird eines Tages erlöschen oder an einen andren Ort auswandern und sich anderswo seinen Platz anweisen lassen" (VIII. 25). Man begreift leicht, daß es bei diesem Zustand der Ungewißheit nicht mehr möglich wird, sich durch die Perspektive auf ein zukünftiges Leben zu trösten. Zum Ersatz dieses Glaubens, der die arme Menschheit so lange befriedigt hat, muß man also etwas andres finden.

MARC AUREL versucht die Furcht vor dem Tode mit der folgenden Reflexion zu bekämpfen: „Den Tod fürchten, heißt entweder das Auflösen alles Empfindens oder einen Wechsel der Empfindung fürchten. Wenn man jedoch nicht mehr empfindet, wird man auch kein Übel mehr fühlen. Wenn man aber Empfindungen andrer Art erhält, wird man ein andres Wesen sein und nicht aufhören zu leben" (VIII. 58). Wahrscheinlich jedoch in dem Gefühl, daß eine solche Beweisführung allzu ungenügend ist, sucht MARC AUREL das Problem des Todes an die allgemeinen Prinzipien der menschlichen Lebensführung anzuknüpfen.

Wie wir bereits im ersten Kapitel erwähnten, bekannte Marc Aurel, übereinstimmend mit vielen Philosophen des Altertums, sich zu der Idee, daß der Mensch den Gesetzen der menschlichen Natur gemäß leben muß. In vielen Stellen seiner Betrachtungen entwickelt er diese These: „Nur das ist ein Feigenbaum, das tut, was der Feigenbaum tun muß, nur das ein Hund, nur das eine Biene, was das tut, was der Hund oder die Biene tun muß, nur der ist ein Mensch, der die Bestimmung des Menschen erfüllt" (X. 8). Auf eine noch genauere Weise spricht er diesen Gedanken in den folgenden Sätzen aus: „Du mußt dein Leben im Einklang mit der Natur ausleben" (VII. 56). „Niemand kann dich hindern, nach dem Gesetz deiner Natur zu leben; entgegen dem Gesetz der gemeinsamen Natur wird dir nichts zustoßen" (VI. 58). „Keine Verrichtung ist unnnatürlich, die die Hand oder der Fuß ausführt, insofern nur der Fuß die Funktion des Fußes erfüllt und die Hand die der Hand. Ebenso gibt es auch für den Menschen, in seiner Eigenschaft als Mensch, keine unnatürliche Verrichtung, insofern er nur die Funktion des Menschen ausübt. Wenn sie nicht wider seine Natur ist, dann ist sie auch kein Übel für ihn" (VI. 33).

Von diesem Prinzip durchdrungen, wendet es Marc Aurel auf den Tod an. Dieser ist eine natürliche Erscheinung, man muß sie ohne Widerspruch annehmen. „Denn schließlich ist es die Natur, die das Band geknüpft und die es gelöst hat. Will sie es lösen, gut, nehmen wir

Abschied, wie wenn man Freunde verläßt, ohne Sträuben, ohne fortgeschleppt werden zu müssen. Denn hier liegt eines der Dinge vor, das der Natur entspricht" (X. 36). „Die Philosophie" besteht nach MARC AUREL darin, „den Tod heiteren Sinnes zu erwarten und darin nur eine Auflösung der Stoffe zu sehen, aus denen jedes Wesen zusammengesetzt ist. Wenn die Stoffe selbst bei ihrer ewigen Umwandlung vom einen ins andere kein Übel empfinden, warum sollten wir dann betrübten Auges auf die Umwandlung und auf die Auflösung aller Dinge hinsehen? Das entspricht ja auch nur der Natur, und nichts ist schlecht, was der Natur entspricht" (II. 17).

Wenn der Tod eine naturgemäße Erscheinung ist, bleibt nichts weiter übrig, als sich zu beugen. „Verachte nicht den Tod," verkündet MARC AUREL, „sondern nimm ihn in Ergebung hin, als eines der Dinge, die in dem Willen der Natur begründet sind. Von der Kindheit zur Jugend übergehen und altern, zunehmen und fertiger Mensch werden; Zähne, den Bart, graue Haare bekommen; Kinder empfangen, sie im Schoß tragen und zur Welt bringen; und all die andern Tätigkeiten der Natur, wie sie die verschiedenen Lebensabschnitte mit sich bringen, sind auch nichts andres als Auflösungen. Es steht also dem Charakter eines weisen Menschen an, für den Tod weder Verachtung, noch Trotz, noch Geringschätzung zu zeigen, sondern ihn als eine der Wirkungen der Natur zu erwarten" (IX. 3).

Da haben wir also am Schluß der Rechnung, was von dieser Philosophie bleibt: die Resignation. Man muß den Tod nicht nur akzeptieren, wenn er nach einem langen Leben kommt, sondern auch, wenn er uns in irgend einem Augenblick unseres Daseins überrascht. „Wer stirbt, nachdem er die äußerste Grenze des Lebens erreicht hat, wird nur in denselben Zustand versetzt, wie der, den ein frühzeitiger Tod hinwegnimmt" (IX. 33). „Es ist dieselbe Betrachtungsweise, ob du hundert Jahre oder nur drei Jahre hast kennen lernen, was vor sich geht" (IX. 37).

In seinem Buch über MARC AUREL vergleicht RENAN[1] seine Resignationsphilosophie mit dem buddhistischen Nirwana. „Wie CHRISTUS, SAKJAMUNI, SOKRATES, FRANZ VON ASSISI und drei oder vier andre Weise hatte MARC AUREL den Tod ganz und gar überwunden. Er hatte nur ein Lächeln für ihn, denn er hatte in der Tat keinen Sinn mehr für ihn." Aber ebenso wie die Ideen BUDDHAS sich in eine Religion verwandelten, die die Unsterblichkeit der Seele versprach, und wie das Nirwana dem „Paradies des Westens" mit all seinen Entzückungen Platz machte, ebenso konnte der resignierte Skeptizismus der antiken Philosophie vor dem Christentum mit seinen Versprechungen des zukünftigen Lebens und der Unsterblichkeit nicht Stand halten.

Jahrhunderte hindurch wurde die Philosophie in den Fluten der religiösen Gefühle und Ideen ertränkt, und man mußte die Sysiphusarbeit stets von neuem beginnen, die menschliche Vernunft aus dem Nichts heraustreten zu lassen. Wir haben um so weniger das Bedürfnis, hier den Etappen dieser Wiederauferstehung zu

[1] Origines du Christianisme. VII, 6. Aufl. Paris 1879, p. 483.

folgen, als sie sich auf Geringes reduzieren. Lange Zeit hindurch waren die philosophischen Systeme bemüht, die religiösen Dogmen durch weltliche Argumente zu rechtfertigen, ohne sich auf die göttliche Offenbarung zu stützen. Man ersetzte die Götter durch die oder durch mehrere Substanzen und strengte sich an, die Unsterblichkeit der Seele zu beweisen, um das beunruhigende und ewige Problem des Todes aufzulösen.

Die Philosophen aus dem Anfang dieser geschichtlichen Periode menschlichen Denkens nehmen die religiösen Hauptdogmen als unleugbare Grundlage an. Für PLOTIN ist die Unsterblichkeit der Seele eine Wahrheit, die sich von selbst versteht, und die nicht bewiesen zu werden braucht. Er bekämpft die Idee der leiblichen Auferstehung, aber er akzeptiert die der Seelenwanderung.

Obgleich SPINOZA[1] an die Unsterblichkeit der Seele nicht im gewöhnlichen Sinn dieses Wortes glaubt, akzeptierte er die aristotelische Idee, daß „der menschliche Geist mit dem Körper nicht auf eine absolute Weise zerstört werden kann, sondern es bleibt etwas Ewiges davon übrig". Der Tod ist für ihn nur eine Art ewiges Leben in Gemeinschaft mit dem absoluten Prinzip, eine Rückkehr zur einzigen und unendlichen Substanz.

Die Philosophen erschöpfen sich in der Untersuchung der Grundlagen der menschlichen Erkenntnis, um die Prinzipien zu finden, welche die Wirklichkeit der religiösen Hauptdogmen beweisen können. Trotz seines Skeptizismus sucht KANT die Gewißheit des menschlichen Bewußtseins zu beweisen und darauf die Über-

[1] Ethik, 5. Teil, 23. These.

zeugung von einem zukünftigen Leben und vom Dasein Gottes zu begründen. FICHTE widmet sich der nämlichen Aufgabe, ist jedoch genötigt, einzugestehen, daß die Unsterblichkeit nicht durch sinnliche Erfahrungen erklärt werden kann, und daß sie übersinnlich ist. Wenn wir die Möglichkeit des ewigen Lebens nicht begreifen können, so ist das kein Hinderungsgrund, daß es möglich ist, denn es wohnt in dem, was über aller Natur ist. HEGEL kommt zu einer pantheistischen Auffassung und glaubt an die Auflösung der Seele durch das absolute Sein.

An dem äußersten Punkt angelangt, führten diese idealistischen Systeme eine starke Reaktion herbei und veranlaßten die Negation der auf einfache Spekulationen begründeten Hauptsätze. Zu ihrem Ersatz kam der dogmatische Materialismus, um seinerseits wieder dem skeptischen Positivismus oder vielmehr einer Art Agnostizismus den Platz zu räumen. Angesichts der Unmöglichkeit, die Idee der Unsterblichkeit der Seele oder die Idee eines zukünftigen Lebens in irgend einer Form aufrecht zu erhalten, zog sich die Philosophie des Todes auf die Stoiker-Idee der Übereinstimmung unsres Endes mit den Naturgesetzen und auf die Notwendigkeit zurück, sie widerspruchslos zu akzeptieren. Die totale Resignation wurde demgemäß das letzte Wort der menschlichen Weisheit.

Man begreift leicht, daß bestimmte unabhängige und kühne Geister sich vor einem solchen Resultat nicht beugen konnten, und daß sie dem großen Problem, das die Menschheit beschäftigt, eine verschiedene Lösung zu geben versuchten. Daher stammt der Pessimismus, jene philosophische Lehre, die im vergangenen Jahrhundert so viele Anhänger um sich versammelt hat und immer noch viele zeitgenössische Geister beherrscht.

Ebenso wie der Glaube an die Unsterblichkeit der Seele und die Idee der Ergebung in alle Übel, die die Menschheit bedrohen, ist die pessimistische Weltauffassung ein exotisches Produkt. Sehr wahrscheinlich ist Indien ihre Wiege. Bereits der Brahmanismus zeichnet sich durch eine pessimistische Schätzung des menschlichen Lebens aus, aber besonders die Lehre BUDDHAS entwickelte die Idee, daß alles auf dieser Welt schlecht ist. „Alles Leben ist Leiden: das ist das unerschöpfliche Thema, das immer wieder bald in den Formen begrifflicher Erörterung, bald im Gewande poetischer Spruchweisheit aus dem Schrifttum der Buddhisten uns entgegenklingt" (OLDENBERG a. a. O. S. 241).

In Europa sind es die lyrischen Dichter, die die pessimistische Weltauffassung einführen, dank ihrer so entwickelten Sensibilität. Ganz am Anfang des neunzehnten Jahrhunderts läßt LORD BYRON [1] diesen traurigen Ton erklingen; er formuliert seine Wertung auf eine sehr klare Weise, wie die folgenden Zeilen zeigen:

Zähl jede frohe Stund' im Leben,
Zähl Deine Tage frei von Pein
Und wisse, was sie Dir auch geben,
Noch besser ist es, nicht zu sein.

Dieser Gedanke ist in einigen andern Versen in „Harolds Pilgerfahrt" noch weit klarer ausgedrückt:

[1] BYRON, Euthanasia.

Our life is a false nature — 'tis not in
The harmony of things, — this hard decree,
This uneradicable taint of sin,
This boundless Upas, this all-blasting tree,
Whose root is earth, whose leaves and branches be
The skies which rain their plagues on men like dew —
Disease, death, bondage — all the woes we see —
And worse, the woes we see not — which throb through
The immedicable soul, with heart-aches ever new.

O Menschenleben, im Akkord des Alls — Bist du ein falscher Ton, bist schwere Last, — Ein unvertilgbar Mal des Sündenfalls, — Ein ries'ger Upasbaum, der Wurzel faßt — Auf Erden, während Laub und Zweig und Ast — Die Himmel sind, die Unheil niedertauen, — Pest, Knechtschaft, Tod, — was du vor Augen hast, — Und schlimmres Unheil noch, das wir nicht schauen, — Das die gequälte Brust durchbohrt mit ew'gem Grauen.

Im sechsten Kapitel sahen wir, daß BYRON sich oft mit Todesfurcht trug; das führte ihn dazu, den instinktiven Charakter dieses Gefühls wohl zu erkennen. Nur nahm bei ihm, wie bei den andern pessimistischen Dichtern (LEOPARDI), diese Weltauffassung nicht den Charakter eines Systems an, das ein Ganzes bildet. Die Arbeit der Philosophen mußte diese Lücke ausfüllen.

In der ersten Hälfte des neunzehnten Jahrhunderts versucht SCHOPENHAUER die den indischen Religionen und den Dichtern entliehenen pessimistischen Ideen in Gestalt einer rationellen philosophischen Konstruktion darzustellen. Er entwickelt eine Weltauffassung, nach welcher das Dasein als etwas betrachtet wird, das besser überhaupt nicht wäre, als eine Art Verirrung, von der die Erkenntnis desselben uns zurückbringen soll.[1] Für

[1] Parerga und Paralipomena. II, S. 267.

SCHOPENHAUER ist unser Dasein ein Fehler und das Resultat eines verbrecherischen Verlangens. „Wenn man, soweit es annäherungsweise möglich ist, die Summe von Not, Schmerz und Leiden jeder Art sich vorstellt, welche die Sonne in ihrem Laufe bescheint, so wird man einräumen, daß es viel besser wäre, wenn sie auf der Erde so wenig, wie auf dem Monde, hätte das Phänomen des Lebens hervorrufen können, sondern, wie auf diesem, so auch auf jener die Oberfläche sich noch im kristallinischen Zustande befände. Man kann auch unser Leben auffassen als eine unnützerweise störende Episode in der seligen Ruhe des Nichts, ... die den Charakter einer großen Mystifikation, nicht zu sagen einer Prellerei, trägt" (S. 253).

Dieses so traurige Bild des Daseins ist das Resultat des kosmischen Prozesses, der so viel Unglück erzeugt und bei der menschlichen Gattung dazu geführt hat, alles Übel dieser Welt hinreichend zu fühlen und zu schätzen. Die niederen Wesen sind glücklicher als der Mensch, denn ihre Empfindungen sind weniger entwickelt und sie haben von der schlechten Seite ihres Daseins überhaupt kein Bewußtsein. Beim Menschen wird die Lust nur als etwas Negatives geschätzt, während das Leiden sich auf eine ganz positive Weise fühlbar macht. Die dem Menschen eigene Reflexion macht ihm das Leiden noch unerträglicher. „Durch dieses Alles aber wächst im Menschen das Maß des Schmerzes viel mehr, als das des Genusses, und wird nun noch speziell dadurch gar sehr vergrößert, daß er vom Tode wirklich w e i ß; während das Tier diesen nur instinktiv flieht, ohne ihn eigentlich zu kennen und daher ohne jemals ihn wirklich ins Auge zu fassen, wie der Mensch, der diesen Prospekt stets vor sich hat" (ebenda S. 251).

SCHOPENHAUER ist überzeugt, daß der Zweck des menschlichen Daseins nicht im Glück bestehen kann.

„Es gibt nur einen angeborenen Irrtum", sagt er in seinem Hauptwerk,[1] „und es ist der, daß wir da sind, um glücklich zu seyn." „Solange wir in diesem angeborenen Irrtum verharren, auch wohl gar noch durch optimistische Dogmen in ihm bestärkt werden, erscheint uns die Welt voll Widersprüche." „In diesem Sinne wäre es demnach richtiger, den Zweck des Lebens in unser Wehe, als in unser Wohl zu setzen." „Deutlich genug spricht aus dem ganzen menschlichen Daseyn das Leiden als die wahre Bestimmung desselben. Das Leben ist tief darin eingesenkt und kann ihm nicht entgehen: unser Eintritt in dasselbe geschieht unter Tränen, sein Verlauf ist im Grunde immer tragisch, und noch mehr sein Ausgang. Ein Anstrich von Absichtlichkeit hierin ist nicht zu verkennen." „Das Sterben ist allerdings als der eigentliche Zweck des Lebens anzusehen: im Augenblick desselben wird alles das entschieden, was durch den ganzen Verlauf des Lebens nur vorbereitet und eingeleitet war."

Die Voraussicht und die Erwartung des Todes, die der Hilfe der Vernunft bedürfen, sind nur möglich beim Menschen und nicht bei den Tieren, „die Menschheit ist die alleinige Stufe, auf welcher der Wille sich verneinen und vom Leben ganz abwenden kann" (a. a. O. S. 730).

[1] Die Welt als Wille und Vorstellung. II, S. 726 ff.

Was ist aber das Mittel, diese Reihe von Widersprüchen aufzulösen und den kosmischen Prozeß zu erklären, der einerseits auf den Tod hinausläuft und anderseits den Verstand soweit entwickelt, daß er das unvermeidliche Ende ahnt, fürchtet und verabscheut? Ist es die Unsterblichkeit der Seele, ist sie die nicht nur von allen Religionen, sondern auch von einer großen Zahl philosophischer Systeme behauptete Lösung?

SCHOPENHAUER untersucht diese Frage auf einer großen Zahl von Seiten. Er ist weder Anhänger der Auferstehung des Leibes, noch der Unsterblichkeit der bewußten Seele. „Wie das Individuum keine Erinnerung seines Daseins vor seiner Geburt hat, so kann es von seinem jetzigen keine nach dem Tode haben" (W. a. W. u. V. II, S. 559). „Wer aber die Geburt des Menschen für dessen absoluten Anfang hält, dem muß der Tod das absolute Ende desselben sein. Denn beide sind, was sie sind, in gleichem Sinne: folglich kann jeder sich nur insofern als unsterblich denken, als er sich auch als ungeboren denkt, und in gleichem Sinn. Was die Geburt ist, das ist, dem Wesen und der Bedeutung nach, auch der Tod; es ist die selbe Linie in zwei Richtungen beschrieben. Ist jene eine wirkliche Entstehung aus nichts, so ist auch dieser eine wirkliche Vernichtung" (a. a. O. II, S. 556).

Es gibt also keine individuelle Unsterblichkeit. Übrigens bedeutete die Forderung dieser Unsterblichkeit für SCHOPENHAUER nur „Perpetuierung eines Irrtums ins Unendliche. Denn im Grunde ist doch jede Individualität nur ein spezieller Irrtum, Fehltritt, etwas das besser nicht wäre, ja wovon uns zurückzubringen der eigentliche Zweck des Lebens ist" (S. 562).

Wenn jedoch der Mensch als Individuum sterblich ist, „kann durch den Tod nicht mehr aufgehoben werden, als durch die Geburt gesetzt war; also nicht das, wodurch die Geburt allererst möglich geworden" (S. 565). „Mit dem Tode geht zwar das Bewußtsein verloren, nicht aber das, was das Bewußtsein hervorbrachte und erhielt: das Leben erlischt, nicht aber mit ihm das Prinzip des Lebens, welches in ihm sich manifestierte" (S. 566).

Was ist also dieses ewige Prinzip? Es ist die Idee der Gattung oder der Art. Die Menschen und die Hunde gehen als Individuen in kurzer Frist unter, aber die menschliche Gattung und die Hundegattung, oder vielmehr die Idee des Menschen und des Hundes, bleiben bestehen. SCHOPENHAUER kommt hier auf den Gedanken SPINOZAS zurück, der ebenfalls die Unsterblichkeit der Seele leugnet, trotzdem aber an die Ewigkeit des Lebensprinzips glaubt. Dieses ewige Prinzip ist für SCHOPENHAUER der Wille in seinem allgemeinsten und metaphysischen Sinn; dagegen ist die sterbliche Seele die Vorstellung, das Produkt einer Hirnfunktion.

Das ewige Prinzip des Lebens ist etwas, das unmöglich genau bestimmt werden kann, „weil wir nicht über das Bewußtsein hinaus können: daher bleibt die Frage, was denn jenes sein möge, sofern es nicht ins Bewußtsein fällt, d. h. was es schlechthin an sich selbst sei, unbeantwortbar" (S. 566).

SCHOPENHAUER erkannte selbst, daß diese Lösung des

Problems keineswegs jene beruhigen kann, die die Gewißheit ihrer Unsterblichkeit haben wollen. „Indessen," fährt er fort, „ist es immer etwas, und wer den Tod als eine absolute Vernichtung fürchtet, darf die völlige Gewißheit, daß das innerste Prinzip seines Lebens von demselben unberührt bleibt, nicht verschmähen" (S. 538).

Anderseits darf man nicht aus dem Auge verlieren, daß die Natur sich nur um die Erhaltung der Gattung kümmert. Nun wir, wir sind nur ein Teil der Natur, demgemäß müssen wir ihre Tendenzen teilen. „Gewiß würden wir, wenn wir nur tief genug sähen, der Natur beistimmen und Tod oder Leben als so gleichgültig ansehen wie sie" (S. 541).

SCHOPENHAUER fühlt selbst die Unzulänglichkeit seiner Gedanken und seiner Beweisführung. „Diesem nun entspricht es, daß meine Lehre, wenn auf ihrem Gipfelpunkt angelangt, einen negativen Charakter annimmt, also mit einer Negation endigt. Sie kann hier nämlich nur von dem reden, was verneint, aufgegeben wird: was dafür aber gewonnen wird, ist sie genötigt, als Nichts zu bezeichnen und kann bloß den Trost hinzufügen, daß es nur ein relatives, kein absolutes Nichts sei" (S. 700).

Das höchste Ziel bleibt „die Verneinung des Willens zum Leben, indem Not und Leiden, diese eigentliche Bestimmung des Menschenlebens, ... zur Resignation hinleiten" (S. 695).

Da unser Dasein nur eine Reihe von Übeln ist, und da die wahre Philosophie, nach SCHOPENHAUER, auf diese Feststellung hinausläuft, ist es klar, daß das Ende des individuellen Lebens, der Tod, nur angenehm sein kann. „Ruhig und sanft ist, in der Regel, der Tod jedes guten Menschen; aber willig sterben, gern sterben, freudig sterben, ist das Vorrecht des Resignierten, dessen, der den Willen zum Leben aufgibt und verneint. Denn nur er will wirklich und nicht bloß scheinbar sterben, folglich braucht und verlangt er keine Fortdauer seiner Person. Das Dasein, welches wir kennen, gibt er willig auf: was ihm statt dessen wird, ist in unsern Augen nichts; weil unser Dasein, auf jenes bezogen, nichts ist. Der buddhaistische Glaube nennt jenes Nirwana, d. h. Erloschen" (S. 581).

Nach diesem Überblick der pessimistischen Lehre SCHOPENHAUERS möchte man glauben, daß das beste Mittel, das große Problem des Lebens und des Todes aufzulösen, darin bestehen müsse, „den Willen vom Leben abzuwenden," indem man durch Selbstmord seinen Tagen ein Ziel setzt. Aber das ist nicht die Meinung des Philosophen. Er billigt sicherlich nicht die Meinung von denen, die den Selbstmord als verbrecherische Tat verdammen (Parerga, II, S. 258). Er meint nur, daß hier nicht die wahre Lösung der Frage liegt. „Der Selbstmörder verneint bloß das Individuum, nicht die Spezies." „Der Selbstmord ist die willkürliche Zerstörung einer einzelnen Erscheinung, bei der das Ding an sich ungestört stehen bleibt" (W. u. W. I, 472).

Da der Wille zum Leben sich für SCHOPENHAUER vornehmlich durch die Zeugung neuer Individuen äußert, mußte dieser Philosoph, nachdem er zu dieser Weltauffassung gekommen war, sich vornehmlich zu zeugen enthalten. Er ist auch unverheiratet geblieben und hatte meines Wissens niemals Kinder. Anderseits hing er in der Überzeugung, daß Selbstmord nicht die wahre Lösung des Problems ist, sehr am Leben. Da er nicht an die Unsterblichkeit der Seele glauben kann, begnügt er sich mit der Idee der Fortdauer irgend eines allgemeinen, aber nicht bewußten Lebensprinzips in der Meinung, daß die Resignation und der Übergang in das Nichtsein (Nirwana, nach seiner Mißdeutung der Lehre BUDDHAS) wirklich über alle Leiden des menschlichen Daseins trösten können.

Lange Zeit hindurch fanden die Ideen SCHOPENHAUERS in der allgemeinen Schätzung der Denker keinerlei Echo. Später jedoch breiteten sie sich immer mehr aus und der philosophische Pessimismus wurde ganz und gar Mode. Wer die metaphysischen Prinzipien der Philosophie SCHOPENHAUERS nicht anerkannte, fand wenigstens seine Kritik des Zustandes der Menschheit und seine Ansicht über die Unmöglichkeit des Glückes sehr gerecht.

Genau ein halbes Jahrhundert nach dem Erscheinen des Hauptwerkes SCHOPENHAUERS (Die Welt als Wille und Vorstellung) versuchte ein andrer deutscher Philosoph, EDUARD VON HARTMANN, einen neuen Schritt in derselben Richtung zu machen. Ohne die ganze Metaphysik SCHOPENHAUERS anzunehmen, teilt er dessen Ansicht von der Unmöglichkeit, das Glück als den wahren Zweck des Daseins zu betrachten. Zum Beweis dieses Satzes untersucht er drei Stadien der Illusion, durch welche die Menschheit hindurchgeht. Im ersten Stadium denkt man, daß das Glück während des gegenwärtigen

Lebens erworben werden kann. Aber alles, was als Glücksquelle betrachtet wird, Jugend, Gesundheit, Freundschaft, Liebe, Familienglück, Ruhm usw., läuft bloß auf eine vollständige Illusion hinaus. Besonders die eigentliche Liebe wird von HARTMANN einer unbarmherzigen Kritik unterworfen. Es unterliegt für ihn keinem Zweifel, daß „die Liebe den beteiligten Individuen weit mehr Schmerz als Lust bereite" (S. 560). Es ist also unbestreitbar, „daß die Vernunft nur gänzliche Enthaltung von der Liebe anraten müßte," und als Mittel, um zu diesem Resultat zu gelangen, „die Ausrottung des Triebes, d. h. die Verschneidung, wenn durch sie eine Ausrottung des Triebes erreicht wird" (S. 565). Von dem Standpunkt des individuellen Glückes ist das für HARTMANN[1] das einzig mögliche Resultat. Nur durch das Opfer dieses Glückes also darf sich der Mensch der Liebe hingeben, in der Absicht, an der Evolution des kosmischen Prozesses mitzuwirken.

Nachdem sich die Menschheit von der Unmöglichkeit überzeugt hat, das Glück in dieser Welt zu erlangen, bildet sie sich ein, dieses Ziel könne nach dem Tode in einem transcendenten Leben in der andern Welt erreicht werden. Aber das ist nur ein zweites Stadium der Täuschung. Sie ist auf den Glauben an die Fortdauer und an das ewige Leben begründet. Es ist jedoch nicht zweifelhaft, daß „die Individualität sowohl des organischen Leibes, als des Bewußtseins nur eine Erscheinung ist, die mit dem Tode verschwindet . . ." (S. 603). „So erweist sich denn auch," schließt HARTMANN,

[1] Philosophie des Unbewußten. Berlin 1869.

„die Hoffnung auf eine individuelle Fortdauer der Seele als eine Illusion, und damit ist der Hauptnerv der christlichen Verheißungen durchschnitten, ist die christliche Idee überwunden." Dem Menschen liegt nur an seinem lieben Ich, und er interessiert sich nicht für die zukünftige Glückseligkeit, wenn er sie nicht empfinden und genießen kann (S. 606).

Über die Möglichkeit, das Glück in dieser Welt oder in einer zukünftigen Welt zu erreichen, enttäuscht, hat sich die Menschheit einer dritten Illusion in die Arme geworfen. Stets überzeugt, daß ihr Ziel das wahre Glück ist, nimmt sie an, sie werde es erst in den zukünftigen Zeiten des kosmischen Prozesses erreichen. Diese Hypothese ruht auf dem Glauben an einen Prozeß der fortschreitenden Entwicklung des Weltalls. Es ist aber immer noch eine Täuschung. „Wie weit auch die Menschheit fortschreitet," sagt HARTMANN, „nie wird sie die größten der Leiden loswerden oder auch nur vermindern: Krankheit, Alter, Abhängigkeit vom Willen und von der Macht anderer, Not und Unzufriedenheit. Wieviel Heilmittel gegen Krankheiten auch gefunden werden mögen, immer wachsen die Krankheiten, namentlich die quälenden leichteren chronischen Übel in schnellerer Progression als die Heilkunst. Die frohsinnige Jugend wird immer nur einen Bruchteil der Menschheit ausmachen, und der andre Teil wird dem grämlichen Alter zufallen" (S. 615).

Diese Idee des Glücks, das nach Maßgabe des Fortschritts der Menschheit eintreten muß, wird von HARTMANN durch die folgenden Argumente bekämpft: „Die zufriedensten Völker sind die rohen Naturvölker und von den Kulturvölkern die ungebildeten Klassen; mit steigender Bildung des Volkes wächst erfahrungsmäßig seine Unzufriedenheit" (S. 615). Die wissenschaftlichen Fortschritte tragen in rein theoretischer Beziehung wenig oder gar nichts zum Glück der Welt bei, in praktischer Beziehung aber kommen sie den politischen, sozialen, moralischen und technischen Fortschritten zugute. „Fabriken, Dampfschiffe, Eisenbahnen und Telegraphen haben noch nichts Positives für das Glück der Menschheit geleistet" (S. 621).

HARTMANN kommt an verschiedenen Stellen zu dem Schluß, daß die Naturvölker glücklicher sind als die zivilisierten, daß „die armen, niedrigen und rohen Stände glücklicher sind als die reichen, vornehmen und gebildeten, daß die Dummen glücklicher sind als die Klugen, überhaupt, daß ein Wesen um so glücklicher ist, je stumpfer sein Nervensystem ist, weil der Überschuß der Unlust über die Lust desto kleiner, und die Befangenheit in der Illusion desto größer wird. Nun wachsen aber mit fortschreitender Entwicklung der Menschheit nicht nur Reichtum und Bedürfnisse, sondern auch die Sensibilität des Nervensystems und die Kapazität und Bildung des Geistes, folglich auch der Überschuß der empfundenen Unlust über die empfundene Lust und die Zerstörung der Illusion, d. h. das Bewußtsein der Armseligkeit des Lebens, der Eitelkeit der meisten Genüsse und Bestrebungen und das Gefühl des Elendes; es wächst mithin sowohl das Elend, als auch das Bewußtsein des Elendes, wie die Erfahrung zeigt, und die vielfach behauptete Erfahrung des Glückes der Welt durch die Forschritte der Welt beruht auf einem ganz oberflächlichen Schein" (S. 624).

Nachdem HARTMANN bei diesem so pessimistischen Schluß, d. h. bei der Unmöglichkeit für die Menschheit, das Glück zu erreichen, angelangt ist, fragt er sich, welches wohl die wahre Bestimmung des Menschen sein könne.

HARTMANN wäre kein Philosoph, wenn er nicht annähme, daß die Welt nach einem fest vorgezeichneten Plan geschaffen wurde, und daß sie einen gesetzmäßigen Prozeß, zu einem bestimmten Ziele hin, verfolgt. „Wir dürfen uns dem Vertrauen hingeben," sagt er, „daß die bestehende Welt so weise, als nur irgend möglich ist, eingerichtet ist, daß sie die beste von allen möglichen ist; aber trotzdem wäre es besser, sie bestände nicht."

Nachdem sich die Menschheit vom illusorischen Charakter all ihrer Hoffnungen überzeugt hat, „verzichtet sie endgültig auf alles positive Glück und sehnt sich nur nach absoluter Schmerzlosigkeit, nach dem Nichts, Nirwana. Aber nicht, wie auch früher schon, dieser oder jener Einzelne, sondern die Menschheit selbst sehnt sich nach dem Nichts, nach Vernichtung. Dies ist das einzig denkbare Ende von dem dritten und letzten Stadium der Illusion" (S. 626).

Was ist das Mittel, um dieses Resultat zu erreichen? HARTMANN ist keineswegs ein Anhänger des Selbstmords, als des besten Mittels gegen die Leiden des menschlichen Daseins. In dieser Beziehung ist er der nämlichen Ansicht wie SCHOPENHAUER, und denkt, dieses Ende würde nichts am allgemeinen Gang des kosmischen Prozesses ändern. Der Verzicht auf Vergnügungen, die Askese, ist auch nicht fähig gewesen, das Problem zu lösen. Selbst die Enthaltung von der Zeugung würde zu nichts dienen. „Was hülfe es," sagt HARTMANN, „wenn die Menschheit durch geschlechtliche Enthaltsamkeit ausstürbe, die arme Welt bestände weiter, ja sogar das Unbewußte würde die nächste Gelegenheit benutzen müssen, einen neuen Menschen oder einen ähnlichen Typus zu schaffen und der ganze Jammer ginge von vorne an" (S. 636).

Nicht also das Verschwinden ist die Bestimmung der Menschheit, sondern „die volle Hingabe der Persönlichkeit an den Weltprozeß um seines Zieles, der allgemeinen Welterlösung willen" (S. 638). Unter diesen Umständen tritt der zum Leben treibende Instinkt wieder in seine Rechte, so daß es notwendig wird, als einzige Wahrheit provisorisch „die Bejahung des Willens zum Leben als das vorläufig allein Richtige zu proklamieren; denn nur in der vollen Hingabe an das Leben und seine Schmerzen, nicht in feiger persönlicher Entsagung und Zurückziehung ist etwas für den Weltprozeß zu leisten" (S. 638).

Die von HARTMANN vorgeschlagene Lösung des Problems des menschlichen Daseins gehört völlig in die Kategorie der Systeme, welche die Resignation predigen. Da uns HARTMANN nicht sagen kann, worin dieser Weltprozeß, dem sich die Menschheit mit allen ihren Kräften hingeben soll, genau besteht, da er aber den

Menschen rät, weiterzuleben und weiter sich fortzupflanzen, trotz der Gewißheit, daß das Glück niemals erreicht wird, verlangt er eine wirkliche Entsagung und einen absoluten Verzicht. Seine Lösung hat den Anschein, genauer zu sein, als das von SCHOPENHAUER gepredigte Streben nach der Ruhe des Nirwana und eine klarere menschliche Verhaltungsregel abzugeben. Aber es genügt, näher an sie heranzukommen, um festzustellen, daß diese Genauigkeit nur eine scheinbare ist.

Man begreift leicht, daß unter diesen Umständen der kritische oder negative Teil der pessimistischen Systeme viele Anhänger um sich sammelte. Dagegen akzeptierten wenige die pessimistischen Ideen in ihrer Art, die Schwierigkeiten und Widersprüche des Lebens aufzulösen. Ein pessimistischer deutscher Philosoph, MAINLÄNDER,[1] der die Ideen SCHOPENHAUERS über das Elend des menschlichen Daseins vollkommen teilt, bekämpft seine Ansicht über die Resignation und das Nirwana als Lösung des allgemeinen Lebensproblems. MAINLÄNDER akzeptiert willig die drei von HARTMANN aufgestellten Illusionsstadien der Menschheit, aber er leistet der Annahme des Willens zum Leben zum Zweck der Begünstigung des Weltprozesses den heftigsten Widerstand. „Wie, sagt er, denken Sie sich diese Hingabe an das Allgemeine? Sie denken sich dieselbe auf folgende Weise: Wähle irgend einen Beruf, lerne irgend ein Handwerk, erwirb Geld, Gut, Ruhm, Macht,

[1] PHILIPP MAINLÄNDER, Die Philosophie der Erlösung, 2 Bde. 3. Aufl., Frankfurt a. M. 1894.

Ehre usw., heirate und zeuge Kinder, oder mit andern Worten: Sie zerstören mit eigner Hand das einzige Verdienstvolle in Ihrem Werke: die Zergliederung der Illusion. Plötzlich raten Sie dem, der alle diese Illusionen durchschaut hat: Jage nach Illusionen! als ob eine durchschaute Illusion noch eine Illusion sei und wirken könne“ (II, S. 637).

MAINLÄNDER faßt das ganze Problem in ganz andrer Weise auf. Gleich seinen Vorgängern von der Eitelkeit des Glückes überzeugt, stellt er sich den kosmischen Prozeß auf eigenartige Weise vor. Nach ihm existierte die undefinierbare Gottheit vor der Welt. Bevor sie verschwand, gebar sie das Weltall. Dies wurde das Mittel zur Ausführung des Entschlusses nicht zu sein. „Die Welt,“ sagt MAINLÄNDER, „ist das Mittel zum Zweck des Nichtseins, und zwar ist die Welt das einzig mögliche Mittel zum Zwecke. Gott erkannte, daß er nur durch das Werden einer realen Welt der Vielheiten, nur über das immanente Gebiet, die Welt, aus dem Übersein in das Nichtsein treten könne.“ In allen Fällen betrachtet es MAINLÄNDER für vollkommen sicher, „daß sich das Weltall tatsächlich aus dem Sein in das Nichtsein bewegt.“ (Bd. I, S. 325.) Diese Bewegung wird durch die Verminderung der Kraftsumme charakterisiert, so daß „jedes Individuum durch Schwächung seiner Kraft in seinem Entwicklungsgang bis zu dem Punkt gebracht wird, wo sein Streben nach Vernichtung erfüllt werden kann“ (S. 327). Das Leben auf unserm Planeten muß als eine Etappe zum Tode hin betrachtet werden. Um das ganze Glück des Todes wohl zu schätzen, ist es unerläßlich, das Leben zu kosten und aus diesem Grunde ist bei allen Tieren der Instinkt der Erhaltung so entwickelt. Der Mensch durchläuft zunächst ein Stadium seiner Evolution, in dem er jedem andern Tier gleich ist. „Als Tier steht in ihm der Wille zum Leben vor dem Willen zum Tode, und das Leben wird dämonisch gewollt und der Tod dämonisch gefürchtet." „Zunächst wird die Todesfurcht einerseits und die Liebe zum Leben anderseits gesteigert. Die Todesfurcht wird gesteigert; das Tier kennt den Tod nicht und es fürchtet ihn nur instinktiv, wenn es ein gefährliches Objekt wahrnimmt. Der Mensch dagegen kennt den Tod und weiß, was er zu bedeuten hat. Dann übersieht er die Vergangenheit und blickt in die Zukunft. Hierdurch überblickt er außerordentlich mehr, ich möchte sagen: unendlich mehr Gefahren als das Tier." (S. 333.)

In der Periode, während der dieser Zustand dauert, tut der Mensch alles, um den Tod zu vermeiden und um sein Leben so glücklich und verfeinert wie möglich zu machen.

Aber diese Entwicklungsphase ist nicht die letzte. Der Denker kommt bald zu der Auffassung, daß der Wille zum Leben nicht der reine Zweck des Daseins ist; er ist nur das Mittel, um zur Erkenntnis des tiefen und entscheidenden Daseinszieles zu kommen: zum Stillstand des Lebens. Der Denker bemerkt bald, daß das wahre Glück ein unmögliches Ding ist, und daß nur der Tod wünschbar ist. Faßt man diesen ganzen kosmischen Prozeß zusammen, kommt man zu dem Schluß, daß „alles in der Welt Wille zum Tode ist, der im organischen Reich, mehr oder weniger verhüllt, als Wille zum Leben auftritt." (S. 334).

Am Ende indessen wird der Wille zum Sterben immer stärker, so daß der Philosoph „im ganzen Weltall nur die tiefste Sehnsucht nach absoluter Vernichtung sieht, und es ihm ist, als höre er deutlich den Ruf, der alle Himmelssphären durchdringt: Erlösung, Erlösung! Tod unserem Leben! und die trostreiche Antwort darauf: ihr werdet alle die Vernichtung finden und erlöst werden." (S. 335).

Um den Gang dieser Entwicklung auf eine anschaulichere Weise darzustellen, zeichnet MAINLÄNDER den Seelenzustand eines, der den Gedanken des Willens zum Tode erreicht und der seine Tage durch Selbstmord endigt. „Erst warf er aus der Ferne einen ängstlichen Blick auf den Tod und wandte sich entsetzt ab; dann umging er ihn zitternd in weiten Kreisen; aber mit jedem Tage wurden sie enger und enger und zuletzt schlang er die müden Arme um den Hals des Todes und blickte ihm in die Augen: und da war Friede, süßer Friede." (S. 349).

Es ist absurd, an etwas andres nach dem Tode zu glauben, als an die vollständige Vernichtung. Der gewöhnliche Mensch fürchtet diese Aussicht. „Die Hauptsache bleibt, daß der Mensch die Welt durch das Wissen überwunden hat," und daß „der Weise dem absoluten Nichts fest und freudig ins Auge blickt" (S. 358).

„Vom SCHOPENHAUERschen Willen zum Leben ausgehend gelangte ich — so schließt MAINLÄNDER — zum Willen zum Tode als Endresultat, d. h. ich schwang mich, auf den Schultern SCHOPENHAUERS stehend, auf einen Standpunkt, den noch niemand vor mir eingenommen hat." „Ich stehe noch allein da; aber hinter mir steht die erlösungsbedürftige Menschheit, die sich an mich klammern wird, und vor mir liegt der helle flammende Osten der Zukunft" (II. S. 242).

Ich habe diese Auffassung eingehender gebracht, nicht wegen der Festigkeit der Argumentation MAINLÄNDERS, sondern einzig weil dieser pessimistische Philosoph sich weit konsequenter gezeigt hat, als seine Vorgänger. Während SCHOPENHAUER und HARTMANN, die so tief vom Nichtvorhandensein des Glücks und von der großen Überlegenheit des Schmerzes in allen erdenklichen Lagen des Daseins überzeugt sind, weiterlebten, endete MAINLÄNDER, getreu seiner Theorie, durch Selbstmord im Alter von kaum 35 Jahren.

Dieser Vorgang steht wahrscheinlich nicht vereinzelt da. Unter dem Einfluß der pessimistischen Philosophie hat eine Anzahl von jungen Leuten, besonders solchen, die sich nicht hinreichend im Gleichgewicht befinden, den von MAINLÄNDER so tragisch vorgezeichneten Weg gewählt.. Es gibt darunter solche, die sich das Leben nehmen. Andre enthalten sich der Beteiligung an der Fortpflanzung der Menschheit. Wieder andre, und diese sind die zahlreichsten, kürzen ihr Leben durch eine wenig vernünftige Art des Daseins ab, in der Überzeugung, daß das Leben nicht wert ist, daß man es erhalte.

Ein moderner Schriftsteller von großem Talent, MAETERLINCK, macht sich zum Echo der pessimistischen Lebensauffassung der heutigen Generation. „Es ist klar," sagt er,[1] „daß die Menschen in einer Hinsicht stets unglücklich erscheinen, stets zu einem verhängnisvollen Abgrund hingezogen scheinen werden, zumal sie immer der Krankheit, der Veränderlichkeit der Materie, dem Alter und dem Tod unterworfen sein werden." „Ja, das menschliche Leben ist in seiner Gesamtheit ein ziemlich trauriges Ding, und es ist leichter, ich möchte fast sagen, angenehmer, von seinen Traurigkeiten zu sprechen und sie ins Licht zu rücken, als seine Tröstungen aufzusuchen und geltend zu machen. Die Traurigkeiten sind zahlreich, augenscheinlich, unfehlbar; die Tröstungen oder vielmehr die Gründe, die uns mit einer gewissen Freude die Pflicht des Lebens auf uns nehmen lassen, sind selten, wenig sichtbar, unsicher" (p. 163).

Obgleich die pessimistischen Ideen im ganzen 19. Jahrhundert sich stark verbreitet und entwickelt haben, fehlt es doch nicht an Stimmen, die sich der negativen Auffassung der Dinge dieser Welt entgegenstemmen. Wir erwähnen die Ansicht des Dichters Robert Hamerling,[2] der den pessimistischen Philosophen den Vorwurf macht, daß sie bei ihren Untersuchungen über den Wert oder Unwert des Lebens die Hauptsache übersehen, nämlich daß die Majorität der Menschen nur eines verlange: leben, leben um jeden Preis, gleichviel ob es ihnen gut ergeht oder schlecht. Diesem Gefühl gegenüber sind alle doktrinären Erwägungen ohnmächtig, denn die Frage der Lust und der Unlust ist nach Hamerling

[1] Le Temple enseveli, 1902.

[2] Nach Steiner, Welt- und Lebensanschauungen im neunzehnten Jahrhundert, II, S. 170—173.

Gefühlssache und keine Verstandessache. Das allgemeine Empfinden ist keineswegs zweifelhaft: es ist klar und deutlich optimistisch.

Eine ähnliche These wurde von dem wohlbekannten Schriftsteller MAX NORDAU[1] aufgestellt. Alles in der lebenden Natur beweist ihm, daß ihre Grundlage absolut optimistisch ist. „Die Wahrheit ist," sagt er, „daß der Optimismus, ein grenzenloser und unentwurzelbarer Optimismus, die Grundanschauung des Menschen bildet, das instinktive Gefühl, das ihm in allen Lagen natürlich ist" (S. 13).

Die andern Lebewesen bestätigen nur diese Wahrheit „.... mit allen Blumenglocken und allen Vogelkehlen ausläutet und ausruft die Natur den Optimismus" (S. 13). „Kein Tier hat Weltschmerz, und unser Ahn, der Zeitgenosse des Höhlenbärs, war gewiß von allen Sorgen um Menschheitsbestimmung frei" (S. 14).

Diese Anschauungen berücksichtigen nicht, daß der Pessimismus, um wahr zu sein, überhaupt nicht nötig hat, von allen lebenden Wesen in gleicher Weise gefühlt und geschätzt zu werden. Die Vögel und die andern Tiere, die sich ihres Daseins freuen, d. h. die Optimisten, haben von dem unvermeidlichen Tod keinen Begriff. Unsre Ahnen in den Höhlen ahnten auch nichts davon. Wenn aber die überwiegende Majorität der gegenwärtigen Menschheit sehr optimistisch ist, so liegt das vielleicht daran, daß sie sich in einem der drei Illusionsstadien befindet, von denen HARTMANN

[1] Paradoxe. Leipzig 1891.

spricht. Erst wenn die Entwicklung ihren höheren Grad erreicht, kommt der Mensch, überzeugt von der Eitelkeit all seiner Hoffnungen, zur pessimistischen Auffassung des Weltalls.

MAX NORDAU verwahrt sich dagegen, für einen Anhänger des weisen Pangloss gehalten zu werden, der behauptet, diese Welt sei die beste aller Welten. Aber seine Beweisführung entwickelt einen allzu hoch gesteigerten Optimismus. Er meint, der Schmerz sei eine für die Erhaltung des Daseins unerläßliche Funktion. „Ohne den Schmerz würde unser Leben kaum einen Augenblick dauern können," sagt er, „denn wir wüßten die Schädlichkeiten nicht zu erkennen und uns nicht vor ihnen zu bewahren" (S. 19). Die Unempfindlichkeit gegen den Schmerz sei häufig ein so schweres Symptom, daß Kranke eine große Freude äußerten, wenn ihnen ein Nadelstich wieder wehtat.

Das ist sehr wahr, und nichtsdestoweniger ist die Funktion des Schmerzes bei den Tieren und beim Menschen sicherlich schlecht organisiert. Nichtssagende Ursachen und bedeutungslose Krankheiten, wie bestimmte Neuralgien, rufen häufig unerträgliche Schmerzen hervor. Eine physiologische Erscheinung, wie die Niederkunft, ist sehr häufig von äußerst heftigen Schmerzen begleitet, die als „Warner der Gefahr" absolut unnütz sind. Anderseits entwickeln sich einige der schwersten Krankheiten, wie der Krebs und Nierenentzündungen, lange Zeit hindurch, ohne die geringste Schmerzempfindung zu erregen, was zur Folge hat, daß die Aufmerksamkeit des

Kranken erst dann darauf gelenkt wird, wenn es bereits zu spät ist, sie zu heilen.

Zur Erfüllung der Rolle, die NORDAU dem Schmerz zuschreibt, müßte er sich in allen Fällen der Gefahr kundgeben, ohne so häufig unerträgliche Grade zu erreichen.

Aber in den Leiden, welche die Menschen empfinden, die die drei Illusionsstadien durchgemacht haben, bilden die rein physischen Schmerzen nicht das größte Übel. Wie wir bereits mehrmals erwähnten, schafft der Widerspruch zwischem dem Trieb zu leben und der Unvermeidlichkeit der vollständigen Vernichtung das größte Leiden. MAX NORDAU gibt selbst zu, daß der „Gedanke des Aufhörens unsres Bewußtseins, der Vernichtung unsres Ichs entsetzlich ist" (S. 21). Und dennoch glaubt er: „wir sind eben so glücklich organisiert, daß wir das wirkliche, das absolut Unvermeidliche leichtblütig hinnehmen und uns weiter keine Gedanken darüber machen" (S. 23). Aber diese Versicherung steht in Widerspruch zu sehr begründeten Tatsachen, die wir in unserm sechsten Kapitel zusammenfaßten. Ganz im Gegenteil. Mit nur seltenen Ausnahmen akzeptiert der Mensch den Ausblick auf den Tod nicht gern und das selbst sehr häufig in Fällen, in denen er sich noch in irgend einem Illusionsstadium befindet. Sehr häufig empfindet der Mensch, der zu leben wünscht, nicht nur ein Gefühl des Widerstrebens dem Tode gegenüber, sondern dieser erscheint ihm als etwas dem normalen Gang der Erscheinungen vollkommen Entgegengesetztes.

Es genügt nicht, zu sagen, alle Menschen, die dieses Gefühl haben, seien psychopathisch, oder es sei absurd anzunehmen, daß das Glück des Menschen im Weltprozeß irgend welche Rolle spielt. Es ist im Gegenteil ganz natürlich, daß der Mensch nach seinem Glücke strebt, und daß er den Mechanismus der Erscheinungen, die in ihm und um ihn herum vorgehen, unter dem Gesichtspunkt dieses Ideals zu analysieren sucht. Aus diesem Grunde ist es absolut ungerecht, zu sagen, „die pessimistische Philosophie vertrage keine ernsthafte Behandlung" (ebenda S. 10). Sie hat zum erstenmal eine richtige Anklageschrift gegen die menschliche Natur verfaßt, und betrachtet man den physischen Schmerz in seiner Eigenschaft als Warner vor Gefahr als etwas sehr Nützliches, so darf man in gleicher Weise die pessimistische Auffassung des Weltalls als einen Schritt nach vorwärts in der Entwicklung der Menschheit ansehen. Ohne sie könnte man leicht in eine Art befriedigten Fatalismus fallen und in einem Quietismus verharren, der dem von gewissen Religionen suggerierten gleicht.

Anderseits jedoch begreift man leicht, daß die denkende Menschheit den Pessimismus nicht als das letzte Wort der menschlichen Weisheit akzeptiert, und daß die Philosophen verschiedener Richtungen sich unausgesetzt anstrengen, für das Problem des Lebens und des Todes eine Lösung zu finden. Alle philosophischen Systeme haben ohne weiteres den Glauben an das zukünftige Leben und an die persönliche Unsterblichkeit fallen lassen. Sie adoptierten jedoch die pantheistischen Systeme und nahmen irgend ein allgemeines Prinzip an, das das individuelle Bewußtsein absorbieren soll. Die Meinungen über die eigenartige Bedeutung dieses Prinzips sind geteilt. Die einen qualifizieren es als Idee, die andern als Willen, als Kraft, oder sogar als ewige Kraft (HERBERT SPENCER). Diese Bezeichnungen haben keinen großen Wert, denn sie deuten nur absolut vage Ideen über das Prinzip an, von dem man im Grunde keinen oder nur einen sehr wenig genauen Begriff hat. Aus diesem Grunde hat dieser Teil der philosophischen Lehren einen mehr lyrischen Charakter und vermengt sich mit der eigentlichen Poesie.

Die deutschen Dicher haben stark dazu beigetragen, die pantheistischen Ideen in der Welt zu verbreiten. Von GOETHE zu schweigen, der häufig seine im Grunde mit dem Spinozismus übereinstimmenden Ansichten ausspricht, drückt SCHILLER [1] seine Meinung über den Endzweck des Lebens in den so viel zitierten berühmten Versen aus:

„Vor dem Tode erschrickst du? Du wünschest unsterblich zu leben?
Leb im Ganzen! Wenn du lange dahin bist, es bleibt!"

RÜCKERT drückt den gleichen Gedanken in gleichfalls sehr verbreiteten Versen aus:

„Vernichtung weht dich an, solang du Einzler bist.
O, fühl' im Ganzen dich, das unvernichtbar ist."

Man könnte einen ganzen Band füllen, wenn man dem Leser die Versuche der Denker aller Länder vorlegen wollte, die sich die Aufgabe stellten, diese lyrischen Ideen in eine mehr philosophische und weniger nebel-

[1] Sämtliche Werke. Stuttgart. 1875. Bd. I, S. 329.

hafte Form zu bringen. Begnügen wir uns mit einigen der jüngsten Autoren.

Die Ideen, die RENAN [1] über diesen Gegenstand hat, können sehr gut als Bindemittel zwischen der eigentlichen Poesie und der Philosophie dienen. Von der Unsterblichkeit redend, denkt er, daß wir durch die Furche fortleben, die jeder von uns „im Schoß des Unendlichen" hinterläßt (p. 139).

Die von GUYAU [2] entwickelten Ideen tragen gleichfalls ein sehr poetisches Gepräge. Wie viele Andere akzeptiert er die Perspektive des unvermeidlichen Todes nicht ohne Widerspruch. Vor diesem Ende empfindet er „nicht allein Qual", auch Entrüstung, das Gefühl einer Art „Ungerechtigkeit der Natur". „Wir haben also Grund," schließt er, „uns gegen die Natur, die tötet, zu empören, wenn sie das tötet, was es aller Wahrscheinlichkeit nach Besseres in uns und andern gibt" (p. 462).

Besonders im Namen der Liebe protestiert GUYAU gegen den Tod: „. . . . Tod für die andern, Vernichtung für jene, die man liebt, das kann der Mensch als denkendes und liebendes Wesen nicht annehmen," sagt er (p. 462).

Das so große und so schwer lösbare Problem stellt sich also für ihn so dar: „. . . . In der Frage der individuellen Unsterblichkeit bewegen zwei große Kräfte in entgegengesetztem Sinn das menschliche Denken: die Wissenschaft wird im Namen der natürlichen Entwicklung

[1] Dialogues et fragments philosophiques. Paris 1876.

[2] L'irréligion de l'avenir. 6me éd. Paris 1895.

dahin geführt, überall das Individuum zu opfern; die Liebe möchte es im Namen einer höheren, moralischen und sozialen Entwicklung ganz erhalten. Das ist eine der beunruhigendsten Antinomien, die sich vor dem Geist des Philosophen erheben" (p. 464).

GUYAU hofft, daß mit dem Fortschritt der Evolution etwas wie eine Verbindung individueller Bewußtseinseinheiten zu einem einigen Ganzen eintreten wird. „Dann wird es erlaubt sein, sich zu fragen," sagt er, „ob die Bewußtseinseinheiten, indem sie sich durchdringen, sich eines Tages nicht ineinander fortsetzen können, sich eine neue Fortdauer verleihen können?" In dieser Annahme versetzt er sich „in jene problematische, obgleich dem Geist nicht widersprechende Epoche, in der die Bewußtseinseinheiten, in ihrer Gesamtheit zu einem höheren Grad der Komplexität und der innern Einheit gelangt, weit inniger sich würden durchdringen können, als heute, ohne daß eine von ihnen durch dieses Durchdringen verschwände" (p. 470).

Nach dieser Hypothese läge das Problem darin, „zu gleicher Zeit hinreichend zu lieben und geliebt zu werden, um zu leben und im andern weiterzuleben" (p. 471); „der Enteilende und die Bleibenden müßten sich so lieben, daß die von ihnen in das allgemeine Bewußtsein geworfenen Schatten nur einer wären." „Wir würden schon in diesem Leben das Bewußtsein haben, in die Unsterblichkeit der Zuneigung einzutreten und emporzusteigen," und „der Berührungspunkt zwischen dem Leben und der Unsterblichkeit wäre also gefunden" (p. 472).

Weit weniger poetisch ist die jüngst von FINOT[1] vorgeschlagene Lösung. Für ihn „kann der Tod nur als das verabscheute Nichts aufgefaßt unser Dasein trüben. Betrachtet man dagegen den Tod als Verwandlung des Lebens, so wird uns das verhindern, ihn zu fürchten, und wir könnten ihn beinahe lieben" (S. 307).

Was ist aber diese Verwandlung des Lebens, die ein so tröstliches Resultat herbeiführen kann? Es ist „die Unsterblichkeit des Leibes", d. h. das Leben der Wesen, die sich auf Kosten des menschlichen Kadavers entwickeln. „Die Fliegen beginnen das Werk der Arbeiter des Todes," indem sie Larven erzeugen in Gestalt von Maden, die bald in dem zersetzten Körper wimmeln. Dasselbe Ungeziefer, das LEO TOLSTOI so erschreckte, wenn er an seinen Tod dachte (s. Kap. VI, S. 162), wird bei FINOT zum tröstlichen Symbol! Er beschreibt die Reihenfolge der Tierwelt des Kadavers und schließt: „Und so setzt sich das Leben im Grabe fort, ein brausendes Leben, eine unaufhörlich erneuerte Beseelung. Man liebt darin, man zeugt darin, man lebt und man verschwindet. Die Ruhe der Gräber ist nur eine Verlockung, gleich der des Staubes, in den unsere Leiber zerfallen sollen" (S. 105).

Ich führe dies Beispiel an, um zu zeigen, wohin das Bedürfnis führen konnte, für das Problem des Todes eine Lösung zu finden und gegen die Unabwendbarkeit dieses Endes einen Schimmer von Hoffnung ausfindig zu machen. Man wird leicht einsehen, daß aus dieser Idee der Leichenfauna niemals ein System der Philosophie des Todes werden kann. Die Denker werden es zweifel-

[1] Philosophie de la longévité. Paris 1900.

los vorziehen, im Dunkeln zu bleiben, als sich in solche Auffassungen zu flüchten. Auch betrachten die meisten zeitgenössischen Philosophen das Problem anders.

Soweit wir beurteilen können, hat ein Göttinger Gelehrter, MEYER-BENFEY, in seinen Aufsätzen „Moderne Religion" den gegenwärtigen Stand des Problems auf eine sehr genaue und zugleich sehr einfache Weise zusammengefaßt.[1]

Er spricht es auch aus, daß es nicht mehr möglich ist, an der unsterblichen Seele festzuhalten. Die Persönlichkeit muß ganz und unabwendbar untergehen. Aber ebenso wie kein Atom unseres Leibes vernichtet wird, so kann „keine Kraft unserer Seele verloren gehen." Die Handlungen unsres Lebens lassen um so deutlichere Spuren zurück, je reicher unser Leben und Handeln war. „Dieses Ein- und Aufgehen der Taten des Einzelnen in das Leben der Gesamtheit, der Menschheit, das alles ist die wahre Unsterblichkeit, das wahre Nirwana." „Unser Gemüt an diesen Gedanken zu gewöhnen, dazu es zu erziehen, das ist die einzige uns mögliche Art, die Todesfurcht, das Grauen vor der Vernichtung zu überwinden" (S. 35).

MEYER-BENFEY teilt die Ansicht der Pessimisten, daß die Glückseligkeit allein keineswegs als das höchste Ziel der Menschheit betrachtet werden kann, denn in diesem Fall wäre der ganze Prozeß der Evolution ein Fehler. Es wäre weit besser gewesen, vor der Schöpfung der menschlichen Gattung Halt zu machen, denn die Tiere,

[1] Moderne Religion. Leipzig 1902. S. auch: Frankfurter Zeitung, 11. u. 12. Februar 1902.

die von der Unvermeidbarkeit des Todes kein Bewußtsein haben, sind in vieler Beziehung glücklicher als der Mensch. „Da wir nun aber einmal den Weg vom Tiere zum Menschen zurückgelegt und diese Bahn der Entwicklung zur Kultur beschritten haben, nicht aus eigner Willkür noch durch Zufall, sondern aus der inneren Notwendigkeit unserer Natur heraus, so ist klar, daß das Ziel, dem wir zustreben, ein andres sein muß. Welches, darüber kann kein Zweifel bestehen: wir kennen es bereits als das Reich der reinen, vollendeten Kultur" (S. 40).

Schon seit langer Zeit hat man den Gedanken kundgegeben, daß die Menschheit den Fortschritt in allen seinen Äußerungen zum Endzweck habe. Zur Bestimmung dessen, was wahrer Fortschritt ist, hat man zwar mehrere Formeln vorgeschlagen, aber bisher ist eine klare Definition noch nicht gelungen. Der Ausdruck „Kultur" wird ganz ebenso vag und unbestimmt bis zu dem Augenblick bleiben, wo es gelingt, ihn mit einem präzisen Sinn auszustatten.

Geht man alle philosophischen Systeme durch, die sich soviel Mühe gegeben haben, das Problem des individuellen Todes zu lösen, so gelangt man zu dem Resultat, daß alle, oder fast alle, das zukünftige Leben und die Unsterblichkeit der Seele verneinen. Dagegen nehmen die meisten irgend ein allgemeines, nicht genau bestimmtes Prinzip an, ein ewiges Prinzip, das in seiner Gesamtheit die individuellen Seelen umfassen soll. Im Gefühl, daß diese so vagen Ideen die arme Menschheit, die die Vernichtung durch den Tod fürchtet, nicht trösten können, werden die Philosophen nicht müde, die möglichst vollständige Resignation zu predigen. Als GUYAU bemerkt, daß sein System der Unsterblichkeit der Liebe weit entfernt ist, die Menschen zu beruhigen, die von den Philosophen Worte des Trostes erwarten, gesteht er schließlich ebenfalls ein: „da keinerlei Hilfe zu erwarten ist vor dem Unerbittlichen, auch kein Erbarmen in dem, was dem All entspricht, und was mit unserm Denken selbst übereinstimmt, bleibt die Resignation allein übrig . . . .“ (S. 476).

In Übereinstimmung mit der landläufigen Meinung, daß Philosoph sein heißt, die Dinge nehmen, wie sie sind, ohne sich allzusehr gegen die Wirklichkeit aufzulehnen, geht der stets wiederkehrende Rat aller philosophischen Systeme dahin, sich vor dem Unvermeidlichen zu beugen, d. h. sich im Ausblick auf die Vernichtung zu bescheiden.

DRITTER TEIL

WAS DIE WISSENSCHAFT TUN KANN

ZUR ABHILFE DER DISHARMONIEN

IN DER NATUR DES MENSCHEN

NEUNTES KAPITEL

Was die Wissenschaft gegen die Krankheiten tun kann.

Begründung der experimentellen Methode. — Einschreiten der Religionen gegen die Krankheiten. — Die Rolle der Krankheiten in dem Anklagematerial der Systeme der pessimistischen Philosophie. — Fortschritt der Heilkunde im Kampf gegen die Krankheiten. — Revolution in der Medizin und Chirurgie auf Grund der Entdeckungen PASTEURS. — Dienste der Serumtherapie im Kampf gegen die Infektionskrankheiten. — Ohnmacht der Wissenschaft, die Tuberkulose und die bösartigen Geschwüre zu heilen. — Stimmen gegen die wissenschaftliche Entwicklung. — Proteste ROUSSEAUS, TOLSTOIS und BRUNETIÈRES. — Proklamation des Bankrotts der Wissenschaft. — Rückkehr zur Religion und zur Mystik.

Die Wissenschaft, der jüngste Zweig der Erkenntnis, hat einige der großen Probleme zu untersuchen begonnen, die sich auf die Menschheit beziehen.

Erst lange nach dem Auftreten der Hauptreligionen und mehrerer philosophischer Systeme wagte der skeptische Geist, sich zu fragen, ob die Ergebnisse menschlicher Vorstellung in der Tat mit der Wirklichkeit der Dinge übereinstimmten. Allmählich gewann der Skeptizismus Boden und der Kampf zwischen dem religiösen Dogma und der doktrinären Autorität einerseits und der wissenschaftlichen Kritik anderseits wurde eröffnet.

Die Hauptreligionen und die Philosophie ARISTOTELES' beherrschten bereits seit 15 bis 20 Jahrhunderten die große Mehrzahl der Menschen, als sich Zweifel an der wirklichen Wert dieser Lehren geltend machten.

BACO VON VERULAM fragt sich, aus welchem Grunde alle Systeme seiner Zeit so dunkel und so ohnmächtig seien, die Erscheinungen der Welt zu erklären. Die Ursache davon liege nicht in der Natur selbst, denn es sei unbestreitbar, daß diese unwandelbaren Gesetzen gehorcht, die den Gegenstand exakter Erkenntnis bilden können: sie liegt auch nicht im Mangel an Einsicht seitens der Menschen, die sich mit der Lösung dieser Probleme befaßten. Die wahre Ursache des Mißerfolgs muß in der Falschheit oder in der Unzulänglichkeit der angewandten Methoden gesucht werden. Um diesem Übelstand abzuhelfen, rät BACON,[1] „nur schrittweise zu generalisieren und von den einzelnen Tatsachen zu Schlüssen überzugehen, die nur um einen einzigen Grad allgemeiner sind als sie, und so fort bis zu dem Augenblick, in dem wir zu einer allgemeinen Formel gelangen können. Auf diesem Wege können wir nicht zu dunklen und unzuverlässigen Prinzipien gelangen, wohl aber zu klaren und sehr genau bestimmten Schlüssen, die von der Natur selbst nicht widerlegt werden."

Die ersten Schritte der auf diese exakte Methode, die seit langem geahnt, aber erst von FRANCIS BACON formuliert wurde, begründeten Wissenschaft, waren langsam und mühevoll. Die religiösen und philosophischen Lehren lasteten noch zu schwer auf den Geistern, als

[1] Novum organon.

daß diese die neue Methode mutig hätten annehmen können. Aber der Fortschritt vollzog sich gleichwohl, und es wurde möglich, zu den komplizierten und schwierigen Problemen zu kommen, die die Menschheit beschäftigten.

Mehr als 2000 Jahre vor der Geburt der exakten Wissenschaft hatte BUDDHA die Hauptklagen der menschlichen Gattung formuliert. „Dies, o Mönche, ist die heilige Wahrheit vom Leiden," verkündigte er in seiner Predigt zu Benares, „Geburt ist Leiden, Alter ist Leiden, Krankheit ist Leiden, Tod ist Leiden usw." Die langsam vom Besonderen zum Allgemeinen vorrückende Wissenschaft wagte sich nur an das wenigst schwierige Problem dieser vier, d. h. an die Krankheit, heran.

In der buddhistischen Legende, die wir im sechsten Kapitel anführten, flößte der Anblick eines Kranken, „dessen ganze Sinne geschwächt sind, der sehr schwer atmet, dessen ganze Glieder ausgetrocknet sind, dessen Magen zerstört und vom Leiden ergriffen ist, der elend von seinen Exkrementen beschmutzt bleibt," BUDDHA den Gedanken ein: „Die Gesundheit gleicht also dem Spiel eines Traumes! Und die Furcht vor der Krankheit hat also diese schreckliche Form! Wo ist der Weise, der nach dem Anblick solchen Daseins Gedanken der Freude und Lust fassen könnte?" „O Unglück über die Gesundheit, die alle Arten von Krankheiten zerstören!" Als BUDDHA als junger Prinz unter anderm von seinem Vater verlangte, „stets voller Gesundheit zu bleiben, Krankheit möge ihn nicht ergreifen", antwortete ihm sein Vater: „Unmöglich ist, was du verlangst, mein Sohn; in diesem vermag ich nichts!"

Seit dieser Zeit befaßten sich alle Religionen mit der Heilung und Vorbeugung von Krankheiten. Als deren Ursache erkannten sie im allgemeinen den Einfluß der bösen Geister und den Zorn der Götter; als Heilmittel priesen sie Opfer, Gebete und alles, was den göttlichen Zorn beruhigen kann, an. Auch heute steht, besonders bei den Naturvölkern, eine solche Heilkunst noch in Ansehen. Wenn auf Sumatra das aus einer Wunde fließende Blut nicht gestillt werden kann, schreibt man diesen Umstand dem Einfluß eines Dämons (Palasieg) zu, der an der Wunde gesogen hat und sie unheilbar macht.[1] Das Nasenbluten bei Kindern wird auf Nias als Bestrafung des Vaters dafür betrachtet, daß er während der Schwangerschaft seiner Frau ein Schwein getötet hat. Zur Heilung ist unerläßlich, daß der Gottheit ein Opfer dargebracht wird.

Man muß aber sagen, daß man neben solchen Auffassungen unter den religiösen Vorschriften der Naurvölker bestimmte nützliche Regeln findet, die auf eine gut angestellte Beobachtung oder sogar auf Erfahrungen begründet sind. Im Volke versucht man bei Kranken alle Arten von Heilmitteln, von denen die meisten eher schädlich sind; aber dabei verfällt man zuweilen auf sehr wirksame Medikamente. Die populäre Medizin hat also ihre unbestreitbaren Verdienste, aber sie kann auch nicht entfernt mit der auf die strenge Beobachtung und das Experiment begründeten wissenschaftlichen Medizin verglichen werden.

Diese Wissenschaft hat viele Zeit gebraucht, sich zu

[1] BARTELS, Die Medizin der Naturvölker. 1893, S. 20.

entwickeln, aber heute ist sie auf einer solchen Höhe angelangt, daß die Menschheit darauf sehr stolz sein kann. Es ist für den Zweck, den wir verfolgen, unnütz, dieses Thema breit zu behandeln; wir halten es indessen für notwendig, dem Leser ein paar Tatsachen zu unterbreiten, die ihn über den gegenwärtigen Stand der Medizin zu unterrichten geeignet sind.

Es ist sicher, daß in der pessimistischen Auffassung des Weltalls die Furcht vor Krankheiten eine große Rolle gespielt hat. Das wird nicht nur durch die von uns angeführten Worte BUDDHAS bezeugt, sondern auch durch die Entwicklung der Systeme pessimistischer Philosophie. Es wurde bereits im sechsten Kapitel erwähnt, daß die Furcht vor der Cholera SCHOPENHAUER 1831 von Berlin nach Frankfurt reisen ließ.

In seiner Anklage der Einrichtung des Weltalls beruft sich SCHOPENHAUER als auf eines der Hauptargumente zugunsten seiner These, daß diese Welt „die schlechteste unter allen möglichen Welten" sei, auf die Tatsache der Ausdehnung der epidemischen Krankheiten. „Eine geringe, chemisch gar nicht einmal nachweisbare Alteration der Atmosphäre verursacht Cholera, gelbes Fieber, schwarzen Tod usw., welche Millionen Menschen wegraffen: eine etwas größere würde alles Leben auslöschen."[1]

Der Hauptvertreter des SCHOPENHAUERschen Pessimismus, HARTMANN, hat ebenfalls über die Krankheiten und die Medizin sehr schwarze Gedanken. Er ist davon überzeugt, daß die Menschheit trotz aller Fortschritte, die sie verwirklichen wird, nie dahin gelangen wird,

[1] Welt als Wille u. Vorst. Bd. II, S. 688.

sich von den Krankheiten zu befreien, noch ihre Zahl zu vermindern. „Wieviel Mittel gegen Krankheiten auch noch gefunden werden mögen, immer wachsen die Krankheiten, namentlich die quälenden leichteren chronischen Übel in immer rascherer Progression als die Heilkunst."[1]

Wenn sich die Begründer der pessimistischen Philosophie in allen Punkten ihrer Lehre so täuschen, wie sie sich über die Krankheiten und die Heilkunst getäuscht haben, könnte sich die Menschheit sehr glücklich schätzen. Es genügt, die Meinung SCHOPENHAUERS über die großen Epidemien mit dem heutigen Stand der wissenschaftlichen Medizin zu vergleichen, um sich von den ungeheuren Fortschritten Rechenschaft abzulegen, die letztere verwirklicht hat. Wenn SCHOPENHAUER versichert, die epidemischen Krankheiten kämen von leichten Veränderungen in der chemischen Zusammensetzung der Atmosphäre her, spiegelt er offenbar die Meinung der Mediziner seiner Zeit wieder. Die experimentelle Wissenschaft hat diese vollständig dementiert. Es ist auf unwiderlegliche Weise festgestellt, daß die von dem pessimistischen Philosophen angeführten beiden großen Infektionen, die Cholera und die Menschenpest, nichts mit der Chemie der Luft zu tun haben, sondern von zwei Mikroben herrühren, deren Natur und Charakter ebenso genau bekannt sind, wie die irgend einer Pflanze. Die Cholera wird durch den von KOCH entdeckten Kommabazillus verursacht, einen mikroskopischen Organismus, der im Wasser lebt und mit fester und flüs-

[1] Philosophie des Unbewußten, S. 615.

siger Nahrung in den Verdauungskanal des Menschen gelangt. Man hat das Heilmittel gegen die Cholera noch nicht entdeckt, aber man kennt sichere Mittel, um ihre Übertragung zu verhindern. Das einfachste ist, alles vorher kochen zu lassen, was man zu sich nimmt, und jede Verunreinigung durch Abfallstoffe, Wasser und andere Träger des KOCHschen Cholerabazillus zu vermeiden. Noch mehr, in bestimmten besonderen Fällen kann man Sera anwenden, die die Cholera verhindern können. Wenn die Medizin bereits 1831 diese Kenntnis von der Natur der Cholera besessen hätte, hätte die Philosophie einen ganz andern Gang nehmen können. Anstatt vor der Geisel zu zittern und nach Frankfurt zu fliehen, hätte SCHOPENHAUER ruhig in Berlin weiterleben können und HEGEL hätte nicht aufgehört, seine idealistische Philosophie an der Universität dieser Stadt zu lehren.

SCHOPENHAUER verstärkt seine These durch die Anführung des „schwarzen Todes", der Millionen von Menschen töten kann. Unbestreitbar hat diese Krankheit, die nichts andres als die Menschenpest ist, ungeheure Verwüstungen angerichtet, sie hat im 14. Jahrhundert fast ein Drittel der Bevölkerung Europas hinweggerafft. Damals zweifelte man nicht, daß sie vom göttlichen Zorn herrühre, und man vereinigte sich in den Kirchen, um gemeinsam Bitten zu veranstalten. Man opferte und geiselte sich in der Hoffnung, so der schrecklichen Krankheit zu entrinnen. Alle Reisenden, die die Hauptstadt von Österreich besuchten, haben in einer der Hauptstraßen (am Graben) ein großes und sehr wenig ästhetisches Denkmal aus dem 17. Jahrhundert bemerkt, das als Kommemoration der göttlichen Einmischung gegen eine der großen Pestepidemien errichtet ist.

Heute wo die Wissenschaft die wirkliche Ursache der Pest festgestellt hat, hat man über den Ursprung und das Verschwinden dieser Krankheit ganz andre Ideen. Sie ist keineswegs die Äußerung der Bösartigkeit irgend einer Gottheit, sondern eine mörderische Krankheit, die aus der Einwanderung eines Mikroben entsteht, der 1894 zu gleicher Zeit von KITASATO und YERSIN entdeckt wurde. Man hat alle Eigenschaften dieses „Pestbazillus“ studiert und festgestellt, daß er unter den Nagern, die neben dem Menschen wohnen, besonders unter den Ratten und Mäusen, Epidemien hervorruft. Diese Tiere teilen dem Menschen den Pestkeim mit es ist also außerordentlich wichtig, sie durch alle möglichen Mittel zu vernichten. Sicherlich steht, dank der Vernichtung der Nager durch die Pest selbst, schließlich diese Krankheit still, wie es zu Wien im 17. Jahrhundert sich zugetragen haben muß.

Die Pest, früher die schrecklichste epidemische Krankheit, ist auf die Stufe einer Plage herabgesunken, gegen die der Kampf relativ leicht ist. Allein anstatt Messen lesen zu lassen oder sich zu geiseln, muß man, um sie zu vermeiden, die Ratten und Mäuse vertilgen und sich vor den Dingen hüten, die den Pestbazillus übertragen können. Man kann sich auch zweckmäßig einer Lymphe oder eines Antipestserums bedienen; dieses ist nicht nur als Präventivmittel wirksam, sondern auch als Heilmittel gegen die ausgesprochene Pest, unter der Voraussetzung, daß die Krankheit nicht bereits allzu weit vorgeschritten ist. Die Gefahr, deren Möglichkeit Schopenhauer erwägt, muß also als definitiv beschworen betrachtet werden, und das dank dem Fortschritt der experimentellen Wissenschaft. Wenn in bestimmten Ländern, wie z. B. im englischen Indien, die Pest immer noch sehr große Verwüstungen anrichtet, so liegt das an der Unwissenheit der Bevölkerung. Anstatt die wissenschaftlichen Maßregeln auszuführen, folgen die Eingeborenen meistens den von der brahmanischen Religion geheiligten Vorschriften. Sie kennen die Reinlichkeit nicht unter medizinischem und bakteriologischem Gesichtspunkt, sondern nur unter religiösem. Es ist also nicht erstaunlich, daß unter diesen Umständen die Pest aus Indien nicht verschwindet. Trotzdem ist es schwer, einen schlagenderen Beweis für die Wohltaten der exakten Wissenschaft zu liefern.

Die Vermutung Hartmanns über die progressive Vermehrung der Krankheiten beruht auf keiner präzisen Tatsache; sie steht mit einer großen Anzahl sehr gut festgestellter Tatsachen in Widerspruch. Im Gegenteil werden mit den Fortschritten der Hygiene und mit der Befolgung ihrer Vorschriften die Krankheiten weniger häufig und weniger mörderisch.

Ein großer Aufschwung offenbarte sich im Gefolge der Anwendung der fundamentalen Tatsachen, die Pasteur über die Natur der Gärungserscheinungen festgestellt hat, auf die Medizin und die Chirurgie.

Dieser berühmte Gelehrte bewies, daß die Gärungserscheinungen, d. h. die Veränderungen der organischen Stoffe, durch mikroskopische, in der Umgebung des Menschen sehr verbreitete Organismen verursacht werden.

Diese Entdeckung wurde zunächst auf die Chirurgie angewendet. Der schottische Chirurg LISTER stellte klar, daß die Eiterung der Wunden von dem Eindringen von Mikroben herrührt. Geleitet von dieser Wahrheit gelang es ihm, mit Hilfe von Verbänden die Wunden vor jeder Verunreinigung zu schützen; mit einem Schlag sah er die Zahl der Krankheiten im Gefolge der Operation auf außerordentliche Weise sich verringern. Seit der Entdeckung der Anästhetika, wie Äther, Chloroform und Kokain, und seit der Erfindung von Verbandmethoden, die die Wunden vor Mikroben schützen können, hat sich die Chirurgie in einer ganz erstaunlichen Weise entwickelt. Abgesehen von den sehr zahlreichen und sehr schwierigen Bauchoperationen, wagt sie sich mit Erfolg sogar ans Herz.

Zur Beurteilung der Fortschritte, die die moderne Chirurgie in der Behandlung der durch Feuerwaffen verursachten Wunden verwirklichte, ist nichts so instruktiv, wie die Vergleichung der Mortalität der Verwundeten während der Kriege des 19. Jahrhunderts.

Unter den englischen Truppen erreichte während des Krimkriegs die Mortalität 15,21 Proz.; unter den französischen Truppen in Italien 1859—1860 stieg sie auf 17,36 Proz.; unter den deutschen Truppen 1870/71 (Jahren, die mit dem Anfang der chirurgischen Antisepsis zusammenfallen) sank sie auf 11,07 Proz., während 1898 im spanisch-amerikanischen Krieg, d. h. in der glänzenden Zeit der wissenschaftlichen Methoden, nur 6,64 Proz.

an Wunden starben.[1] Im letzten Transvaalkrieg war die Mortalität infolge von Wunden, „bloß die Hälfte derjenigen von 1870/71“.[2]

Die neuen, auf der Entdeckung der Natur der Fermente und der Infektionsgifte begründeten Heilmethoden, reformierten die Wissenschaft und die Praxis der Wochenbettskrankheiten dermaßen, daß das Puerperalfieber, das früher eine der großen Geiseln der Menschheit war, sich ganz wesentlich reduziert hat.

Die Blindheit der Neugeborenen, die das ganze Dasein im höchsten Grade unglücklich machte, wurde sozusagen vollständig unterdrückt, dank den Präventivmaßregeln, die es verhindern, daß sich das Kind im Augenblick der Geburt bei seiner Mutter ansteckt. Die von einem deutschen Arzt, Credé, vorgeschlagene Methode verwirklichte diesen Fortschritt dank der Anwendung eines Antiseptikums (Silbernitrat), von dem ein zwischen die Augenlider des Neugeborenen eingeträufelter Tropfen genügt, um die Blennorrhagie der Augen zu verhindern.[3]

Die Appendicitis, die so verbreitete Krankheit, die wir im vierten Kapitel als eines der besten Beispiele für die Disharmonie in der menschlichen Natur anführten, begegnet seitens der wissenschaftlichen Medizin einer

[1] Borden, The Use of the Röntgen Ray etc., Washington 1898, p. 20.

[2] Bulletin du service de santé militaire, 1901, no. 499, p. 73.

[3] Zur Beurteilung der Wirksamkeit der Credéschen Methode genügt es, zu sagen, daß ihre Anwendung in Stockholm 1899 die Fälle der Blennorrhagie der Neugeborenen von 0,56 Proz. auf 0,045 Proz. sinken ließ. (Widmark, Mitteilungen a. d Augenklinik d. Carol. Med. Chir. Instit. zu Stockholm, 1902, S. 126.)

lebhaften Bekämpfung. In bestimmten Fällen befreit der chirurgische Eingriff endgültig von der Appendicitis. In andern Fällen genügt die medizinische Behandlung allein vollauf, um das Übel zu heilen und die Operation zu vermeiden.

Lange Zeit verkündeten die allzuskeptischen Geister, daß es nur die dem chirurgischen Eingriff zugänglichen Krankheiten seien, die durch die mikrobiologische Lehre wirksam zu bekämpfen sind. Aber PASTEUR erwies bald die ganze Ungenauigkeit dieser Behauptung. Mit CHAMBERLAND und ROUX zusammen arbeitend entdeckte er, daß es möglich ist, mehreren Infektionskrankheiten mit Hilfe abgeschwächter Gifte vorzubeugen; es gelang ihm, die von tollen Tieren gebissenen Tiere und Menschen vor der Wut, einer der schrecklichsten Krankheiten, die es gibt, und die bis dahin unfehlbar tödlich verlief, zu schützen.

In dieser neuen Richtung entwickelte sich die medizinische Wissenschaft mit außerordentlicher Schnelligkeit und zeitigte eine Reihe der merkwürdigsten Entdeckungen. Unter diesen müssen wir auf die Entdeckung der heilkräftigen Eigenschaft des Blutserums der Tiere hinweisen, die einer Behandlung mit bestimmten Mikroben oder deren löslichen Produkten unterworfen wurden. VON BEHRING bewies in Gemeinschaft mit dem japanischen Gelehrten KITASATO, daß ein derartiges Serum, präpariert mit dem Gift des Mikroben, der die Diphtherie (ein von ROUX in Zusammenarbeit mit YERSIN entdecktes Gift) erregt, die gesunden Individuen vor der Diphtherie schützen und sogar die von dieser Krankheit ergriffenen Menschen heilen kann. Nur in Fällen, in denen das Serum in einem allzu vorgeschrittenen Stadium der Diphtherie verwendet wird, ist es machtlos, sie zu heilen.

Das seit mehr als acht Jahren in die Praxis eingetretene Antidiphtherieserum bestand alle Prüfungen und offenbarte endgültig seine vorsorgende und heilende Macht. Wenn es noch Kranke gibt, die der Diphtherie erliegen, so erklärt sich das sehr häufig durch die zu späte oder unzulängliche Anwendung.

Der Gebrauch des Antidiphtherieserums hat die Mortalität von 50 Prozent und sogar 60 Prozent auf 12 bis 14 Prozent reduziert. Berechnete man die mittels dieser Methode geretteten Kinder, wäre ihre Zahl wahrhaft erstaunlich.

Die Entdeckung der so wohltätigen Serumtherapie wurde auf mehrere andere Krankheiten angewandt und erzielte bald die ermutigendsten Resultate. Da wir jedoch hier nicht auf die Einzelheiten dieser Frage eingehen können, mag es uns genügen, zu sagen, daß die Medizin seit einem Vierteljahrhundert in eine neue Phase getreten ist, und daß sie an der Seite der andern exakten Wissenschaften, die auf die experimentelle Methode begründet sind, ihre Stelle einnimmt. Es ist nicht zu verwundern, daß sie in einem so kurzen Zeitraum nicht alle Probleme, die ihr die leidende Menschheit vorlegt, hat lösen können. Dieser noch nicht vollkommene Zustand hat bald sehr ernste Kritiken veranlaßt.

Wie! sagt man, ihr versichert die Bedeutung der Fortschritte der medizinischen Wissenschaft im Augenblick, in dem ihr ihre Ohnmacht eingestehen müßt, die

Tuberkulose, die allerwichtigste Infektionskrankheit, zu heilen, die allein den Tod des sechsten Teils der menschlichen Gattung verursacht! Freilich wurde der Infektionscharakter dieser Geisel von VILLEMIN bereits vor bald 40 Jahren erkannt. Mehr als 20 Jahre sind seit der berühmten KOCHschen Entdeckung des Bazillus verflossen, der die Lungenschwindsucht und alle andern Formen der Tuberkulose erzeugt, und trotzdem kann noch kein Mittel diese Krankheit verhindern. In allen mikrobiologischen Instituten und Laboratorien sucht man nach einer Lymphe, einem Serum oder einer Arznei zur Heilung der Tuberkulose, einer Krankheit, welche die unbewußte Natur selbst in einer so großen Zahl von Fällen heilt. Aber die Resultate reduzieren sich auf nichts oder auf sehr wenig.

Hier liegt also ein gutes Beispiel vor, die Ohnmacht der Wissenschaft zu beweisen. Allein bei näherer Untersuchung der Frage kann man leicht nachweisen, daß man selbst mit den gewonnenen Tatsachen auf eine weit wirksamere Weise die Tuberkulose bekämpfen könnte, als man bisher getan hat. Nach dem Nachweis der infektiösen Natur der Tuberkulose hätte man, auch ohne die Entdeckung des KOCHschen Bazillus abzuwarten, alle möglichen Mittel zur Zerstörung der Stoffe, die das Infektionsgift enthalten, anwenden können und sollen. Das sind vor allem der Auswurf der Phthisiker und die Milch der tuberkulösen Kühe. Trotz allem, was darüber gesagt wurde, sieht man noch alle Tage die Leute auf den Boden der Wagen, der Omnibusse und der öffentlichen Plätze ausspucken. Also nicht durch die Unzulänglichkeit der Wissenschaft, sondern auf Grund der Unwissenheit und des schlechten Willens der Bevölkerung verbreitet sich die Tuberkulose. Schon indem man die Regeln der wissenschaftlichen Hygiene befolgt, könnte man diese Krankheit verringern, ebenso auch eine große Zahl anderer, wie das typhöse Fieber und die Dysenterie, ohne die Entdeckung der spezifischen Heilmittel abzuwarten.

Wenn jedoch die zeitgenössische Wissenschaft für den Kampf gegen die als infektiös erkannten Krankheiten schon hinreichend gerüstet ist, steht es nicht so gegenüber einer gewissen Anzahl andrer Affektionen, unter denen den bösartigen Geschwülsten oder den Krebsen im allgemeinsten Sinne des Wortes der erste Platz zukommt.

Es gibt wenig Krankheiten, die gleich schrecklich sind; denn diese Geschwülste heilen nie aus sich selbst und können mit Aussicht auf dauernden Erfolg nur in Fällen exstirpiert werden, in denen sie früh genug erkannt wurden. Es gibt also jedes Jahr eine große Anzahl Menschen, junge und alte, die den bösartigen Geschwülsten erliegen. Es ist sogar wahrscheinlich, daß die Krebskrankheiten zahlreicher werden, als sie früher waren. Man dachte, diese Vermehrung hinge von der längeren Lebensdauer in der Gegenwart ab. Da die wahren Krebskrankheiten besonders bei den Greisen wüten, könnte eine größere Langlebigkeit bereits die Vermehrung der bösen Geschwülste zur Ursache haben. Auch wenn man diesem Umstand Rechnung trägt, steigt die Ziffer der Fälle immer mehr.

Es ist nicht zweifelhaft, daß die bösartigen Geschwülste

für die Medizin und die Chirurgie das traurigste Leiden sind, und daß diese Wissenschaften in Bezug auf sie in einer noch größeren Dunkelheit herumirren, als wie sie vor der Entdeckung der pathogenen Mikroben hinsichtlich der Infektionskrankheiten herrschte. In der Zeit, in der man diese Krankheitskeime noch nicht kannte, war man bereits im Besitz der Gifte, d. h. von Stoffen, durch deren Einimpfung die Krankheit hervorgerufen werden kann. So kannte man das Blatterngift, und wußte es sogar gegen die Blattern anzuwenden. Fast ein Jahrhundert vor den Entdeckungen PASTEURS hatte man in einem andern Gift, dem Cowpox (Kuhpockenlymphe), ein ausgezeichnetes Schutzmittel gegen die Blattern gefunden. Diesen großen Dienst hat JENNER der Menschheit geleistet.

Was nun die bösartigen Geschwülste betrifft, so hat man noch nicht einmal ihre Natur festgestellt. Man weiß nicht, sind sie eine Infektionskrankheit, kommt ihre Ursache aus dem Organismus selbst oder von außen.

Freilich gibt diese Unkenntnis noch kein Recht zum Verzweifeln. Es ist sogar vorauszusehen, daß die bösartigen Geschwülste bald in die Kategorie der Infektionskrankheiten werden eingereiht werden, die von außen kommenden Mikroben herrühren. Die Experimente über den Krebs der Ratten und Mäuse deuten darauf hin, daß die Geschwülste einimpfbar sind, wie die Giftkrankheiten. HANAU bewies es durch eine Art Epithelium der alten Ratten; MORAU[1] gelang es, den Krebs bei weißen Mäusen hervorzurufen. Das letztere Resultat wurde soeben von

[1] Archives de médecine experim., 1894, Bd. VI, p. 677.

JENSEN[1] und BORREL[2] im Institut PASTEUR bestätigt; diese Tatsache bildet bereits einen sehr bedeutenden Markstein in der wissenschaftlichen Untersuchung der Krebskrankheiten. In den bösartigen Geschwülsten kann also unmöglich ein Argument von irgendwelcher Bedeutung zugunsten der pessimistischen Auffassung des Weltalls erkannt werden.

In einer neuerlichen Publikation betont DR. BOAS in Berlin[3] die Tatsache, daß eine sehr große Anzahl Krebskranker sich erst in einem schon allzuweit vorgeschrittenen Stadium des Übels an den Arzt wendet. So hatten sich in 80 Prozent Fällen von Magenkrebs, die er behandelt hatte, die Kranken in einem Zustand eingestellt, in dem die Operation nicht mehr vollzogen werden konnte. BOAS rät daher, mit Hilfe von jedermann zugänglichen Publikationen die Aufmerksamkeit der Öffentlichkeit auf die ersten Symptome krebsartiger Krankheit zu lenken. Er denkt, dank dieser Maßregel könnten viele Krebse zeitig genug entfernt werden, um die Heilung zu sichern.

Die Vorbeugung und die Behandlung der Krankheiten, die solange Zeit hindurch eine Domäne der Religion bildeten, sind immer mehr in die Hände der Vertreter der wissenschaftlichen Medizin übergegangen. Nur einige Nervenkrankheiten, die durch Suggestion geheilt werden können, bleiben übrig, in deren Behandlung der Glaube und die Religion noch eine mehr oder weniger bedeutende Rolle spielen können.

[1] Hospitalstidende, 7. Mai 1902, p. 489.
[2] Annales de l'Institut Pasteur, Februar 1903.
[3] Deutsche medicin. Wochenschrift, 30. Oktober 1902, S. 798.

Ich fühle kein Bedürfnis, bei der hervorragenden Bedeutung der Wissenschaft im Kampfe der Menschheit gegen die Krankheiten lange zu verweilen, denn dieser Punkt ist von solcher Offenkundigkeit und Klarheit, daß es wahrhaftig zwecklos ist, ihn über Gebühr zu entwickeln. Jedermann muß anerkennen, daß es so steht; auch die leidenschaftlichsten Gegner der Wissenschaft konnten sich vor der Tatsache nur beugen.

Allein, man hat das Problem gewechselt. Sicherlich, sagt man, die Wissenschaft kann der Menschheit sehr gut helfen, sobald sie an dieser oder jener Krankheit leidet, aber so steht die Frage nicht. Die Krankheit ist nur eine Episode des menschlichen Lebens, dessen große Probleme von der Wissenschaft ungelöst bleiben. Es genügt nicht, einen Menschen von der Diphtherie oder vom Wechselfieber zu heilen; man muß ihm sagen, was seine Bestimmung ist, und warum er in einem Augenblick altern und sterben muß, in dem er die größte Lebenslust hat. Hier wird die Ohnmacht jeder Wissenschaft klar, hier beginnt die wohltätige Aufgabe der Religion und der Philosophie. Da die Wissenschaft die Glaubensdogmen beständig anzweifelt und die Systeme der Philosophie kritisiert, ist sie, anstatt der Menschheit nützlich zu sein, ihr schädlich.

Schon lange ist der Krieg gegen die Wissenschaft eröffnet. Im achtzehnten Jahrhundert führt ihn JEAN JACQUES ROUSSEAU[1] mit einem Talent und mit einer Be-

[1] Ob die Wiederherstellung der Wissenschaften und Künste zur Reinigung der Sitten beigetragen hat. Oeuvres complètes, 1875, I, p. 463.

geisterung, die ihm die Berühmtheit einbrachten. Er verteidigte seine These mit einer Kraft und einer erstaunlichen Beredtamkeit, wie man nach einigen Auszügen beurteilen kann. „Volk," sagte er, „versteh doch einmal, daß die Natur vor der Wissenschaft dich hat bewahren wollen, so wie eine Mutter den Händen ihres Kindes eine gefährliche Waffe entreißt; daß alle Geheimnisse, die sie vor dir verbirgt, ebensoviele Übel sind, vor denen sie dich bewahrt, und daß die Mühe, die es dir bereitet, dich zu unterrichten, nicht die geringste ihrer Wohltaten ist. Die Menschen sind verdorben; sie wären noch schlimmer, wenn sie das Unglück hätten, gelehrt geboren zu werden" (p. 469). „Sind unsere Wissenschaften eitel im Objekt, das sie sich vorsetzen, so sind sie noch gefährlicher durch die Wirkungen, die sie hervorrufen. In Müßiggang geboren, nähren sie ihn auf ihrem Wege . . . Antwortet mir also, ihr berühmten Philosophen, durch die wir die Gründe wissen, warum die Körper sich im Raume anziehen, durch die wir wissen, welches bei dem Planetenumlauf die Verhältnisse der in gleichen Zeiten durchlaufenen Flächen sind; welche krummen Linien paarweise Punkte, Inflexionspunkte und Gegenpunkte haben; . . . welche Sterne bewohnt werden können; welche Insekten auf außerordentliche Weise sich fortpflanzen, antwortet mir, sage ich, ihr, von denen wir soviel erhabene Kenntnisse erhalten haben: hättet ihr uns niemals etwas von diesen Dingen gelehrt, wären wir darum geringer an Zahl, weniger gut regiert, weniger gefürchtet, weniger blühend oder verdorbener?" (p. 470).

Dieser Erguß konnte zwar durch seinen aufrichtigen

und beredten Ton starken Eindruck machen, aber er konnte den ununterbrochenen und triumphierenden Vormarsch der Wissenschaft in nichts verhindern; gerade am Ende des achtzehnten Jahrhunderts verwirklichte sie ihre ersten bleibenden Fortschritte. Man braucht nur an das Weltsystem von LAPLACE zu erinnern und an die Grundlegung der Chemie und das Gesetz von der Unzerstörbarkeit des Stoffes von LAVOISIER.

Im neunzehnten Jahrhundert hat die Wissenschaft den ganzen Gang des Lebens durch Anwendung der Dampfkraft und durch viele andre Entdeckungen von höchster Bedeutung umgestaltet. Trotzdem aber hat sie ausgezeichnete Geister nicht befriedigt. So sehen wir im neunzehnten Jahrhundert gleich J. J. ROUSSEAU einen genialen Schriftsteller seine Stimme gegen die Wissenschaft erheben.

In einem Aufsatz unter dem Titel: Über den Zweck der Wissenschaft und der Kunst sucht LEO TOLSTOI [1] die Zwecklosigkeit der Wissenschaft für die Lösung der Hauptprobleme, welche die Menschheit beschäftigen, zu erweisen. Die Aufgabe, der sich der russische Autor widmet, ist sicherlich weit schwieriger, wie die JEAN JACQUES ROUSSEAUS, denn die Wissenschaft ist im vergangenen Jahrhundert eine weit größere Macht geworden, als sie es im achtzehnten Jahrhundert war.

TOLSTOI ist überzeugt, daß die theoretischen Untersuchungen über die Herkunft der Lebewesen, über die Struktur der Zellgewebe usw. keine Bedeutung für die Menschheit besitzen und nur dazu dienen können, den Müßiggang der Gelehrten zu verschleiern. „Alles, was

[1] Werke, XII, 1897, S. 372—446.

wir Kultur nennen," versichert TOLSTOI, „unsere Wissenschaften, die Kunst, die Vervollkommnung der Annehmlichkeiten des Lebens, sind Versuche, die moralischen Bedürfnisse des Menschen zu täuschen; alles, was wir Hygiene und Medizin nennen, sind Versuche, über die natürlichen, physischen Bedürfnisse der Natur des Menschen zu täuschen" (S. 437).

Alle Fortschritte der Wissenschaft haben „bis jetzt die Lage der Mehrheit, d. h. der Arbeiter, nicht nur nicht verbessert, sondern sogar verschlimmert" (S. 397).

Für TOLSTOI kann der Name wahrer Wissenschaft nur der Erkenntnis dessen gegeben werden, „was den Zweck und daher das wahre Glück jedes Individuums und aller Menschen bildet. Das ist die Wissenschaft, welche bei der Bestimmung der Aufgabe aller andern Wissenschaften als leitender Faden dient," „... ohne die Erkenntnis des Lebenszwecks und dessen, was das Glück aller Menschen ausmacht ... werden alle andern Kenntnisse und Künste, wie es sich bei uns gezeigt hat, ein zweckloses und sogar schädliches Vergnügen" (S. 411).

Die Hauptanklage des russischen Schriftstellers gegen die Wissenschaft, die Kultur und den Fortschritt bezieht sich also auf ihre Ohnmacht, die schwierigsten Probleme zu lösen, nämlich: den wahren Zweck des menschlichen Daseins und die Bestimmung des wahren Glücks, dem die Menschheit zustreben muß.

In dieser Hinsicht äußert TOLSTOI eine Ansicht, die eine große Zahl von Denkern teilt. Einige Jahre nach ihm gab ein sehr bekannter französischer Kritiker und Publizist, BRUNETIÈRE, unter dem Eindruck einer Reise nach Rom und eines Besuches beim Papst, eine ganz ähnliche Ansicht kund und verkündete laut den „Bankrott der Wissenschaft".

BRUNETIÈRE[1] formuliert seine Kritik folgendermaßen: „Die Wissenschaft hat seit einigen Hundert Jahren versprochen, den Zustand der Welt zu verbessern, das Mysterium zu entschleiern: sie tat es nicht. Sie ist ohnmächtig, die einzig wesentlichen Fragen zu lösen: die Herkunft des Menschen, das Gesetz seines Verhaltens, seine zukünftige Bestimmung. Wir wissen jetzt, daß die Naturwissenschaften in dieser Hinsicht uns niemals etwas werden lehren können. In dem Konflikt zwischen Wissenschaft und Religion hat also die Wissenschaft die Partie verloren, da sie sich dort ohnmächtig erklären muß, wo die Religion ihre ganze Macht bewahrt hat. Die Aufklärungen, die die Wissenschaft nicht gibt, die Religion gibt sie. Sie lehrt uns, was weder die Anatomie noch die Physiologie lehren können, nämlich was wir sind, wohin wir gehen, und was zu tun ist. Die Moral und die Religion ergänzen sich gegenseitig; da die Wissenschaft für die Moral nichts vermag, ist es Aufgabe der Religion, deren Forderungen zu erheben."

Man erwiderte BRUNETIÈRE, daß seine Vorwürfe nicht begründet seien, zunächst, weil die Wissenschaft niemals die großen Probleme des Zweckes des menschlichen Lebens und der Grundlegung der Moral zu lösen versprochen habe; dann, weil einige dieser Probleme wahrscheinlich nie vom menschlichen Verstand werden gelöst werden.

[1] Revue des Deux Mondes, 1895, no. 1, p. 97, „La science et la religion." Paris 1895. Le Figaro, 4. Jan. 1899.

Der sehr bekannte französische Physiolog CHARLES RICHET [1] suchte vergebens die wissenschaftlichen Abhandlungen, in denen man die Lösung der Fragen versprochen hätte, die TOLSTOI und BRUNETIÈRE und mit ihnen einen sehr großen Teil der Menschheit beschäftigen. „In welchen klassischen Werken der Wissenschaft machte sie die blendenden Versprechungen, die BRUNETIÈRE mit Bitterkeit erwähnt?" fragt CH. RICHET. „Ich habe in diesem Augenblick," fährt er fort, „das ‚Manuel du baccalauréat des sciences' unter den Augen. Es ist eine Zusammenfassung der zeitgenössischen wissenschaftlichen Kenntnisse. Ich suchte darin vergebens nach Versprechungen . . . es gibt keine Versprechungen darin" (S. 34).

In Werken wissenschaftlicher Verallgemeinerung muß man diese Versprechungen suchen. Seit dem Erwachen des rationalistischen und skeptischen Geistes in Europa, d. h. schon seit mehreren Jahrhunderten, hat man unstreitig den Gedanken geäußert, daß das ganze menschliche Leben durch natürliche Gesetze geregelt werden kann, ohne das Dazwischentreten eines Dogmas, einer Religion oder der Metaphysik. Die Versuche in dieser Richtung waren sehr zahlreich. In dem Buche BÜCHNERS „Kraft und Stoff", das die Auffassung des Weltalls nach der Gesamtheit wissenschaftlicher Tatsachen des neunzehnten Jahrhunderts zusammenfaßt, finden wir folgende Auskünfte: „Es muß daher," sagt der deutsche Popularisator, „eine ganz andre Grundlage unsrer Sittlichkeit gesucht werden, als der entfernt

[1] Revue scientifique, 1899, I, p. 33.

liegende, phantastische und unpraktische Glaube an über- und außernatürliche Dinge. Die Wissenschaft muß an die Stelle der Religion, der Glaube an eine natürliche und unverbrüchliche Weltordnung an die Stelle des Geister- und Gespensterglaubens, die naturgemäße Moral an die Stelle der künstlichen oder Dogmenmoral gesetzt werden" (S. 277).

BÜCHNER versucht sogar zu definieren, was die natürliche Moral ist. Nach ihm ist sie „das Gesetz der gegenseitigen Achtung des allgemeinen, wie des privaten gleichen Menschenrechtes zum Behuf der Sicherung allgemeinen Menschenglücks. Alles, was dieses Glück und diese Achtung stört oder untergräbt, ist bös, alles, was dieselben fördert, gut" (S. 280).

Auf die andre Frage: „Wohin gehen wir?" findet sich gleichfalls in dem materialistischen und wissenschaftlichen Brevier BÜCHNERS eine Antwort. Er bekämpft die von fast allen Religionen behauptete Unsterblichkeit und kommt zu dem Schluß: „In der Tat kann und muß der Gedanke an Vernichtung oder Aufhören des individuellen Lebens für das Gemüt eines philosophisch denkenden Menschen weit mehr Beruhigendes als Abschreckendes haben. Nichtsein ist, wie dieses bereits die tiefsinnige Religion des BUDDHA so klar erkannt hat, vollkommene Ruhe, Schmerzlosigkeit, Befreiung von allen, das körperliche oder geistige Wesen quälenden oder alterierenden Eindrücken und darum auch nicht zu fürchten, sondern nach Ablauf der normalen Lebenszeit und bei Eintritt der unvermeidlichen Schwächen des Alters auf das höchste zu wünschen" (S. 235).

Man darf nicht glauben, daß die soeben angeführten Meinungen BÜCHNERS persönliche seien. Dieser Schriftsteller hat vielmehr der landläufigen Meinung unter den materialistischen und positivistischen Gelehrten seiner Epoche als Wortführer gedient. Es ist beachtenswert, daß wir in dem HÄCKELschen Buche „Die Welträtsel", das fast ein halbes Jahrhundert nach der ersten Ausgabe von „Kraft und Stoff" erschien, dieselben Ideen wiederfinden. Auch er findet auf die Fragen, welche die ganze Menschheit beschäftigen, Antworten. Auch für ihn reduziert sich, wie wir im fünften Kapitel sahen, das Problem der natürlichen Moral auf den sozialen Instinkt des Menschen und hat nichts mit irgend welchem religiösen Dogma zu tun. Was das Schicksal des Menschen betrifft, so löst er die Frage folgendermaßen: „Das beste, was wir uns nach einem tüchtigen, nach unserm besten Gewissen gut angewandten Leben wünschen können, ist der ewige Friede des Grabes" (S. 239).

Wir finden in der Beweisführung der beiden wissenschaftlichen Popularisatoren des neunzehnten Jahrhunderts eine sehr große Analogie. Wie BÜCHNER zum Beweis der ganzen Nichtigkeit der Idee eines ewigen Lebens die Legende vom ruhelosen „ewigen Juden" anführt, so stützt sich auch HÄCKEL auf jene Legende des unseligen Ahasverus, der vergebens den Tod sucht und sein ewiges Leben unerträglich findet. „Mag man sich," sagt HÄCKEL, „dieses ‚ewige Leben' im Paradiese aber noch so herrlich ausmalen, so muß dasselbe auf die Dauer unendlich langweilig werden."

Sicherlich werden die soeben angeführten Meinungen

von einer großen Anzahl Menschen geteilt, die sich auf wissenschaftliche Argumente stützen; aber es fehlt nicht an Gelehrten, die über den Gegenstand, der uns beschäftigt, verschiedene Gedanken haben.

Beim Nachdenken über die allgemeinen Probleme der Wissenschaft und des Weltalls verkündet der deutsche Physiolog EMIL DU BOIS-REYMOND sein „Ignorabimus", um kundzugeben, daß eine ganze Reihe von Fragen höchster Wichtigkeit für die Menschheit über den menschlichen Verstand hinausreichen und niemals werden gelöst werden. Es sind genau jene sieben Welträtsel, die HÄCKEL in dem angeführten Buche zu lösen versucht.

Nicht selten sind die Gelehrten, die denken, daß die Hauptprobleme, die nach TOLSTOI die wahre Wissenschaft bilden, niemals werden gelöst werden. „Jeder Tag bringt irgend eine neue Eroberung, sagt CHARLES RICHET (a. a. O. S. 35), ohne das letzte Rätsel, das menschliche Schicksal, zu lösen, ein Rätsel, das wahrscheinlich niemals gelöst werden wird." Die Philosophen bekennen ebenfalls analoge Ansichten. „Sicherlich ist es nicht die Wissenschaft, sagt GUYAU, die die Individualität nach Beweisen ihrer Fortdauer befragen kann" (Irrélegion, p. 460).

Die Antworten, welche die Wissenschaft bei ihrem heutigen Stande gibt, genügen nicht zur Tröstung der Geister, die bei ihr Hilfe suchen. Als in der Diskussion über den „Bankrott der Wissenschaft" CHARLES RICHET die Wohltat der Diphtheriebehandlung mit dem spezifischen Serum anführte, als Beweis für die Macht der wissenschaftlichen Entdeckungen, da antwortet ihm BRUNETIÈRE: „Die Serumtherapie wird uns nicht daran hindern, zu sterben, sie wird uns noch weniger lehren, warum wir sterben." Stets kommt dieses Problem des Todes wieder aufs Tapet. Was nützt es, ein Kind von der Diphtherie zu heilen, wenn man es dafür verurteilt, groß zu werden und die Kenntnis von der Unvermeidlichkeit des Todes, die es mit Schrecken erfüllen muß, zu erlangen?

Wenn die Wissenschaft ohnmächtig ist, die wichtigsten Probleme zu lösen, die die Menschheit martern, wenn sie sich mit Unzuständigkeit entschuldigt, oder wenn sie, als höchste Lösung, nichts andres findet, als die Vernichtung im Grabe zu preisen, so begreift man ohne Mühe, daß viele Geister, sogar ausgezeichnetste, sich von ihr abwenden. Das Verlangen, für das Elend dieses ohne einen bestimmten Zweck vollbrachten Daseins eine Lösung zu finden, wirft sie in die Arme der Religionen und der Metaphysik. Aus diesem Grunde konstatiert man in der heutigen Menschheit ein unverkennbares Streben nach der Rückkehr zum Glauben. Man versenkt sich in die Mystik in dem Gedanken, aus ihr werde etwas kommen, das eine weniger traurige Antwort gibt, als die von den Vertretern der Wissenschaft verkündigte Vernichtung.

In allen Schichten der modernen Gesellschaft bemerkt man dieses Forschen nach dem Übernatürlichen. Es bietet also ein hohes Interesse, den geheimen Mechanismus dieser Preisgabe der Wissenschaft und dieser Rückkehr zum Glauben genauer zu bestimmen. In den Bekenntnissen TOLSTOIS finden wir den besten Bericht über diese Metamorphose.

Nachdem TOLSTOI zu dem Resultat gelangt war, daß

das Leben eine Sinnlosigkeit ist, weil es mit der Furcht vor dem Tode und der vollständigen Vernichtung nicht in Harmonie gebracht werden kann (s. sechstes Kap.), fragt er sich, ob sich nicht die Möglichkeit finden ließe, das große Problem des menschlichen Daseins mit Hilfe von wissenschaftlichen Tatsachen zu lösen. „Ich suchte in allen Wissenschaften," sagt er, „und ich fand nicht nur nichts, sondern ich bin sogar überzeugt, daß alle, die gleich mir in der Wissenschaft suchten, auch nicht mehr gefunden haben. Und sie haben nicht nur nichts gefunden, sie erkannten sogar klar, daß dasselbe, was mich zur Verzweiflung brachte — die Ungereimtheit des Lebens — das einzige unbestreitbare Wissen ist, was dem Menschen erreichbar ist" (S. 67). „In der langen Zeit, während welcher ich die schwere und ernste Sprache der exakten Wissenschaften erwog, die sich kaum mit dem Problem des menschlichen Lebens befassen, schien es mir, daß sie etwas enthielten, was ich nicht begriff" (S. 68).

Dennoch scheint TOLSTOI die Frage, die er sich stellt, sehr einfach: „Warum muß ich leben? Warum muß ich etwas tun? Oder noch anders: Gibt es im Leben einen Zweck, der nicht durch den unvermeidlichen Tod, der mich erwartet, vernichtet wird? Auf diese selbe verschieden ausgedrückte Frage suchte ich eine Antwort im Wissen des Menschen" (S. 70). „Seit meiner ersten Jugend interessierten mich die spekulativen Wissenschaften stark. In der Folge zogen mich die Mathematik und die Naturwissenschaften ebenfalls an und bis zu dem Augenblick, in dem diese Frage sich klar vor mir erhob, immer größer werdend und gebieterisch eine

Lösung fordernd, bis zu dieser Zeit war ich mit der Scheinantwort zufrieden, die die Wissenschaft geben kann" (S. 72). „. . . . . . ich sagte mir: Alles entwickelt sich, entfaltet sich, schreitet zur Komplikation und Verbesserung fort, und es gibt Gesetze, die diesen Gang lenken. Du, du bist ein Teil des Ganzen." „Trotz aller Scham, die mich das Geständnis kostet — es gab eine Zeit, in der ich mich damit zufrieden zu geben schien. Meine Muskeln wurden groß und stark. Mein Gedächtnis bereicherte sich. Die Fähigkeit des Denkens und Auffassens erhöhte sich. Ich wuchs und entwickelte mich, und indem ich in mir das Wachstum fühlte, war es für mich ganz natürlich zu glauben, daß gerade im Gesetz des ganzen Weltalls ich die Lösung des Problems meines Lebens finden müßte. Aber die Zeit kam, wo mein Wachstum stillstand. Ich fühle, daß ich mich nicht mehr entwickle, daß ich sogar zurückgehe. Meine Muskeln wurden schwach. Meine Zähne fielen aus, und ich fühlte, daß mir dieses Gesetz nicht nur nichts erklärt, sondern auch, daß es ein solches Gesetz nie gegeben hat, daß es nie hat existieren können, und daß ich für ein Gesetz gehalten hatte, was ich eine bestimmte Zeit meines Lebens hindurch in mir selbst gefunden hatte" (S. 73).

„Nachdem ich in der Wissenschaft keine Erklärung gefunden hatte," fährt Tolstoi in seinem so ergreifenden Bericht fort, „begann ich sie im Leben zu suchen und ich hoffte sie bei den Menschen meiner Umgebung zu finden" (S. 115). „Mein Verstand arbeitete, aber auch etwas anderes, das ich nur mit dem Wort Lebensbewußtsein bezeichnen kann. Es war wie eine Kraft, die meinen Verstand zwang, eine ganz andre Richtung einzuschlagen und mich aus meiner verzweifelten Lage zu reißen" (S. 133).

Diese neue Richtung stellte sich als das Gefühl des Glaubens dar. „Auf welche Weise ich mir auch die Frage stelle: Wie muß ich leben? Die Antwort lautet: Durch das Gesetz Gottes. Wohin endet mein gegenwärtiges Leben? In ewige Leiden oder in ewiges Glück. Welches Gefühl wird nicht vom Tod zerstört? Die Einheit mit dem unendlichen Gott, das Paradies. So war ich unvermeidlich zur Einsicht gekommen, daß die ganze Menschheit unabhängig vom intellektuellen Wissen, das mir früher einzig richtig erschien, noch eine ândre Erkenntnis besaß, eine unreflektierte: den Glauben, der die Möglichkeit verleiht, zu leben. Die ganze Torheit des Glaubens blieb für mich die nämliche, wie vorher, aber ich konnte mich nicht dagegen verschließen, daß er allein der Menschheit die Antworten auf die Fragen des Lebens gibt und daher die Möglichkeit zu leben. Die Vernunft hatte mich zum Eingeständnis der Sinnlosigkeit des Lebens geführt, das seitdem keine Berechtigung mehr hatte, und ich wollte mich umbringen. Nachdem ich die ganze Menschheit beobachtet hatte, sah ich, daß die Menschen leben in der Zuversicht, den Sinn des Lebens zu kennen. Da kehrte ich zu mir selbst zurück. Auch ich hatte gelebt bis zu dem Augenblick, in dem ich mich über den Sinn des Lebens beunruhigt hatte. Wie den andern Menschen wurden mir durch den Glauben das Leben und die Möglichkeit des Lebens dargeboten" (S. 147).

Auf dem Weg des Glaubens vorwärts schreitend,

gelangt TOLSTOI zu dem Gedanken: „Der Zweck des Menschen im Leben besteht darin, seine Seele zu retten; daher muß er in Gott leben, und um in Gott zu leben, muß er auf alle Freuden des Lebens verzichten, arbeiten, entsagen, geduldig und barmherzig sein“ (S. 203). Dieser Schluß zog den andern nach sich: „Der Gehalt jedes Glaubens besteht darin, daß er dem Leben einen Sinn verleiht, der nicht vom Tod zerstört wird“ (S. 208).

Man sieht, daß diese ganze Evolution, die mit der instinktiven Furcht vor dem Tode beginnt, beim Glauben an etwas, das nach dem Tode fortdauert, endet. Unter diesen Umständen begreift man jenen der Wissenschaft feindlichen Geist, den TOLSTOI so klar ausdrückt und dessen wir oben Erwähnung taten.

Das Beispiel TOLSTOIS ist sicherlich nicht das einzige, in dem die Unmöglichkeit, das Problem des Todes durch die wissenschaftliche Methode zu lösen, die Aufgabe derselben und die Rückkehr zur Religion verursacht hat. Soweit man BRUNETIÈRE nach seinen Veröffentlichungen beurteilen kann, hat er analoge Peripetien inneren Kampfes durchmachen müssen, bevor er in so unbedingter Form in die katholische Kirche zurückkehrte.

Aber auch ein so positiver und so skeptischer Geist wie ZOLA konnte die Verlockungen des Glaubens nicht von sich weisen. Wir finden in dieser Beziehung bei E. DE GONCOURT[1] eine sehr interessante Note, datiert vom 20. Februar 1883. „Heute Abend, nach dem Essen, nimmt ZOLA am Fuß des geschnitzten Bettes, wo man die Liköre serviert, Platz und beginnt vom Tode zu

[1] Journal des GONCOURT, Bd VI, 1878—1884, 1892, p. 248.

sprechen, dessen fixe Idee seit dem Heimgang seiner Mutter ihn noch tiefer bedrückt. Nach einer Pause fügt er hinzu, daß dieser Todesfall in den Nihilismus seiner religiösen Überzeugungen ein Loch gemacht hat, so schrecklich ist es ihm, an eine ewige Trennung zu denken."

Es ist klar, daß in den Schichten der Gesellschaft, die weniger von rationalistischen und wissenschaftlichen Ideen durchtränkt sind, die Rückkehr zur Religion sehr häufig vorkommen muß. Ich kenne in dieser Beziehung die Geschichte einer Frau aus dem Volke, einer Arbeiterin, die gestand, daß sie früher überhaupt an nichts geglaubt habe, daß sie jedoch seit der Geburt ihres Kindes an den lieben Gott zu glauben begonnen habe, in der Überzeugung, es sei nur durch diesen Glauben möglich, den Kleinen vor allen Übeln, denen er unterworfen sein kann, zu behüten.

Man begreift, daß es unter diesen Umständen viele Leute gibt, die sich scheuen, ihre Kinder in einem ausschließlich wissenschaftlichen Geist zu erziehen, der den Glauben zerstört, ohne ihn durch etwas ebenso Tröstliches zu ersetzen. Vielleicht haben analoge Reflexionen die Legende vom Apfel im irdischen Paradiese eingegeben und Gott die Worte in den Mund gelegt: „. . . vom Baume der Erkenntnis des Guten und Bösen sollst du nicht essen; an dem Tage, an dem du davon issest, wirst du des Todes sterben" (1. Mose II, 17).

Der Mythus von Prometheus, der das Feuer vom Himmel stahl und an einen Felsen gefesselt wurde, hat sehr wahrscheinlich eine ähnliche Bedeutung.

Salomo drückt denselben Gedanken mit größerer Bestimmtheit aus, wenn er sagt; „Siehe, ich bin herrlich geworden und habe mehr Weisheit denn alle, die vor mir zu Jerusalem waren, und mein Herz hat viel gelernt und erfahren. Und ich habe mein Herz darauf gerichtet, die Weisheit zu erkennen und Tollheit und Torheit zu erkennen; ich habe erkannt, daß solches auch Mühe und Wind ist. Denn wo viel Weisheit ist, da ist viel Grämens, und wer viel lernt, der muß viel leiden" (Prediger Salomo I, 16—18).

Viel später zeigte Shakespeare in Hamlet den Typus eines Menschen von sehr hoher Kultur, bei dem die Vernunft und die Reflexion die Aktion verhindern. In der Unmöglichkeit, die Probleme, die sich ihm aufdrängen, auf dem Weg des Nachdenkens zu lösen, fragt er sich, ob es der Mühe lohne, auf dieser Welt zu leben, und fügt die bezeichnenden Worte hinzu:

> „So macht Bewußtsein Feige aus uns allen;
> Der angebornen Farbe der Entschließung
> Wird des Gedankens Blässe angekränkelt."

Vor der übereinstimmenden Ansicht so vieler genialer Menschen muß man sich wohl fragen, ob zuviel zu wissen dem Glück des Menschen nicht schädlich sei. Wenn die Wissenschaft nur jeden Glauben zertrümmert und uns lehrt, daß das Leben auf der Welt auf die Erkenntnis des Unglücks des unvermeidlichen Alters und Todes hinausläuft, hat man das Recht, sich zu fragen, ob es nicht besser wäre, die Wissenschaft auf ihrem Zerstörungsgange zu hemmen. Vielleicht ist das Drängen der

Menschen zum Licht der Wissenschaft für die menschliche Gattung ebenso schädlich, wie der Trieb der Nachtschmetterlinge zum Feuer für diese armen Insekten verhängnisvoll ist.

Diese Frage verlangt nach einer genauen Lösung. Allein vor der Verkündung des Urteils muß unbedingt der Tatbestand studiert werden. Das wollen wir in den zwei nächsten Kapiteln versuchen.

ZEHNTES KAPITEL

Einführung in das wissenschaftliche Studium des Alters.

Allgemeines Bild des Alters. — Theorie der senilen Degeneration bei den einzelligen Wesen. Rolle der Konjugation bei den Infusorien. — Das Alter bei den Vögeln und bei den anthropoiden Affen. — Allgemeine Charaktere der senilen Degeneration. — Verkalkung der Organe. — Phagocytentheorie der Degeneration der Greise. — Zerstörung der edlen Elemente durch die Makrophagen. — Mechanismus des Ergrauens der Haare. — Sera, die auf die Zellen wirken (Cytoxine). — Die Arteriosklerose und ihre Ursachen. — Schädliche Rolle der Flora im Verdauungskanal. — Darmfäulnis und die Mittel, sie zu verhindern. — Versuche, das menschliche Leben zu verlängern. — Langlebigkeit in den biblischen Zeiten.

Man braucht die Ansicht derer, die sich von der Wissenschaft abkehren, um Wahrheit und Trost in der Religion zu finden, nicht zu teilen; aber man hat weder das Recht, sie zu ignorieren, noch dabei gleichgültig zu bleiben. Man darf sich auch nicht mit der Behauptung zufrieden geben, daß die Menschen, die an dem Widerspruch zwischen dem Verlangen zu leben und der Unvermeidbarkeit des Todes leiden, und die für dieses Problem eine Lösung fordern, allzuviel verlangen und nicht zufrieden gestellt werden können.

Wenn jemand zu seinem Arzt sagt: Ich habe unersättlichen Hunger und Durst, antwortet ihm der nicht: „Nun! es ist sehr schlimm, wenn man zuviel ißt; es gilt, diesen Fehler durch die Kraft des Willens zu überwinden“; sondern er untersucht den Kranken näher und versucht, ihn soviel als möglich von den Symptomen zu befreien, über die er sich beklagt und die sehr häufig von der Zuckerkrankheit herrühren. Auf dieselbe Art müssen Männer der Wissenschaft Leuten gegenüber handeln, die vor Verlangen zu leben heißhungrig und verdurstet sind, und ihre Kraft daran setzen, deren Leiden zu lindern.

Man muß gestehen, die Wissenschaft hat über alles, was die Krankheiten betrifft, über die Mittel, ihnen vorzubeugen und sie zu heilen, sehr bedeutende Kenntnisse aufgespeichert, aber sie verfügt nur über ganz bedeutungslose Kenntnisse von den andern Übeln, von denen BUDDHA seinem Vater gegenüber befreit zu sein verlangte, nämlich von dem Alter und dem Tod. Und wenn sie auch hinsichtlich der Krankheiten Fortschritte verwirklichte, von denen sich der Vater BUDDHAS, der König SUDDHODANA, keine Vorstellung machen konnte, so kann die Wissenschaft auf die das Alter und den Tod betreffenden Fragen auch nicht besser antworten als er. Und wie dem König bleibt auch ihr nichts übrig, als den Menschen, die Auskunft über diese Probleme haben wollen, zu sagen: Ihr verlangt das Unmögliche; hierin vermag ich nichts.

Die Wissenschaft besitzt nicht nur kein Heilmittel gegen das Alter, sie weiß sogar fast nichts über diese Periode des Lebens des Menschen und der Tiere. Es würde mir sehr schwer fallen, den gegenwärtigen Stand der Medizin für den Leser auf wenigen Seiten zusammenzufassen, soviel gibt es darüber zu sagen. Dagegen genügen ein paar Zeilen, um ihm von unsern Kenntnissen über das Alter Rechenschaft zu geben, denn was wir davon wissen, ist sehr wenig.

Der Mensch und auch die höheren Tiere unterliegen bedeutenden Veränderungen, wenn sie im Alter vorrücken. Die Kräfte nehmen ab, der Körper schrumpft ein, die Haare bleichen, die Zähne nützen sich ab. Es treten mit einem Wort die Erscheinungen der Altersatrophie auf. Bei diesem vorgerückten Alter angekommen, das für die verschiedenen Tiergattungen verschieden ist, wird der Organismus für schädliche Einwirkungen wenig widerstandsfähig und unterliegt dem Einfluß aller Arten von Krankheitserregern. Zuweilen bleibt die Ursache des Todes verborgen, so daß man ihn der allgemeinen körperlichen Erschöpfung zuschreibt und den Fall als Beispiel eines natürlichen Todes bezeichnet.

Ist diese Degeneration oder Altersatrophie dem Menschen und den höheren Tieren eigentümlich, oder trifft man sie bei allen Lebewesen an? Das ist die erste Frage, die sich einem wissenschaftlichen Geiste bietet.

Jedermann kennt alte Bäume, bei denen der Anblick allein das hohe Alter anzeigt. Der Stamm ist morsch, die Rinde rissig, die Zweige sind verdorrt und die Belaubung ist spärlich. Es gibt Gattungen von Bäumen, die Hunderte und vielleicht sogar Tausende von Jahren leben können, während andere weit früher altern.

Die Altersschwäche ist also dem Pflanzenreich nicht fremd. Man glaubt sie auch bei den Tieren von sehr einfacher Natur, die zur Klasse der Infusorien gehören, zu finden. Man hat folgendes beobachtet. Die Infusorien lassen sich leicht in Gefäßen züchten, die maceriertes Heu oder solche Blätter enthalten. Sie pflanzen sich durch Teilungen fort (Fig. 12), die sich in Intervallen von sehr kurzer Dauer vollziehen; es gibt welche, die sich fast jede Stunde teilen. Man begreift, daß die Gefäße unter diesen Umständen sich auf ganz außerordentliche Weise bevölkern; nach kurzer Zeit besteht ihr Inhalt nur noch aus einem Brei von Infusorien.

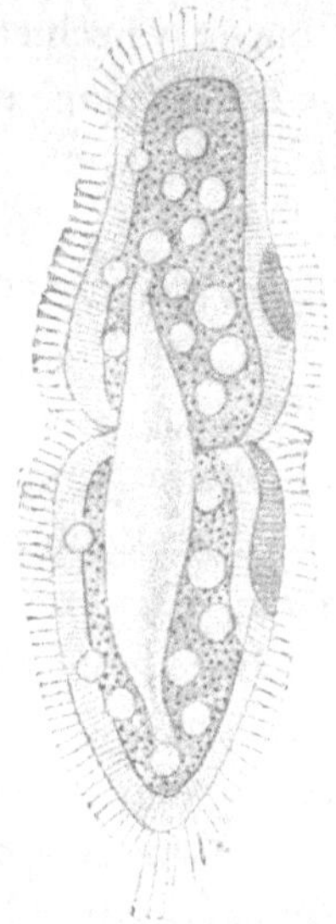

Fig. 12.
Paramecium im Begriff sich in zwei zu teilen.

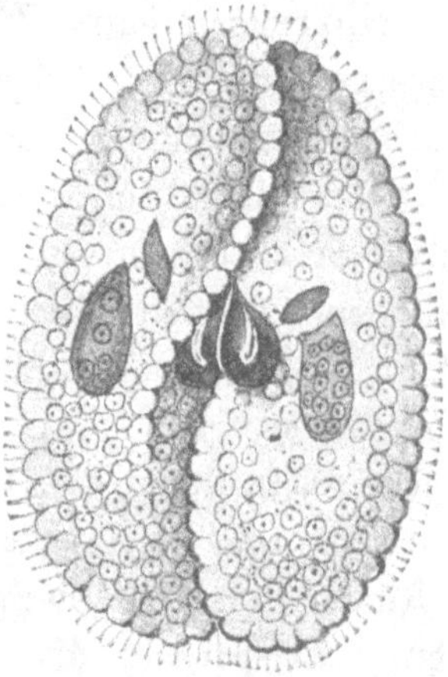

Fig. 13.
Konjugation von zwei Paramecien. (Nach BÜTSCHLI.)

MAUPAS,[1] einer der bedeutendsten Zoologen, beobachtete, daß die Infusorien nach einer großen Reihe von Generationen immer kleiner werden, sich sozusagen verschlechtern und an Erschöpfung sterben, wenn es ihnen nicht gelingt, sich in zwei Individuen zu konjugieren (Fig. 13).

[1] Archives de Zoologie expérimentale, 1889.

Diese Paarung zieht den Austausch bestimmter innerer Teile des Infusorienkörpers nach sich, was eine vollständige Verjüngung dieser Tierchen zur Folge hat. Nach diesem Akt, der an die Erscheinungen der Befruchtung anknüpft, nehmen die Infusorien ihr gewöhnliches Aussehen wieder an und können sich von neuem durch Teilung viele Male fortpflanzen.

Die der Paarung vorangehende periodische Erschöpfung ist nach MAUPAS ein Beispiel für die Altersdegeneration der Infusorien. Er konstatierte es bei einer großen Zahl höherer Infusoriengattungen (Ciliaten). Dasselbe Phänomen läßt sich bei vielen andern einfachen Organismen beobachten, ist aber wahrscheinlich in der Welt mikroskopischer Wesen nicht absolut allgemein. So trifft man bei den Bakterien, einer Gruppe, zu der die meisten krankheiterregenden Keime gehören, die Konjugation nur in sehr seltenen Fällen. Auch die größten Gattungen, wie der Milzbrandbazillus, lassen sich eine lange Reihe von Generationen hindurch züchten, ohne daß man jemals bei ihnen die Erscheinungen der Konjugation oder der Paarung bemerkt.

Sogar bei den Infusorien, die sich konjungieren müssen, um sich unbeschränkt fortpflanzen zu können, kann die präkonjugale Erschöpfung mit der Altersdegeneration des Menschen, der Bäume oder Tiere nicht in Parallele gesetzt werden. Bei all diesen Wesen handelt es sich um eine Erschöpfung, die nicht der Konjugation vorangeht, auch nicht der Verjüngung, sondern vielmehr dem Ende des Lebens.

Ein andrer Unterschied, auf den hinzuweisen ist, besteht in der Tatsache, daß die präkonjugale Erschöpfung bei den Infusorien nicht, wie bei den Tieren und Pflanzen, die einem wirklichen Altern unterliegen, bei allen Individuen vorkommt. Bei den Infusorien gibt es zunächst eine Reihenfolge von mehreren Hunderten von Generationen, bevor die kraftlosen und konjungationsbereiten Individuen auftreten.

Wollte man trotz allem noch auf der wahren Verwandtschaft zwischen der Altersdegeneration des Menschen und der präkonjugalen Degeneration der Infusorien beharren, so braucht man sich nur die Konsequenzen vorzustellen, die beim ersteren das unfehlbare Heilmittel für die zweiten hervorrufen könnte, um ganz andrer Meinung zu werden. Die Konjugation der Infusorien ist eine wirkliche Verjüngung, die deren Erschöpfung mit einem Schlage heilt. Das analoge Verfahren auf den Menschen angewandt, würde nur auf einen noch vollständigeren und schnelleren Verfall hinauslaufen. Übrigens können nach den letzten Arbeiten von CALKINS[1] die durch die Degeneration erschöpften Infusorien nicht nur durch die Konjugation mit ihresgleichen verjüngt werden, sondern auch durch Versetzung in ein Milieu, in dem sie von Bouillon oder Gehirnextrakt leben.

Das wirkliche Alter ist also ein Stadium des Daseins, in dem die Kräfte abnehmen, um sich nicht wieder zu heben. Bei den Tieren, die einen sehr bestimmten Lebenscyklus haben, bemerkt man keine äußerlichen Zeichen der Altersdegeneration. Die ausgewachsenen Insekten

[1] Biological Bulletin, III, Oktober 1902, p. 192; Archiv für Entwicklungsmechanik, 1902, XV, S. 139.

leben während einer häufig sehr eng begrenzten Zeitperiode; sie sterben, ohne daß man bei ihnen den geringsten Anschein des Alters bemerkt. Von den niederen Wirbeltieren ist das Alter wenig bekannt und im allgemeinen wenig bemerklich. Dagegen sind bei den Vögeln und Säugetieren die Zeichen der Altersatrophie sehr deutlich.

Einige Vogelgattungen zeichnen sich durch ihre Lebensdauer aus. Die Langlebigkeit der Vögel ist im allgemeinen größer als die der Säuger. Beispiele, in denen Vögel, wie Gänse, Schwäne, Raben, bestimmte Raubvögel usw., über 50 Jahre lebten, sind nicht selten,[1] während bei den Säugern eine ähnliche Langlebigkeit eher eine Ausnahme ist. Sogar kleine Vögel, wie die Kanarienvögel, können bis zu 20 Jahren leben.

Besonders haben unter den Vögeln die Papageien ein sehr langes Leben. Man hat Kakadus das Alter von 80 Jahren und mehr erreichen sehen. Wir konnten einen südamerikanischen Papagei beobachten (Chrysotis amazonicus), der mehr als 82 Jahre alt starb, was für diese Gattung ein sehr hohes Alter bedeutet. Mehrere Jahre vor seinem Tode freilich zeigte dieser Papagei unbestreitbare Zeichen der Altersdegeneration. Er war weniger lebhaft; sein Gefieder hatte, ohne das geringste Symptom des Bleichens zu zeigen, viel von seinem normalen Glanze verloren; die Gelenke der Füße hatten deutliche Merkmale des Arthritismus. Kurz, an dem Papagei konnte man leicht erkennen, daß er von Schwäche und Erschöpfung ergriffen war.

[1] Gurney, On the comparative ages to which birds live. The Ibis, Januar 1899, VII, S. V, Nr. 17, p. 19.

Bei den Säugetieren sind die Symptome des Alters noch deutlicher, als bei den Vögeln. Leicht erkennt man einen alten Hund an seinem wenig lebhaften Gang, an seinen weißgewordenen Haaren, an seinen stumpfen Zähnen. Der Anblick eines solchen Tiers ist wenig erfreulich, um so mehr, als es häufig unrein und böse ist. BREHM[1] charakterisiert das Alter des Hundes folgendermaßen: „Mit 12 Jahren tritt der Hund ins Greisenalter ein. Dieses zeigt sich an seinem Leibe ebensowohl als an seinem Betragen. Namentlich auf der Stirn und Schnauze ergrauen die Haare, das übrige Fell verliert seine Glätte und Schönheit, das Gebiß wird stumpf oder die Zähne fallen aus; das Tier zeigt sich träge, faul und gleichgültig gegen alles, was es früher erfreute oder entrüstete; manche Hunde verlieren die Stimme fast gänzlich und werden blind. Man kennt übrigens Beispeile, daß Hunde das Alter von 20, ja sogar 26 und 30 Jahren erreicht haben. Doch sind dies nur seltene Ausnahmen. Wenn nicht Alterszunahme endet eine der vielen Krankheiten, denen auch sie ausgesetzt sind, ihr Leben."

Da es sich hier um ein Haustier handelt, könnte man glauben, daß sein von so erheblichen Erscheinungen der Degeneration begleitetes Alter durch die künstlichen Bedingungen seines Daseins beschleunigt wird. Man muß also zur Beurteilung der Grundlage der Dinge ein Altersbeispiel von einem Säuger haben, der in der Freiheit lebt. Diese Bedingung ist nicht leicht zu erfüllen, denn die alten Tiere fallen wegen ihrer Schwäche allzu leicht den Fleischfressern zur Beute.

[1] Tierleben, II, S. 104.

Aus diesem Grunde ist es interessant, die wenigen Nachrichten anzuführen, die über das Alter der anthropoiden Affen gesammelt worden sind.

Die Eingebornen von Borneo beobachteten „alte Orangs, die nicht nur alle Zähne verloren hatten, sondern denen auch das Klettern so beschwerlich wurde, daß sie von gefallenem Obst und von saftigen Kräutern lebten“.[1] Nach SAVAGE werden die Gorilla mit dem Alter grau, was zu der irrigen Meinung von dem Vorkommen zweier Arten mit verschiedener Färbung geführt hat.

Das Alter der in Freiheit lebenden Affen erinnert stark an das unsere und wird auch von unangenehmen Symptomen begleitet. Es bildet also kein Privilegium der menschlichen Gattung, der Altersdegeneration zu verfallen, die jedermann als eines der größten Übel betrachtet, das auf der Erde sein kann. Wenn auch das Bild des Greisenalters, wie es von der im sechsten Kapitel angeführten buddhistischen Legende gegeben wird, übertrieben ist, bleibt es darum nicht weniger wahr, daß diese Lebensperiode durch beträchtliche Veränderungen charakterisiert wird, die das Dasein der Greise sehr traurig gestalten. BUDDHA, der Pessimist, sah die Dinge viel zu schwarz. Laßt uns also sehen, wie das Alter von den Optimisten charakterisiert wird. MAX NORDAU, der Arzt, Schriftsteller und Publizist, malt es so: „Der Greis,“ sagt er, „ist der unvoreingenommenen Betrachtung leiblich ein unangenehmes Bild des

[1] HUXLEY: Die Stellung des Menschen in der Natur. Deutsch von CARUS. 1863, S. 39, 53.

Verfalls, gemütlich eine blinde, unerbittliche Selbstsucht, die nicht die Fähigkeit hat, sich noch mit etwas anderm als sich selbst zu beschäftigen; und geistig ein geschwächtes, beschränktes Denken, dessen Hauptinhalt alte Vorurteile und Irrtümer sind und das neuen Vorstellungen verschlossen ist" (Paradoxe, S. 27).

Man wird mir vielleicht den Vorwurf machen, daß ich meine Belege aus einem Schriftsteller schöpfe, der in seiner Eigenschaft als Publizist stark aufträgt. Wenden wir uns an einen Gelehrten, an einen Physiologen, der vor einem Auditorium spricht, das sich zu unterrichten und die Wahrheit zu erfahren wünscht. LONGET [1] entwirft, nachdem er die vom Alter herrührende physische Degeneration in großen Zügen auseinandergesetzt, das folgende Bild: die Greise „fühlen, daß ihre Aufgabe in der Welt erfüllt ist, sie glauben, daß jeder über sie ebenso denkt und ihnen den Platz vorwirft, den sie noch auf dieser Erde innehaben: daher ihr Mißtrauen gegen ihre ganze Umgebung, ihre Eifersucht auf alles, was jung ist; daher auch ihr Verlangen, allein zu sein und die Ungleichmäßigkeit ihrer Laune. Ohne Zweifel sind nicht alle Greise so: es gibt solche, deren Herz jung bleibt und in einem geschwächten Körper lebendig schlägt; aber im allgemeinen sind sie mürrisch, sich selbst zur Last und den andern zur Last, wofern sie nicht von Kindern oder Enkeln umgeben sind, die in ihnen die Vergangenheit lieben und die Gegenwart entschuldigen. — So verstreichen für sie die Jahre, und jeder Schritt, den die Zeit tut, rückt das Ende ihrer Laufbahn näher,

[1] Traité de physiologie, 2e édit. II, p. 935.

jeder Tag bringt ihnen eine neue Falte, eine neue Schwäche, eine neue Klage. Ihr Körper wird ganz hinfällig; ihre Wirbelsäule, zu schwach, sie aufrecht zu erhalten, läßt sie jene gekrümmte Haltung annehmen, die sie der Erde nähert."

Das Alter ist zweifellos ein trauriger Zustand, dessen gründliches Studium notwendig wird, wenn man daran denkt, sein Wesen zu durchdringen. Solange man über die wahren Ursachen der Krankheiten nicht unterrichtet war, konnte man sehr häufig nichts unternehmen, um ihnen Einhalt zu tun. Mit dem Alter steht es ebenso.

Ist es beim gegenwärtigen Stand der Wissenschaft nicht möglich, sich von der Charakteristik der senilen Degeneration eine, wenn auch wenig genaue Vorstellung zu machen? Die Aufgabe ist angesichts der kleinen Zahl präziser Tatsachen, die über diesen doch so wichtigen Gegenstand gesammelt wurden, sicherlich nicht leicht.

Manchmal konstatiert man, daß die alten Tiere hart zu essen sind. Das Fleisch alter Hennen ist mit dem zarten Fleisch der Hühnchen nicht zu vergleichen. Die andern Organe, wie die Leber oder die Nieren, sind bei den alten Tieren weit härter als bei den jungen.

Man vergleicht das hornartige Fleisch der alten Tiere mit Sohlenleder. In diesem Vergleich, der keinen Anspruch auf Wissenschaftlichkeit macht, liegt ein Stück Wahrheit. Die Sohle wird aus der Haut der Tiere geschnitten, d. h. aus einem sehr harten Gewebe, das aus dem „Bindegewebe" besteht, einer enormen Masse von Fasern, die mit lebenden Elementen oder Bindegewebszellen vermischt sind. Dieses Gewebe ist sehr widerstandsfähig und aus diesem Grunde wird es zur Anfertigung von Sohlen und Schuhwerk verwandt.

Wenn das Bindegewebe sich in irgend einem Organ beträchtlich entwickelt, wird dieses härter und eignet sich weniger gut zum Essen. Diese Verhärtung wird Sklerose genannt (der Leber, der Nieren etc.). Im Alter haben viele Organe die Tendenz, zu verhärten oder der sklerotischen Degeneration zu verfallen. Die Tatsache wurde schon seit langem beobachtet, aber die allgemeine Tragweite erkannte man erst viel später. DEMANGE [1] äußert sich in seiner Monographie über die Veränderungen des Organismus im Alter folgendermaßen: „Zu gleicher Zeit wie die Atrophie und die Degeneration der parenchymatischen Elemente [2] beobachtet man eine tiefe Veränderung des Stützgewebes, das ihnen als Träger dient. In bestimmten Fällen ist die Bindegewebsumhüllung infolge der Atrophie der Zellen sichtbarer, ohne indessen eine übertriebene Entwicklung angenommen zu haben; das kommt z. B. bei der senilen Leber ziemlich häufig vor. Aber in den meisten Fällen erfährt das Bindegewebe eine wirkliche Reizung, die, ohne bis zur Entzündung zu gehen, eine embryonale Neubildung und eine konsekutive Sklerose nach sich zieht. Diese Sklerose schreitet den Fällen entsprechend inselweise, streifenweise vor, geht bald von der Peripherie des Organs aus, bald vom Innern, und erstickt

[1] Etude clinique et anatomo-pathologique sur la vieillesse. Paris 1886.

[2] Die parenchymatischen Elemente sind die wichtigsten Zellen der Organe, wie der Leber, der Nieren, der Muskeln, des Gehirns usw.

in ihren Maschen die organischen Elemente, die hier eine neue Ursache der Atrophie und der Degeneration finden. Das celluläre Element verschwindet so allmählich, das Bindegewebe tritt an seine Stelle und verleiht in gewissen Fällen, wie z. B. in der Prostata, durch die Üppigkeit seiner Hyperplasie, dem Organ ein größeres Volumen als sein normales; aber sehr häufig ist auch allgemeine oder partielle Atrophie die Konsequenz davon" (p. 9).

Diese Greisensklerosen äußern sich zuweilen in Gestalt einer Leberverhärtung (Lebercirrhose) oder Nierenschrumpfung (Nierencirrhose), aber am häufigsten unterliegen die Arterien dieser Veränderung, indem sie die unter dem Namen Arteriosklerose bekannte Degeneration aufweisen.

Schon vor langer Zeit formulierte Casalis den so häufig wiederholten Aphorismus: „Man hat das Alter seiner Arterien." In der Tat haben diese Gefäße, die das Blut in alle Organe verteilen, in der ganzen Ökonomie des Organismus eine sehr große Bedeutung. Unterliegen sie der Verhärtung wegen allzu starker Entwicklung des Bindegewebes, erfüllen sie ihre Funktion weniger gut und werden weit gebrechlicher. Man hat sogar alle Veränderungen des Alters der Degeneration der Arterien zugeschrieben (Demanges Theorie). Hier liegt offenbar eine um so größere Übertreibung vor, als bei der Autopsie von Greisen nicht selten nur ein schwacher Grad oder sogar das Fehlen der Arteriosklerose beobachtet wird.

Man möchte glauben, daß die Verhärtung vieler

Organe während des Greisenalters allgemein ist und dem ganzen Skelett eine größere Festigkeit verleiht. Die im reifen Alter getrennten Knochen wachsen bei den Greisen, infolge von Kalkablagerungen in den Nähten, fest zusammen. Die Wirbel verbinden sich häufig untereinander infolge der Verknöcherung der sie trennenden Teile. Die meisten Knorpel verknöchern gleichfalls. Trotzdem wird, gleichsam zum Beweis, daß im Alter alles von Widersprüchen erfüllt ist, das eigentliche Knochenskelett leichter, die Menge der mineralischen Substanzen wird geringer. Die Folge dieser Tatsache ist die Häufigkeit der Knochenbrüche bei den Greisen. Es ist besonders der Hals des Oberschenkelknochens, der bei alten Leuten gebrochen wird, was häufig den Tod herbeiführt, wie es jüngst dem berühmten VIRCHOW begegnete, einem der größten Vertreter der medizinischen Wissenschaft im 19. Jahrhundert.

Ist die Wissenschaft imstande, die Hauptveränderungen, denen die Gewebe der Greise unterworfen sind, genau zu bestimmen? — Beim internationalen medizinischen Kongreß, der 1890 zu Berlin abgehalten wurde, wollte ein sehr bekannter deutscher Anatom, MERKEL,[1] diese Frage lösen. In einem Bericht über die Gewebe beim Altern hat er zu beweisen versucht, daß bestimmte darunter, wie jene, die die Haut und die Schleimhäute (Epithelgewebe) bedecken, sich durch Erhaltung des jungen Typus auszeichnen, während andere, wie das Bindegewebe, die größten Veränderungen aufweisen. Dieser

[1] Bemerkungen über die Gewebe beim Altern. Verhandl. d. X. intern. mediz. Kongresses, Berlin 1891, Bd. II, S. 124.

Aufsatz ist der erste Anlauf zu einem Bild der innerlichen Degeneration der Greise, läuft jedoch auf keinen einfachen und allgemeinen Gedanken hinaus.

Später versuchte ich diese Lücke auszufüllen, indem ich die von verschiedenen Beobachtern über die senile Degeneration veröffentlichten Arbeiten benutzte.[1] Ich formulierte meine Auffassung folgendermaßen: Bei der Altersatrophie begegnet man stets „demselben Bild: Atrophie der höheren und spezifischen Elemente der Gewebe und Ersetzung derselben durch das hypertrophische Bindegewebe." — Im Gehirn sind es die Nervenzellen, d. h. jene, die zu den höchsten Funktionen, den intellektuellen, sensitiven, motorischen usw. dienen, die verschwinden, um niederen Elementen Platz zu machen, bekannt unter dem Namen Neuroglia, einer Art Bindegewebe der Nervenzentren. In der Leber sind es die Drüsenzellen, jene, die eine bedeutende Rolle in der Ernährung des Organismus spielen, die vor dem Bindegewebe verschwinden. In den Nieren ist es wiederum das nämliche Gewebe, das ins Organ eindringt und die Kanäle verstopft, die unbedingt notwendig sind, um uns von einer Menge löslicher Substanzen zu befreien. In den Ovarien werden die Eier, spezifische Elemente, die zur Fortpflanzung der Gattung dienen, auf dieselbe Weise verdrängt und durch Zellen der körnigen Schicht ersetzt, einer Art Gewebe aus der Bindegewebsgruppe.

Mit andern Worten, das Alter charakterisiert sich durch einen Kampf zwischen den edleren Elementen

[1] Année biologique par Yves Delage, III, 1899, p. 249.

und den einfachen oder primitiven Elementen des Organismus, einen Kampf, der zum Vorteil der letzteren endet. Ihr Sieg äußert sich durch die Schwächung der Intelligenz, durch Störungen der Ernährung, durch die Schwierigkeit der Blutreinigung usw. Wenn ich sage Kampf, so ist das nicht metaphorisch gemeint. Es handelt sich rund und nett um eine wahre Schlacht, geliefert in den innersten Teilen unsres Organismus. In allen Teilen unsres Körpers gibt es Zellen, die viel von ihrer Unabhängigkeit bewahrt haben. Sie besitzen ihre eigene Beweglichkeit und können alle Arten von festen Körpern aufzehren, was ihnen die Bezeichnung Phagocyten oder Freßzellen eintrug. Diese Phagocyten erfüllen im Organismus eine sehr wichtige Aufgabe; sie sind es, die sich in großer Zahl um Mikroben oder verschiedene andre Eindringlinge, die unsrer Gesundheit schaden können, zusammenschließen und sie aufzehren. Wiederum die Phagocyten sind es, die die Blutergüsse und die verschiedenen andern Elemente resorbieren, die in Orte eindringen, wo sie keine nützliche Rolle zu erfüllen haben. So sammeln sich die Phagocyten, wenn sich bei einem apoplektischen Anfall das Blut in einen Teil des Gehirns ergossen hat und Paralyse der Bewegungen verursacht, um den Blutklumpen und zehren ihn samt den Blutkörperchen auf, die er enthält. Die Resorption ist eine langsame; in dem Maße wie das Gehirn vom Bluterguß befreit wird, stellen sich die Bewegungen wieder ein, und der Organismus kann vollkommen heilen. Die Heilung ist in diesem Falle das Werk der Phagocyten. Wenn während der Entbindung der Uterus eine ungeheure Wunde zeigt, mit Blutklumpen bedeckt, sind es wiederum die Phagocyten, die ihn reinigen und ihn in seinen normalen Zustand zurückbringen. Die Aufgabe dieser Zellen ist also im allgemeinen eine sehr wohltätige.

Es gibt zwei große Kategorien Phagocyten. Die kleinen beweglichen Phagocyten, die mit dem Namen Mikrophagen bezeichnet werden, und die großen, bald beweglichen, bald festen Phagocyten, denen man den Namen Makrophagen gegeben hat. Die ersteren, die aus dem Knochenmark kommen, zirkulieren im Blut und bilden einen Teil der weißen Blutkörperchen oder Leukocyten dieser Flüssigkeit. Sie zeichnen sich durch die gelappte Form ihres Kernes aus, was ihnen gestattet, leicht durch die kleinen Blutgefäße zu dringen und in den um die Mikroben sich entwickelnden Exsudaten sich anzusammeln. Diese Exsudate bilden sich zuweilen in sehr wenig Zeit — ein Umstand, der für die Heilung der Infektionskrankheiten sehr günstig ist.

Dagegen sind bei der Resorption der Blutergüsse und bei der Vernarbung der Wunden hauptsächlich die Makrophagen tätig. Man kann im allgemeinen sagen, daß die Mikrophagen uns von den Mikroben heilen und die Makrophagen von den mechanischen Verletzungen, wie Hämorrhagien, Verwundungen usw. Die Makrophagen haben einen einzigen Kern, ohne Lappen, und treten bald in Form einer bestimmten Kategorie weißer Blutkörperchen, Lymphe und der Exsudate auf, bald in Form fester Zellen des Bindegewebes, der Milz, der lymphatischen Ganglien usw.

Die Phagocyten sind mit einer eignen Sensibilität ausgestattet. Sie besitzen eine Art Geruch oder Geschmack, die ihnen gestattet, die Zusammensetzung ihrer Umgebung zu unterscheiden. Je nach dem empfangenen Eindruck nähern sie sich den Körpern, die ihn erzeugen, bleiben indifferent oder entfernen sich sogar davon. Wenn die infektiösen Mikroben in den Organismus eindringen, werden besonders die Mikrophagen von den Mikrobenprodukten angezogen und strömen in die Exsudate.

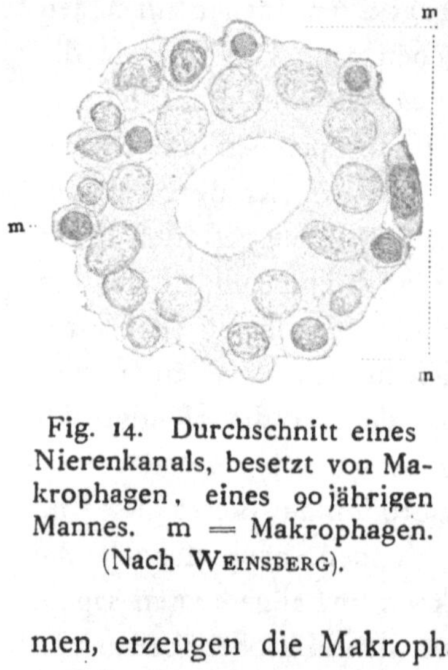

Fig. 14. Durchschnitt eines Nierenkanals, besetzt von Makrophagen, eines 90 jährigen Mannes. m = Makrophagen. (Nach WEINSBERG).

Bei der Altersdegeneration handelt es sich um ein Auftreten der Makrophagen. Diese Phagocyten bedingen die Nierenatrophie der Greise (Fig. 14). Sie werden in großer Menge in diese Organe angezogen und sammeln sich um die Nierenkanäle, die sie verschwinden machen. Sobald sie deren Platz eingenommen, erzeugen die Makrophagen Bindegewebe, das dergestalt das normale Nierengewebe ersetzt. Ein analoger Prozeß vollzieht sich auch in den andern Organen, die der Altersdegeneration unterliegen. So konstatiert man im Gehirn der Greise und der alten Tiere, daß eine große Zahl Nervenzellen von den Makrophagen umlagert und verzehrt wird (Fig. 15).

In der oben angeführten Arbeit erachtete ich mich

berechtigt, zu versichern, daß die Altersdegeneration wesentlich in der Zerstörung der edleren Elemente des Organismus durch die Makrophagen besteht. Dieses Resultat mußte durch direkte Beobachtungen bestätigt werden und das um so mehr, als es von einigen Gelehrten in Zweifel gezogen wurde. So hat MARINESCO,[1] eine Autorität für alles, was mit dem Nervensystem zusammenhängt, meine Anschauung bekämpft, indem er sich auf die Tatsache stützte, daß die Zerstörung der spezifischen Elemente in den Nervenzentren der Greise keineswegs das Werk der Phagocyten ist. Zur Unterstützung seiner Behauptung hatte er die Liebenswürdigkeit, mir eine Reihe von Präparaten des Rückenmarks sehr alter Personen zu senden, an denen die Zerstörung durch die Phagocyten, oder Phagocytose, vollständig fehlt. Ich konnte das Fehlen der Phagocytose bei den Präparaten MARINESCOS leicht bestätigen, aber sie beziehen sich auf die Rückenmarkszellen, d. h. eines Organs, dessen Altersdegeneration weit geringer ist als die des Gehirns. Sogar in den hinteren Teilen des Encephalums ist die Senilität und parallel damit die Phagocytose wenig ausgesprochen. Dagegen bemerkt man in dem von der Degeneration stärker ergriffenen Gehirn der Greise die Zerstörung der edleren Elemente

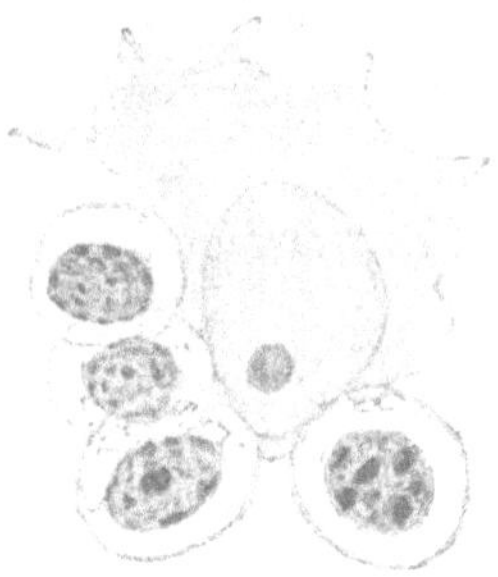

Fig. 15. Hirnzelle einer Frau von 100 Jahren, von Makrophagen angegriffen. (Nach PHILIPPE.)

[1] Comptes rendus de l'Académie des Sciences, 23 avril 1900.

durch die Makrophagen mit der größten Deutlichkeit (s. Fig. 15). Das gleiche Phänomen kann bei alten Tieren, z. B. Papageien und Hunden, leicht konstatiert werden.

Das Eindringen der Makrophagen in die Gewebe ist im Alter eine so allgemeine Erscheinung, daß man notwendigerweise dahin geführt wird, ihm eine große Bedeutung beizulegen. Allein um die Rolle dieser Phagocyten genauer zu bestimmen, muß man ein Objekt wählen, das besonders günstig zu untersuchen ist. Wir richteten uns auf das Weißwerden der Haare, das sehr häufig die erste sichtbare Äußerung des Alters darstellt.[1]

Die farbigen Haare sind mit Pigmentkörnern gefüllt, die sich in den beiden das Haar bildenden Schichten verteilen. In einem gegebenen Augenblick beginnen sich die Haarmarkzellen zu regen; sie treten aus ihrer Starrheit heraus und machen sich daran, das ganze Pigment aufzuzehren, das in ihrem Bereich ist. Vollgepfropft mit Farbkörnern werden diese Zellen, die eine Makrophagenvarietät darstellen (sie werden als Pigmentophagen, oder noch besser als Chromophagen, bezeichnet), beweglich und verlassen das Haar, um sich bald in die Haut, bald aus dem Organismus hinaus zu begeben (Fig. 16). So führen die Chromophagen das Pigment der Haare mit sich, die notwendig farblos werden und bleichen.

Der Mechanismus des Weißwerdens der Haare der Menschen und der Tiere weist die wichtige Seite auf, daß er eine Überreizung der Makrophagen als eine vor-

[1] Annales de l'Institut Pasteur, 1901, p. 865.

herrschende Erscheinung in der Altersdegeneration andeutet. Es ist sehr wahrscheinlich, daß die Porosität der Knochen bei den Greisen auf der gleichen Ursache beruht,

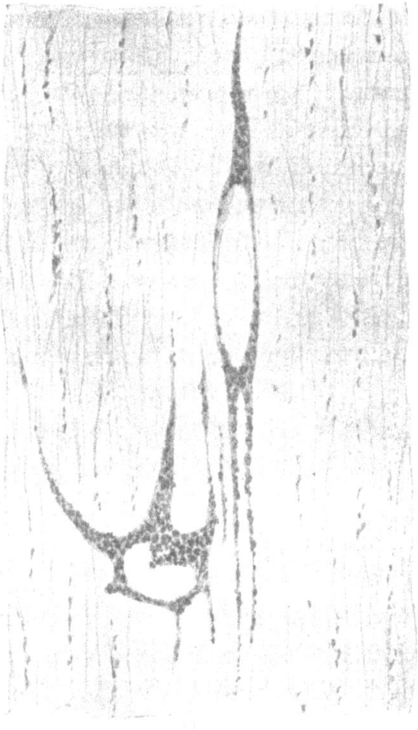

Fig. 16. Haar im Begriff sich zu bleichen. Chromophagen verschleppen die Pigmentkörner.

d. h. auf der Resorption und Zerstörung des Skeletts durch die überreizten Makrophagen, die in die Knochenlamellen eindringen. Dieser Gegenstand ist noch nicht genügend erforscht, verdient aber eingehend untersucht zu werden.

Die große Aktivität der Makrophagen während des Alters schließt sich sehr eng den Erscheinungen an, die bei gewissen chronischen Krankheiten statthaben. Die Sklerosen der Greise gehören in dieselbe Kategorie wie die von allen Arten von Krankheitsursachen herrührenden Sklerosen der Organe. So ist die Analogie der Altersdegeneration der Nieren mit der interstitiellen chronischen Nephritis unbestreitbar. Die Zerstörung der Nervenzellen durch die Makrophagen, auf die wir beim Greisenalter hingewiesen haben, findet man gleichfalls bei mehreren Krankheiten der Nervenzentren, z. B. bei der allgemeinen Paralyse. Die Arteriosklerose der Greise ist eine wirkliche Entzündungskrankheit, ähnlich der Entzündung der Arterien bei irgendwelcher Affektion.

Man hat schon seit langer Zeit bemerkt, daß Altersschwäche und Krankheit sehr nahe verwandt sind. Es ist also nicht erstaunlich, daß der Mensch einen großen Widerwillen dagegen empfindet, sich altern zu fühlen. Während das Kind und der Jüngling sich stets für älter halten, als sie in Wirklichkeit sind, und den sichtlichen Wunsch haben, erwachsen zu sein, empfindet der reife Mensch kein Verlangen darnach, alt zu werden. Ein instinktives Gefühl zeigt uns an, daß im Alter etwas Anormales liegt. Das Alter als eine physiologische Erscheinung zu betrachten, ist sicherlich unrichtig. Da jedermann alt wird, kann das Alter als ein normaler Prozeß derselben Art betrachtet werden, wie die Schmerzen beim Gebären, denen sehr wenig Frauen entgehen. Es handelt sich in beiden Fällen sicherlich um pathologische, nicht um physiologische Erscheinungen. Ebenso wie man die Schmerzen einer niederkommenden Frau zu lindern oder ganz aufzuheben sucht, so natürlich ist der Versuch, das Übel des Alters zu unterdrücken. Allein zur Unterdrückung der Schmerzen beim Gebären genügt ein während einer kurzen Zeit angewendetes Anästhetikum, während das Alter ein chronisches Übel ist, gegen das ein Heilmittel weit schwieriger zu finden ist.

Wir sahen, daß im Alter ein Kampf zwischen den edleren Elementen und den Phagocyten stattfindet, daß die ersteren in ihrer Vitalität sehr häufig geschwächt sind, während die letzteren dagegen eine erhöhte Aktivität äußern. Es scheint darnach, daß es ein Mittel zur Bekämpfung des pathologischen Alters sein müßte, die kostbarsten Elemente des Organismus einerseits zu stärken, anderseits die aggressive Tendenz der Phagocyten abzuschwächen.

Ich muß sogleich dem Leser sagen, daß dieses Problem nicht gelöst ist, daß seine Lösung jedoch nicht unmöglich ist. Es stellt sich als eine wissenschaftliche Frage dar gleich vielen andren. Die Eigenschaften der Zellelemente wechseln leicht unter verschiedenen Einflüssen. Es liegt also nichts Widersinniges darin, nach Mitteln zu suchen, die die Blutkörperchen, die Nervenzellen, die Zellen der Leber, der Nieren, die Muskesfasern des Herzens und andere stärken können. Diese Aufgabe wird durch die Entdeckung der Sera erleichtert, die auf diese verschiedenen Elemente wirken.

Wir erwähnten bereits im dritten Kapitel das Vorhandensein von Sera, die nur mit dem Blut des Menschen und seiner nächsten Verwandten, der anthropoiden Affen, Niederschläge geben. Dieses Serum ist also ziemlich spezifisch. Man präpariert auch ein Serum, das nur die roten Blutkörperchen bestimmter Tiergattungen löst und alle andern Elemente intakt läßt. Ebenso kann man ein Serum erhalten, das fast augenblicklich die Bewegungen der menschlichen Samentierchen hemmen kann, ohne die andrer Säugetiere zu beeinflussen.

Das Prinzip, nach dem das Serum präpariert wird, ist stets das gleiche. Man injiziert das in Frage kommende Zellelement, die roten Blutkörperchen oder die Spermatozoen, Leberzellen oder Nierenzellen, einem Tier einer andren Gattung. Nach einigen solchen Einspritzungen wird das Serum dieses Tieres den in seinen Organismus eingeführten Zellen gegenüber aktiv. Die Entdeckung des Serums geschah durch J. BORDET im Institut Pasteur; sie wurde seitdem von einer großen Zahl von Gelehrten aller Länder untersucht und bestätigt. Es ist das cytotoxische Serum, d. h. toxisch für die Zellen verschiedener Kategorien.

Nun wurde festgestellt, daß kleine Dosen dieses cytotoxischen Serums die spezifischen Gewebselemente verstärken, anstatt sie zu töten oder aufzulösen.[1] Es vollzieht sich hier etwas dem Analoges, was man bei

[1] Annales de l'Institut Pasteur, 1900, Bd. XIV, pp. 369, 378, 390, 402. Die in diesen Arbeiten veröffentlichten Resultate wurden jüngst durch BÉLONOWSKY bestätigt (Über den Einfluß der Injektion verschiedener Dosen hemolytischen Serums auf die Zahl der Blutelemente. St. Petersburg 1902), der eine Vermehrung der Hämoglobinmenge und der roten Blutkörperchen bei anämischen Subjekten konstatierte, die mit kleinen Dosen hemolytischen Serums behandelt wurden.

vielen Giften beobachtet, z. B. Digitalis, d. h. die starken Dosen töten, während die schwachen heilen oder den Zustand bestimmter Elemente des Körpers bessern. Indem man dieser Regel folgte, konnte man konstatieren, daß die kleinen Dosen eines Serums, das die menschlichen roten Blutkörperchen auflösen kann, bei dem Menschen, dem es injiziert wird, die Zahl dieser Elemente vermehren. Ein Serum, das die weißen Blutkörperchen beim Kaninchen zerstört, kräftigt diese Zellen, sobald es in entsprechend geringer Menge injiziert wird.

Hier also liegt ein rationeller Weg vor, der zu dem Zweck verfolgt werden muß, die edlen Elemente des menschlichen Organismus zu stärken und sie zu verhindern zu altern. Man möchte glauben, diese Aufgabe sei leicht zu vollziehen. Man hätte dabei nur Pferden (oder andern Tieren) bestimmte fein zerriebene menschliche Organe, wie Hirn, Herz, Leber, Nieren usw., zu injizieren, um ein paar Wochen später ein Serum zu erhalten, das auf die nämlichen Organe wirkt. In Wirklichkeit ist das Problem weit schwieriger zur Ausführung zu bringen. Die menschlichen Organe bekommt man selten in einer Beschaffenheit, die es gestattet, sie Tieren zu injizieren. Nach dem Gesetz darf die Sektion erst 24 Stunden nach dem Tode stattfinden. Anderseits begegnet man häufig sehr großen Schwierigkeiten, Leichen die Organe zu entnehmen. Und wenn alle diese Widerstände überwunden sind, stößt man auf neue Schwierigkeiten, wenn man die Wirksamkeit verschiedener Dosen cytotoxischen Serums erproben will. Man braucht sich also nicht darüber zu wundern, daß die Versuche zur Stärkung der edleren Elemente des menschlichen Organismus viele Zeit verlangen.

Bedürfen jedoch die edlen Elemente (Nervenzellen, Leberzellen, Nierenzellen und Herzzellen) der Verstärkung, so beweist das, daß sie einigen Ursachen progressiver Abschwächung unterworfen sind. Es wäre von größter Wichtigkeit, diese Ursachen zu erfahren, denn in diesem Falle hätten wir ein Aktionsmittel mehr. Die Analogie der Altersdegeneration mit den atrophischen Krankheiten unsrer wichtigen Organe erlaubt eine Vermutung üher die Ähnlichkeit der Ursachen, die diese beiden Reihen von Erscheinungen hervorrufen. Die Sklerose des Gehirns, der Nieren und der Leber ist häufig durch Gifte verursacht, z. B. Alkohol, Blei, Quecksilber usw. Diese Krankheiten können auch durch Ansteckungsstoffe hervorgerufen werden, unter denen die Syphilis die erste Rolle spielt.

Die große Bedeutung dieser venerischen Krankheit als Ursache des schmerzhaften und pathologischen Charakters des Alters zeigt sich besonders bei der Arteriosklerose. Nach den sehr gewissenhaften Forschungen, die ein schwedischer Arzt, EDGREN,[1] in seiner Monographie über die Arteriosklerose sammelte, rühren $1/5$ aller Fälle dieser Krankheit von der Syphilis her. Bei einer noch beträchtlicheren Ziffer (25 %) konnte er als Ursache den chronischen Alkoholismus erkennen. Diese beiden Faktoren zusammen verursachen also fast die Hälfte (45%) der Fälle von Arteriosklerose. Das syphilitische Virus und der Alkohol wirken als Gifte,

[1] Die Arteriosklerose, Leipzig 1898.

die zunächst die Degeneration und Verhärtung der Arterienwand und dann die Schwächung der edlen Elemente des Organismus herbeiführen. Die Phagocyten sind als Zellen niedrer Natur gegen diese Gifte weniger empfindlich; das erklärt ihren Sieg über die vergifteten Elemente.

Der Rheumatismus, die Gicht und die Infektionskrankheiten spielen als Ursachen der Arteriosklerose nur eine ganz sekundäre Rolle. Bei Mitteilung des Ergebnisses seiner Berechnungen erklärt Edgren, daß es ihm in fast einem Fünftel der Fälle unmöglich war, die wahre Ursache der Arteriosklerose nachzuweisen. Bei der Mehrzahl dieser Fälle handelte es sich um alte Leute, „solche, die (nach Edgren) sozusagen die physiologische Sklerose aufweisen.“ (S. 118.)

Nun, ich vermute, daß die Sklerose ohne nachgewiesene Ursache nichts weniger als physiologisch ist, daß sie ganz ebenso pathologisch sein muß, wie die Sklerose syphilitischen oder alkoholischen Ursprungs. Aber, wird man mich fragen, woher kommt die Vergiftung in diesen Fällen? In der Syphilis haben wir es sicherlich mit einem Virus organischer Natur zu tun. Es ruft die Infektion oder Vergiftung hervor, indem es die Arteriosklerose, die allgemeine Paralyse und andre schwere Störungen der Gesundheit herbeiführt. Beim Alkoholismus handelt es sich um ein durch Hefenpilze, mikroskopische Pilze, die den wirklichen Mikroben nahe stehen, erzeugtes Gift. Für die Erklärung der Arteriosklerose in den Fällen, in denen weder Syphilis, noch Alkoholismus, noch eine andere bestimmte Ursache nachzuweisen sind, käme die Vergiftung durch jene unzählbare Menge von Mikroben, die in unserm Verdauungskanal wuchern, in Betracht.

Unter diesen Mikroben gibt es solche, die nicht schädlich sind, die sogar nützlich sein können, aber es findet sich unbestreitbar eine große Zahl darunter, deren Vorhandensein eine hohe Unzuträglichkeit für die Gesundheit und das Leben bildet. Wenngleich es uns unmöglich ist, hier die Einzelheiten dieser so wichtigen Frage zu untersuchen, halten wir es doch für notwendig, sie kurz zu charakterisieren.

Der Darm des Menschen ernährt eine ungeheure Menge von Bakterien, die nach den neueren Forschungen STRASSBURGERS[1] bis zu 128 000 000 000 000 täglich schwankt. Diese Mikroben, die in den verdauenden Teilen des Darmkanals wenig zahlreich sind, finden sich in großer Menge im Dickdarm, d. h. in dem untern Teil, der zur Ansammlung der Rückstände der Nahrung dient. Die nicht verdauten Reste der Speisen, zu denen noch die Schleimabsonderungen kommen, bilden ein für die Wucherung der Mikroben sehr günstiges Milieu. Auch der dritte Teil der menschlichen Ausleerungen setzt sich aus Mikrobenflora zusammen. Diese ist sehr verschieden und enthält eine große Zahl von Gattungen, unter denen man Bazillen, Kokken und allen Arten andrer Mikroben begegnet, von denen einige noch nicht genügend untersucht sind.

Schon die Verteilung dieser Mikrobenflora erweist ihre Zwecklosigkeit für Leben und Gesundheit des

[1] Zeitschrift für klinische Medicin. 1902, Bd. XLVI, S. 434.

Menschen. Sie ist arm in den verdauenden Teilen und sehr reich in jenen, die diese Funktion nicht vollziehen. Diese Tatsache genügt schon an sich allein, um die Ansicht der Gelehrten, die der intestinalen Flora eine große Bedeutung beimessen, zurückzuweisen. Diese Ansicht ist hauptsächlich darauf gegründet, daß bestimmte Tiere zugrunde gehen, wenn man sie unter besonderen, vor den Mikroben schützenden Bedingungen züchtet. SCHOTTELIUS[1] machte zum erstenmal das Experiment der Züchtung von Küchlein in einem besonders zu diesem Zweck gebauten Behälter. Die Küchlein schlüpften aus dem Ei und lebten ein paar Wochen hindurch; da sie aber keine Mikroben in ihren Körper aufnahmen und nur sterilisierte Nahrung erhielten, magerten sie ab, anstatt an Gewicht zuzunehmen, und verfielen in sehr große Schwäche. Als SCHOTTELIUS zu der Nahrung dieser Küchlein Bakterien fügte, erholten sie sich bald und kehrten in normalen Zustand zurück. Ein analoger Versuch wurde von Frau METSCHNIKOFF[2] mit Kaulquappen ausgeführt. Züchtet man sie in den Gefäßen mit von Mikroben verunreinigtem Brot, entwickeln sich die Larven normal; sobald jedoch die Züchtung unter totalem Fehlen von Mikroben vor sich ging, lebten die Kaulquappen zwar monatelang, waren jedoch siech und blieben in der Entwicklung zurück.

Anderseits gelang es NUTTALL und THIERFELDER[3] mehrere Tage hindurch neugeborene Meerschweinchen

[1] Archiv für Hygiene. 1898, Bd. XXXIV, S. 210, ibid. 1902, Bd. LXII, S. 48.

[2] Annales de l'Institut Pasteur, 1901, p. 630.

[3] Zeitschrift für physiologische Chemie, 1895, S, 109.

aufzuziehen, die in ihrem Verdauungskanal keine Mikroben enthielten und nur Milch oder vegetabilische Nahrung, die vollkommen sterilisiert waren, erhielten. Trotz dieser mikrobenfreien Diät befanden sich die Meerschweinchen in einem ziemlich guten Zustand.

Da die beiden Versuchsreihen auf eine Art ausgeführt wurden, die jeden Irrtum ausschließt, wäre es wichtig, ihre scheinbar ganz entgegengesetzten Resultate in Einklang zu bringen. Den drei angezogenen Experimenten ist nur ein Punkt gemeinsam: die Tiere waren neugeboren. Es ist bekannt, daß sogleich nach der Geburt die Verdauungsfermente häufig in sehr unvollständiger Weise ausgeschieden werden. Bei den Meerschweinchen hätte ihre Menge zur Verdauung der verabreichten Nahrung genügen können, während bei den Küchlein und Kaulquappen diese Fermente allein unfähig waren, ihre Aufgabe in zufriedenstellender Weise zu vollziehen. Die Beigabe von mit einer beträchtlichen Verdauungskraft ausgestatteten Mikroben konnte also die Unzulänglichkeit der dem Dickdarm eigentümlichen Fermente ergänzen.

Neben die von NUTTALL und THIERFELDER gezogenen Meerschweinchen muß man noch eine ganze Reihe niederer Tiere stellen, wie die Larven der Motten und andrer Insekten, deren Eingeweide gänzlich frei von Mikroben sind, und die dennoch sehr schwer verdauliche Nahrung, wie Wachs oder Wolle, leicht verarbeiten. Diese Resultate werden durch die den Physiologen wohlbekannte Tatsache erhärtet, daß die Säfte des Magens und der Bauchspeicheldrüse der Säugetiere in Milieus, die Antiseptica enthalten, und wo das Eingreifen der Mikroben vollständig ausgeschlossen ist, sehr verschiedene Nahrungsstoffe leicht verdauen.

Wir können darauf verzichten, hier diese Frage von Grund aus zu untersuchen, denn der Hauptpunkt, um den es sich für uns handelt, kann mit Hilfe der Tatsachen, die wir dem Leser bereits mitgeteilt haben, leicht bewiesen werden. So beweist die vollständige Atrophie des Dickdarms bei der Frau, von der im vierten Kapitel die Rede war, genügend, daß dieser Teil des Verdauungskanals nicht nur nicht unbedingt für Gesundheit und Leben des Menschen erforderlich ist, sondern auch daß er die in seinem Dickdarm enthaltene überreiche Flora entbehren kann. Gerade hier liegt der Kernpunkt der Frage. Diese Flora kann schwere Störungen der Gesundheit verursachen und sogar das Leben gefährden. Die Wunden des Abdomen sind nur so gefährlich, weil sie das Eindringen des Darminhalts in die Höhle des Bauchfells herbeiführen. Die intestinalen Mikroben breiten sich alsdann im Organismus aus, der bald in schwere oder gar tödliche Krankheit verfällt. Bleiben diese Mikroben im Darminhalt, so gelangen sie nur selten und in geringer Menge in die Zirkulation, was zur Folge hat, daß der Organismus sie ohne große Schwierigkeit bewältigt. Die sehr große Majorität dieser Mikroben durchdringt die Darmwand nicht, aber ihre löslichen Produkte können leicht in die Lymphe und ins Blut übergehen. Dieses Faktum ergibt sich aus einer Menge genau festgestellter Tatsachen. Seit ziemlich langer Zeit hat man in dem Urin des Menschen und der Tiere eine ganze Reihe von Substanzen, Derivaten des

Phenol, Kresol, Indol, Skatol usw. gefunden. Man bemerkte, daß die Menge dieser Substanzen bei bestimmten Krankheiten erheblich wuchs. Die Stagnation des Darminhalts gibt Veranlassung zur Vermehrung des Phenol und Indol. Diese Tatsachen wie mehrere andre analoge legen die Meinung nahe, daß alle diese Produkte von den in den Eingeweiden lebenden Mikroben erzeugt werden. Von der Darmwand resorbiert dringen sie in die Zirkulation ein, wo sie mehr oder weniger ernste Störungen der Gesundheit hervorrufen können.

BAUMANN, der sich viel mit dieser Frage beschäftigte, lieferte eine große Zahl von auf genaue Experimente gestützten Argumenten, die zugunsten des Mikrobenursprungs dieser Substanzen im Urin sprechen. EWALD bestätigte diese Annahme durch Tatsachen andrer Art und von sehr großer Beweiskräftigkeit. Er hatte Gelegenheit, eine Person zu untersuchen, bei der man im Gefolge eines Bruches eine künstliche Darmfistel gelegt hatte. Die ganze Zeit hindurch, in welcher der Dickdarm nicht funktionierte, enthielten die Darmflüssigkeit und der Urin weder Phenol noch Indol. Aber sobald die Fistel geschlossen wurde und die Verbindung mit dem Dickdarm wiederhergestellt war, traten das Phenol und das Indikan wieder in den Exkrementen auf. EWALD schloß daraus, daß diese beiden Substanzen ihre Quelle im Dickdarm haben.

Ich erspare dem Leser eine große Zahl andrer analoger Fälle, die beweisen, daß die Flora unsres Dickdarms die Quelle einer Menge mehr oder weniger schädigender Substanzen ist, die in unsern Organismus resorbiert werden. Und gerade unter diesen Substanzen muß man jene langsamen Gifte suchen, die die Arteriosklerose und andre Erscheinungen der Altersschwäche in den Fällen hervorrufen können, in denen die Syphilis, der Alkoholismus und andre Ursachen ausgeschlossen sein können.

Im vierten Kapitel vertraten wir die Meinung, daß der Dickdarm sich bei den Säugetieren deshalb entwickle, weil er ihnen erlaube, die Nahrungsrückstände zu magazinieren und daher lange ohne anzuhalten zu laufen, was im Kampf ums Dasein ein Vorteil ist. Anderseits erleichtern die Mikroben, die sich im Inhalt des Mastdarms so reichlich entwickeln, die Nutzbarmachung bestimmter wenig verdaulicher Substanzen, wie der Zellulose. Diese beiden Umstände haben aber für die menschliche Gattung keinen Wert mehr. Nicht mehr durch schnellen Lauf erreicht der Mensch seine Beute, entrinnt er seinen Feinden. Die große Entwicklung seiner Intelligenz gestattet ihm, mit andern, weit wirksameren Mitteln zu kämpfen. Anderseits kann er die Zellulose leicht entbehren, denn die Kochkunst und die Kultur der Nährpflanzen liefern ihm Ersatzmittel, an die ein Tier niemals denken kann.

Allein die Medaille hat auch ihre Kehrseite. Ohne das Bewußtsein des Todes wie des Alters zu besitzen, haben die Säugetiere die Vorteile eines Dickdarms auf Kosten der Langlebigkeit erlangt. Wir erwähnten bereits weiter oben, daß die Vögel länger leben als die Säugetiere. Nun, die Vögel haben keinen Dickdarm und ernähren eine unvergleichlich weniger reiche Mikrobenflora, als die der

Säuger ist. Zu dieser Regel gibt es eine sehr bezeichnende Ausnahme. Die Strauße und andre Kurzflügler, die größten unter den Vögeln, zeichnen sich einerseits dadurch aus, daß es ihnen unmöglich ist, zu fliegen, anderseits durch die Schnelligkeit ihres Laufes, die sie ihren Feinden entzieht. Diese Vögel sind die einzigen, bei denen der Dickdarm sehr entwickelt ist. Anstatt nun länger zu leben, als die viel kleineren Vögel, wie Papageien, Raben, Schwäne usw., leben die Strauße nach der Schätzung RIVIÈRES, der sich in Algerien mit der Züchtung dieser Laufvögel befaßte, nur bis zu 35 Jahren. Infolge ihrer Lebensweise, infolge der der Entwicklung des Dickdarms, des Reichtums an intestinaler Flora und der kurzen Lebensdauer stehen die Strauße und ihre Stammverwandten den Säugetieren näher als den Vögeln.

Es ist bemerkenswert, daß eine große Zahl langlebiger Vögel keinen Blinddarm hat, jenen Teil des Verdauungskanals, der die meisten Mikroben enthält. Die Untersuchung des Darminhalts der Papageien enthält eine Mikrobenflora von äußerster Ärmlichkeit. Das vergleichende Studium der Tatsachen bestätigt also vollauf die Hypothese, daß die für die Verdauung zwecklose reichliche intestinale Flora nur dazu dient, das Dasein zu verkürzen, dank den Mikroben-Giften, die die edlen Elemente schwächen und die Phagocyten stärken.

Die menschliche Gattung hat von ihren Ahnen einen Dickdarm und Bedingungen geerbt, die die Entwicklung einer reichen intestinalen Flora begünstigen. Sie hat also die Übelstände dieses Vermächtnisses zu tragen.

Anderseits hat sich das Gehirn des Menschen außerordentlich entwickelt und mit ihm die intellektuellen Fähigkeiten, die uns das Bewußtsein des Alters und des Todes geben. Unser großes Verlangen zu leben steht in Widerspruch mit den Schwächen des Alters und mit der Kürze des Lebens. Das ist die größte Disharmonie in der Natur des Menschen.

Soll das Alter wirklich physiologisch werden, so ist es also notwendig, die Übelstände, die aus der Entwicklung des Dickdarms sich ergeben, hintanzuhalten. Wohlverstanden, es ist nicht möglich, sich auf die Kräfte zu verlassen, die außerhalb des menschlichen Willens wirken, und auf die Unterdrückung des zwecklos gewordenen Dickdarms zu warten. Der von der exakten Wissenschaft geleitete Mensch muß sein Streben darauf zu richten versuchen, zu diesem Resultat zu kommen. Trotz der großen von der Chirurgie realisierten Fortschritte kann man in unserer Zeit nicht daran denken, den Dickdarm mit Hilfe des Messers zu entfernen. Vielleicht wird man diesen Weg in einer fernen Zukunft betreten. Aber für den Augenblick ist es vernünftiger, den schädlichen Mikroben entgegenzuwirken, die unsern Dickdarm bevölkern. In dieser mannigfaltigen Flora unterscheidet man Anaëroben genannte Bakterien, d. h. solche, die ohne freien Sauerstoff leben können, und die den ihnen notwendigen aus den organischen Stoffen schöpfen, die sie zersetzen. Diese Zersetzung vollzieht sich unter Gärungs- und Fäulniserscheinungen, die häufig von der Entstehung von Giften begleitet sind, unter denen man Alkaloide (Ptomaine), Fettsäuren und sogar wirkliche Toxine findet.

In den Eingeweiden des normalen Menschen treten die Fäulniserscheinungen nur schwach oder überhaupt nicht auf. Aber bei den Darmkrankheiten des Kindes und des Erwachsenen entwickeln sich die fäulniserregenden Mikroben reichlich und sekretieren ihre Gifte, die die Darmwand reizen. Zur Vermeidung dieser Fäulniskrankheiten bei den kleinen Kindern hat man schon seit ziemlich langer Zeit vorgeschlagen, nur sterilisierte Milch (in den Fällen, in denen das Kind mit der Saugflasche genährt wird) oder andre Nährmittel, die vorher von Mikroben befreit worden sind, zu verwenden. Diese Diät ist in der Majorität der Fälle von sehr günstigen Resultaten begleitet.

Indem man nach den Ursachen forschte, welche das Entstehen der Fäulnis verhindern, bemerkte man, daß die Milch nur sehr selten in Fäulnis übergeht, während das Fleisch, unter denselben Umständen aufbewahrt, der Zersetzung mit der größten Leichtigkeit verfällt. Die Gelehrten, die die Ursache dieses Unterschiedes aufklären wollten, schrieben das Nichtinfäulnisübergehen der Milch bald dem Kasëin, bald dem Milchzucker (Laktose) zu. Aber die von einem Elsässer Arzt, BIENSTOCK,[1] angestellten und von TISSIER und MARTELLY[2] bestätigten Versuche stellten fest, daß bestimmte Mikroben die Fäulnis der Milch verhindern. Es sind dies namentlich die Mikroben, welche die Milch durch Verwandlung des Milchzuckers in Milchsäure sauer werden lassen, die sich durch ihre antagonistische Tätigkeit Fäul-

[1] Archiv für Hygiene, 1902, Bd. XXXIX, S. 390.
[2] Annales de l'Institut Pasteur, 1902, p. 865.

nismikroben gegenüber auszeichnen. Die Fäulnis bedarf ein alkalisches Milieu. Nun, die Milchmikroben erzeugen allmählich eine große Menge Säure, diese verhindert die Entwicklung und Wirkung der fäulniserregenden Mikroben. Wenn man zu Fleischmacerationen, in die man Fäulnis erregende Mikroben und Milchmikroben gebracht hat, Soda fügt, vollzieht sich die Fäulnis alsbald trotz der Anwesenheit der hemmenden Organismen.

Unter diesen Umständen begreift man, warum die Milchsäure häufig gewisse Diarrhöen zum Stillstand bringt, und warum die Milchdiät sich bei einigen Krankheiten, die durch intestinale Fäulnis verursacht werden, so günstig erweist. Man begreift auch, warum die gegorene Milch bei bestimmten Affektionen so nützlich ist.

Ein italienischer Arzt, Rovighi,[1] trank alle Tage ein und einen halben Liter Kefir, d. h. Milch, die der Milch- und Alkoholgärung unterworfen worden war. Er konstatierte bereits nach Verlauf einiger Tage in seinem Urin das Verschwinden des Indikan (eines der Produkte der intestinalen Fäulnis) und eine beträchtliche Verminderung der Schwefelätherverbindungen (Produkte dieser Fäulnis) überhaupt.

Es ist also durchaus richtig, wenn man unter die diätetischen Vorschriften Kefir oder, noch besser, saure Milch aufgenommen hat, um die langsamen Intoxikationen, die die Widerstandskraft unsrer edlen Elemente schwächen und welche Phagocyten erregen, zu mindern. Die Milch zeichnet sich vor dem Kefir dadurch aus, daß sie keinen Alkohol enthält, der auf die Dauer

[1] Zeitschrift für physiologische Chemie, 1892, XVI, S. 43.

die Vitalität gewisser wichtiger Zellen unsres Organismus verringern kann. Das Vorhandensein einer großen Menge von Milchmikroben muß notwendigerweise die Wucherung Fäulnis erregender Mikroben verhindern, was bereits einen großen Nutzen für den Organismus darstellt.

Aber die Einführung nützlicher Mikroben in unsern Verdauungskanal ist nicht die einzige Maßregel, die zu treffen ist. Man kann auch das Eindringen „wilder" Mikroben verhindern, die Störungen der Gesundheit herbeiführen können. Das Erdreich enthält, besonders wenn es gedüngt ist, eine große Zahl von Mikroben aller Arten, und, unter andern, auch schädliche Mikroben. BIENSTOCK konstatierte, daß die Erde der Erdbeerbeete seines Gartens Tetanusbazillen enthielt. Er verzehrte drei Wochen hindurch ein wenig von dieser Erde und vergewisserte sich, daß diese Mikroben in seinem Darm zu Grunde gingen, was er dem Widerstand der normalen Mikroben seines Verdauungskanals zuschreibt. Man ist zu der Annahme berechtigt, daß in den Fällen, in denen sich dieser Antagonismus nicht hinreichend stark äußert, der Starrkrampf sich aus den Sporen des Tetanusbazillus entwickeln kann, die mit der Erde, mit Erdbeeren, die darauf wachsen, oder ungekochten Gemüsen verzehrt werden. Aber nicht allein Tetanus-Keimen begegnet man in gedüngtem Boden; es finden sich noch eine große Anzahl andrer Mikroben darin und darunter sehr gefährliche Anaëroben.

Es ist also ganz angezeigt, sich ungekochter Nahrung zu enthalten und nur zu essen, was vorher gekocht wurde oder was ganz sterilisiert ist. Die Entfernung der wilden

Mikroben und die Zuführung von aus saurer Milch gezüchteten Mikroben kann eine beträchtliche Veränderung der intestinalen Flora in einem der Erhaltung der Gesundheit günstigen Sinn erzeugen. Wir kennen Personen, die diese Vorschrift befolgt haben und sich dabei sehr wohl befinden.

Auch in ihrem gegenwärtigen Zustand der Unvollkommenheit ist also die Wissenschaft nicht waffenlos in der Erforschung der Prozesse zur Verhinderung oder wenigstens zur Abschwächung der langsamen und chronischen Vergiftung des Organismus, die mit der Degeneration unserer besten Elemente endet. In den Fällen, in denen der Verfall die Syphilis oder den Alkoholismus zur Ursache hat, muß der Kampf gegen diese beiden Geiseln gerichtet werden. Die Weise, wie dieser Kampf zu führen ist, kennen wir schon lange, und wenn der Erfolg kein besserer ist, liegt es an der Gleichgültigkeit der interessierten Leute.

Die Widerstandskraft der edlen Zellen stärken und die wilde intestinale Flora des Menschen in eine kultivierte umwandeln, das sind die Mittel, die angewendet werden können, um das Alter physiologischer zu gestalten, als es gegenwärtig ist, und wahrscheinlich auch, um die Dauer des menschlichen Lebens zu verlängern.

Wenn bestimmte schädliche Mikroben unserer intestinalen Flora nicht vollständig entfernt werden können, wäre es angezeigt, sie mit Hilfe entsprechenden Serums kampfunfähig zu machen. Man kennt bereits ein spezifisches Serum gegen den Erreger des Botulismus, einen Mikroben, der sehr schwere Störungen der Gesundheit hervorrufen kann, sobald er in den Verdauungskanal dringt.

Unser inneres Bewußtsein sagt uns, daß unsre Existenz zu kurz ist; auch sucht man schon sehr lange sie zu verlängern. Ganz abgesehen von den mittelalterlichen Versuchen, ein Lebenselixier zu finden, haben sich ernste Denker zu jeder Zeit mit dieser Frage beschäftigt.

DESCARTES glaubte zur Verlängerung des menschlichen Lebens ein Mittel gefunden zu haben, von dem er sehr viel hielt. BACO VON VERULAM hat eine Abhandlung über das Leben und den Tod veröffentlicht, worin er Ratschläge erteilt, das Leben zu verlängern: Aderlaß und Salpeter spielen in seinen Rezepten eine wichtige Rolle.

Eine der ältesten Methoden zur Verlängerung des menschlichen Lebens ist die Gerokomie genannte, die darin besteht, daß man Greise mit jungen Mädchen in Berührung bringt. Bereits der König David wandte dieses Mittel an, das später eine Zeitlang wieder in Ruf kam.

Charlatane des 18. Jahrhunderts priesen Heilmittel gegen das Alter an, darunter befand sich das „geweihte Wasser“ von Saint-Germain, ein Sennesblätteraufguß, der als einfaches Abführmittel wirkt. Es ist unbestreitbar, daß gewisse Medikamente dieser Art, die die Entleerung des Dickdarms anregen, zugleich die intestinale Flora verringeren und infolgedessen die Ausscheidung der für unsre edlen Zellen so schädlichen Gifte verhinderen.

Am Ausgang des 18. Jahrhunderts erschien die „Makrobiotik, oder die Kunst, das menschliche Leben zu verlängern“ von dem sehr bekannten deutschen Arzt

HUFELAND. Dieses Werk fand zu seiner Zeit großen Beifall; es enthält einige interessante und wichtige Beobachtungen. HUFELAND rät, „sich immer mehr an die Vegetabilien bei der Wahl der Speisen zu halten. Fleischspeisen haben immer mehr Neigung zur Fäulnis, die Vegetabilien hingegen zur Säure und zur Verbesserung der Fäulnis, die unser beständiger nächster Feind ist." Wie man sieht, hat dieser Arzt aus einer bereits sehr entfernten Epoche einen der bedeutendsten Fortschritte der modernen Wissenschaft sehr gut vorausgesehen.

In unsrer Zeit hat das Problem der Verlängerung des menschlichen Lebens die Gelehrten ununterbrochen beschäftigt. So legte einer der hervorragendsten zeitgenössischen Physiologen, Professor PFLÜGER[1] in Bonn, in einer Rede die Resultate seiner Forschungen über diese Frage vor. Nach der Feststellung, daß die Biographien der Leute, die ein sehr vorgerücktes Alter erreichten, keine genügende Auskunft darüber geben, welche Art des Lebens einzuhalten ist, verweilt PFLÜGER bei den Mitteln, den infektiösen Krankheiten zu entgehen und kommt zu dem Schluß: „Ich kann mich nur dem anschließen, was in allen die Makrobiotik betreffenden Schriften empfohlen wird: Abhaltung von Schädlichkeiten und Maß in allen Dingen." (S. 30.)

Ein Jahr später veröffentlichte ein wohlbekannter deutscher Kliniker, WILHELM EBSTEIN,[2] ein tief begründetes

[1] Über die Kunst der Verlängerung des menschlichen Lebens, Bonn 1890.

[2] Die Kunst, das menschliche Leben zu verlängern. Wiesbaden 1891.

Werk über die Kunst, das Leben zu verlängern. Dieser Autor war über die Tatsache sehr betroffen, daß sich unter den Personen, die ein hohes Alter erreicht haben, mehrere befanden, die ein üppiges und ausschweifendes Leben führten, besonders in bezug auf alkoholische Getränke. Trotzdem empfiehlt EBSTEIN, wenn nicht die absolute Enthaltung von diesen Getränken, so doch eine große Mäßigung in ihrem Genuß. Er empfiehlt auch die Vereinfachung der Lebensführung und Fernhaltung von allem, was der Gesundheit schaden kann.

Das Studium dieser von wissenschaftlichem Geist erfüllten Werke lehrt uns, daß die Makrobiotik eine im Bau begriffene Wissenschaft ist. Die eingehende Untersuchung der Alterserscheinungen kann in dieser Beziehung nur nützlich sein. Auf alle Fälle ist es unmöglich, sowohl das Streben, das Alter physiologisch und leicht erträglich zu gestalten, als reine Chimäre zu betrachten, als auch jenes, dessen Ziel die Verlängerung des menschlichen Lebens ist. Und das um so mehr, als es nicht an Beispielen der Langlebigkeit fehlt.

Man hat eine große Zahl von Fällen verzeichnet, in denen Leute mehr als 100 Jahre lebten und ihre geistigen Fähigkeiten und ihre Kraft bis zum Tode bewahrten. Es ist zwecklos, hier die Geschichte dieser Personen anzuführen, von denen einige das Alter von 120, 140 und sogar 185 Jahren erreichten (der heilige Mungo zu Glasgow). Mein Freund E. RAY-LANKESTER[1] meint, diese Ausnahme-Greise seien Erscheinungen ganz so wie die Riesen, die zu übermäßigen

[1] The Advancement of Science. London, 1890, p, 233.

Dimensionen kommen. Aber die Hundertjährigen sind weit zahlreicher als die Riesen, und während letztere unbestreitbare pathologische Merkmale aufweisen, setzen uns die Leute mit langem Leben im Gegenteil durch ihre Kraft und ihre Gesundheit in Erstaunen.

Von der in den Büchern des Alten Testaments berichteten Langlebigkeit der Juden hat man viel geredet. Man kann in den so wenig genauen Berichten Übertreibung vermuten. Begeht man einen ähnlichen Fehler, wenn man METHUSALEM das Alter von 969 Jahren und NOAH das von 595 Jahren zuschreibt, oder sind diese Altersziffern nach Prinzipien berechnet, die von den unsren verschieden sind? HENSELER[1] meint, daß in dieser entlegenen Zeit jede Jahreszeit für ein Jahr galt, so daß die Langlebigkeit METHUSALEMS sich auf 242 Jahre reduziere, was das längste Leben, das in den modernen Zeiten festgestellt wurde, nicht sehr überschreiten würde.

Was die jüngere Periode der biblischen Geschichte betrifft, beweisen viele Nachrichten, daß das Jahr dieser Epoche mit dem unsrigen gleich war. So ist im 4. Buch Mose (Numeri) mehrmals die Rede von Leuten „von 20 Jahren und drüber, alles was männlich war und in das Heer zu ziehen taugte“ (I, 3, 20, 22). Die Leviten konnten von 25 Jahren an ihr Amt antreten, „aber vom fünfzigsten Jahre an sollen sie ledig sein vom Amte des Dienens und sollen nicht mehr dienen“ (VIII, 24, 25, 26). Diese wenig orvgerückte Altersgrenze deutet darauf hin, daß die Lebensjahre den unsrigen entsprechen. Übrigens bekräftigen viele andre Stellen des Pentateuch, be-

[1] Nach PFLÜGER, Über die Kunst der Verl. d. L., S. 14.

sonders jene, in denen von jährlichen Festen nach der Ernte die Rede ist, dieses Annahme. Man muß also die 100 und 120 Jahre überschreitenden Altersziffern, die mehreren biblischen Persönlichkeiten, wie AARON, MOSES, JOSUA usw., zugeschrieben werden, wohl akzeptieren. Ebenso muß man als wichtig erachten die Jahveh in den Mund gelegten Worte: „Da sprach der Herr: Die Menschen wollen sich von meinem Geist nicht mehr strafen lassen; denn sie sind Fleisch. Ich will ihnen noch Frist geben 120 Jahre“ (1. Mose VI, 3).

Die Langlebigkeit jener entlegenen Zeit muß also wirklich größer gewesen sein, als die der Gegenwart. EBSTEIN berechnet, daß das normale Leben 70 Jahre dauert, denn in diesem Alter kommt die größte Zahl von Todesfällen vor (a. a. O. S. 12). Trotz der Erhöhung der menschlichen Lebensdauer im 19. Jahrhundert muß man also annehmen, daß die Menschen in einem Abschnitt der biblischen Zeiten länger lebten als heute, was uns nicht übermäßig in Erstaunen setzen kann.

Wir sahen, welche Rolle die Syphilis als Ursache des vorzeitigen und pathologischen Alters spielt. Sie ist einer der großen Faktoren der Arteriosklerose und der Degeneration der edelsten Elemente des Organismus. Die Syphilis ist um so schrecklicher, als sie sich durch Vererbung überträgt. Obgleich im Alten Testament von den Krankheiten der Geschlechtsorgane viel die Rede ist und trotz der eingehenden Berichte über die Beschneidung findet sich doch keine Stelle, die auf die Syphilis bezogen werden kann. EBSTEIN,[1] in einer Abhandlung über die

[1] Die Medizin im Alten Testament, Stuttgart 1901.

Medizin im Alten Testament, beharrt darauf, daß „in den biblischen Urkunden von dieser Seuche nichts gesagt ist“ (S. 156). Auch war die Syphilis im Altertum überhaupt nicht bekannt, oder sie trat unter milderen Formen auf. HÄSER,[1] der Verfasser der besten modernen Darstellung der Geschichte der Medizin, meint, wenn die Syphilis die Völker des Altertums ergriff, blieb sie „örtlich beschränkt und zog jedenfalls weit seltener als in späteren Tagen allgemeine Lues nach sich“.

Man sieht an diesem Beispiel, welche Fortschritte die Menschheit hinsichtlich der Langlebigkeit verwirklichen könnte, wenn sie nur die Syphilis ausrotten würde, die Ursache eines Fünftels der Arteriosklerosefälle. Die Unterdrückung des Alkoholismus, dieser zweiten großen Ursache der Arterien-Degeneration, wird in Zukunft eine noch merklichere Verlängerung des Lebens herbeiführen. Das wissenschaftliche Studium des Alters und der Mittel, seinen pathologischen Charakter zu verändern, wird ohne Zweifel dazu beitragen, das Leben länger und glücklicher zu machen. Trotz des unvollkommenen Zustandes der modernen Wissenschaft liegt also kein Grund vor, die pessimistischen Ideen über diesen Gegenstand aufrecht zu erhalten.

[1] Lehrbuch der Geschichte der Medizin. Jena 1878, III. S. 223.

ELFTES KAPITEL

Einführung in das wissenschaftliche Studium des Todes.

Theorie der Unsterblichkeit der niederen Organismen. — Unsterblichkeit der sexuellen Elemente der höheren Organismen. — Unsterblichkeit der Zellseele. — Vorkommen natürlichen Todes bei bestimmten Tieren. — Natürlicher Tod bei den Eintagsfliegen. Verlust des Erhaltungstriebs bei den erwachsenen Ephemeren. — Lebenstrieb bei den Greisen. — Instinkt des natürlichen Todes beim Menschen. — Tod der Greise in den biblischen Zeiten. — Instinktsänderungen bei den Tieren und beim Menschen.

Nach allem, was im vorhergehenden Kapitel mitgeteilt wurde, wird man wohl zugestehen, daß es in einer mehr oder weniger fernen Zukunft möglich sein wird, das Alter zu modifizieren. Aus einem schmerzhaften und abschreckenden wird ein physiologisches und erträgliches Alter werden; man wird auch dazu kommen, das Leben über die gegenwärtigen Grenzen hinaus zu verlängern. Aber, wird man einwenden, was nützt es 100 oder 120 Jahre zu leben, statt 70 oder 80, wenn stets dieselbe schreckliche Perspektive der unvermeidlichen Vernichtung durch den Tod bleibt? Behauptet nicht schon MARC AUREL, „daß, wer an der äußersten Grenze des Lebens stirbt, nur in denselben Zustand versetzt wird, als wer durch einen frühzeitigen Tod hinweggerafft wird,“

oder „es ist dieselbe Betrachtungsweise dessen, was geschieht, während hundert Jahren und während dreier Jahre“? Bei diesen Aussprüchen ist keine Rücksicht auf den qualitativen Unterschied in der Schätzung der Dinge in den verschiedenen Lebensaltern genommen. Ein Mann von 25 Jahren und einer von 50 urteilen nicht nur verschieden, sondern empfinden auch die Eindrücke verschieden, die von außen kommen. Sogar die Betrachtungsweise dessen, was geschieht, ändert sich beim nämlichen Individuum, je nachdem es im Alter vorrückt. Die jungen Leute messen ihre Eindrücke nach ihrem Ideal, und da dieses stets sehr hoch steht, befriedigt sie die Wirklichkeit nicht. Sie stellen Forderungen und sind unzufrieden mit dem, was ihnen die wirkliche Welt bieten kann. Die reiferen, im Alter vorgerückten Leute lassen sich leichter befriedigen, da sie den wirklichen Wert der Dinge weit besser kennen. Wie wir bereits in einem andern Kapitel entwickelten, sind die jungen Leute geneigter zum Pessimismus, als die alten.

Die Schätzung des Lebens wechselt also mit dem Alter. Steht es mit der des Todes ebenso? Man hat immer wiederholt, daß das Leben nur eine Vorbereitung auf den Tod ist. Seneca sagt, daß „wir uns von Jugend auf daran gewöhnen müssen, diesem letzten Augenblick ohne Zittern entgegenzusehen; tun wir das nicht, so haben wir keine Ruhe mehr: denn es ist sicher, daß wir sterben werden.“ Die Philosophie wurde als die Kunst der Vorbereitung auf den Tod angesehen.

Bevor wir zeigen, welchen Weg die Wissenschaft wählen kann, um das Problem des Todes zu lösen,

„dieses letzten Feindes, der aufgehoben wird," nach dem Ausdruck des Apostels Paulus, gilt es Bericht zu erstatten, was sie überhaupt darüber weiß.

Man ist dermaßen gewohnt, den Tod als etwas so Natürliches und so Unvermeidliches zu betrachten, daß man ihn schon lange als eine jedem Organismus anhaftende Eigenschaft ansieht. Als jedoch die Biologen diese Frage näher zu untersuchen begannen, suchten sie vergebens nach irgend einem Beweis dieser als Dogma geltenden Ansicht. Wenn man niedere Tiere beobachtet, wie Infusorien und andre Protozoen, sieht man sie sich durch Teilung fortpflanzen und im Verlauf von wenig Zeit in außerordentlicher Weise sich vermehren. Die Generationen folgen sich mit großer Schnelligkeit, ohne daß ein einziger Todesfall vorkommt: vergebens sucht man nach einer einzigen Leiche in der unzählbaren Menge wimmelnder Infusorien. Aus dieser leicht zu konstatierenden Tatsache schlossen einige Gelehrte, und besonders BÜTSCHLI und WEISMANN,[1] daß die einzelligen Wesen unsterblich sind. Teilt sich ein Infusorium in zwei, so konjugiert sich alsbald jede Hälfte und verjüngt sich, um sich von neuem auf dieselbe Weise fortzupflanzen. Der Fall ist komplizierter, wenn der Körper sich gleichzeitig in mehrere Stücke teilt, von denen jedes dem Muttertier ähnlich ist. Die Beispiele dieser Art der Fortpflanzung sind zahlreich. Da das Tier auf einmal in eine ganze Gesamtheit von Individuen einer neuen Generation aufgeteilt wird, verschwindet

[1] Über die Dauer des Lebens. Jena 1882. S. auch Aufsätze über Vererbung, Jena 1892, S. 1 u. 123.

die Individualität des ersten. Man könnte also in diesem Falle, wie GÖTTE[1] annimmt, an natürlichen Tod glauben, ohne daß dabei eine wirkliche Vernichtung stattfindet und eine Leiche vorhanden ist.

Auf alle Fälle ist unbestreitbar, daß es bei den niederen Wesen keinen natürlichen Tod gibt, der sich mehr oder weniger mit dem der höheren Tiere oder des Menschen vergleichen läßt. Man meinte, daß die Erschöpfung, die bei den Infusorien nach einer langen Reihe von Teilungen zu beobachten ist, und welche die Konjugation der beiden Individuen notwendig macht, als Fall natürlichen Todes angesehen werden könnte. Diese Meinung ist jedoch unvereinbar mit der Verjüngung, die dem Paarungsakte folgt. Vollzieht sich der letztere nicht, was den Tod erschöpfter Infusorien nach sich zieht, so muß dieser Tod als ein zufälliger betrachtet werden, analog dem, den die Erschöpfung hervorruft.

Die Theorie der Unsterblichkeit der aus einer einzigen Zelle bestehenden Organismen ist also fast allgemein angenommen. Aber sogar unter den Tieren, die am weitesten auf der Leiter der Wesen emporgestiegen sind, kann man solche finden, die keinen natürlichen Tod aufweisen. Die aus mehreren Organen zusammengesetzten Tiere, die eine große Menge von Zellen enthalten, liefern uns Beispiele dieser Kategorie. Viele Polypen, bestimmte Würmer, besonders die Anneliden, fallen unter diese Regel. Unter diesen letzteren Tieren gibt es solche, die sich durch Teilung mit großer

[1] Über den Ursprung des Todes. 1893.

Intensität vermehren (Fig. 17). „Während der ganzen schönen Jahreszeit, sagt EDUARD PERRIER,[1] besitzen die Naidimorpha keine Geschlechtsorgane, und es scheint sogar (noch unveröffentlichte Beobachtungen von MAUPAS), daß man sie künstlich mehrere Jahre hindurch, vielleicht unendlich lange, in diesem geschlechtslosen Zustand erhalten kann."

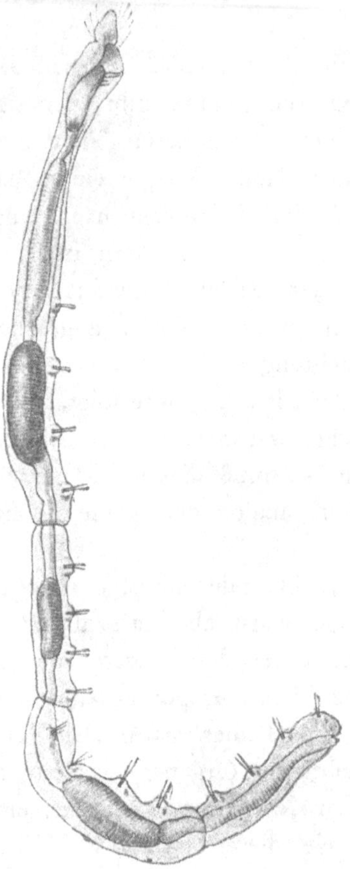

Fig. 17. Chaetogaster im Begriff sich in vier zu teilen.

Man kann diesen Fall also als Beispiel einer Unsterblichkeit anführen, die von der unerschöpflichen Eigenschaft der Regeneration bei einem Wesen mit einer schon ziemlich komplizierten Struktur herrührt.

Diese Angaben genügen, um zu beweisen, daß der natürliche Tod nicht notwendig mit der Organisation verbunden ist. Ein sehr bekannter deutscher

[1] Traité de zoologie, p. 1713.

Botaniker, Nägeli,[1] hat sogar den Satz aufgestellt, daß der natürliche Tod in der Natur nicht vorhanden ist. Er führt Bäume an, die zu einem Alter von mehreren Tausend Jahren gekommen waren und ihr Dasein nicht mit dem natürlichen Tod oder der Erschöpfung der Kräfte beschlossen, sondern infolge irgend einer Katastrophe.

Man schätzt, daß der berühmte Drachenbaum der Villa Orotava auf Teneriffa, den Alexander von Humboldt so bewunderte, mehrere Tausend Jahre gelebt hat. Sein Stamm war hohl, aber der gigantische Baum lebte weiter bis zum Augenblick, in dem er von einem Sturm umgestürzt wurde. Es war also ein gewaltsamer Eingriff nötig, um diesen Organismus mit dem so langen Leben zu Tode zu bringen. Man versichert allgemein, daß der Affenbrotbaum bis zu fünf und sogar bis zu sechstausend Jahren leben kann.

In einer neuerlichen Publikation untersucht der hervorragende Chicagoer Biologe, Jacques Loeb,[2] das Problem des natürlichen Todes, dessen Existenz ihm nicht bewiesen scheint. Er beobachtete, daß die nicht befruchteten reifen Eier von Seesternen wenige Stunden, nachdem sie gelegt waren, zugrunde gingen. Diesen Tod betrachtet Loeb als ein Beispiel natürlichen Todes. Es ist unmöglich, diese Ansicht zu teilen, denn ein aus Mangel an männlichen Elementen nicht befruchtetes Ei kann mit einem der Nahrung beraubten Organismus verglichen werden, der an Erschöpfung stirbt. In beiden

[1] Abhandlungen der k. bayrischen Akademie der Wissenschaften, 1865.

[2] Archiv für die gesamte Physiologie, 1902, Bd. XCIII, S. 59.

Fällen ist der Tod rein zufällig, und als solcher kann er leicht vermieden werden.

Existiert der normale Tod in der Natur, so muß er offenbar später auf der Erde in Erscheinung getreten sein als die lebenden Wesen. WEISMANN meint, er habe sich als eine für das Leben der Gattung zweckmäßige Anpassungserscheinung entwickelt, d. h. „als eine Konzession an die äußeren Lebensbedingungen, nicht als eine absolute, im Wesen des Lebens begründete Notwendigkeit" (a. a. O. S. 33). Da der abgenutzte Organismus zur Fortpflanzung und für den Kampf ums Dasein nicht mehr geeignet ist, erachtet WEISMANN, der natürliche Tod sei die Konsequenz des Selektionsprinzips und für die Aufrechterhaltung der Kraft der Gattung notwendig. Aber diese Erneuerung ist vollkommen zwecklos, weil die Schwächung des gealterten Organismus vollauf genügt, um ihn im Kampfe auszuscheiden. Der gewaltsame Tod mußte sich von den ersten Schritten des Lebens auf der Erde an einstellen. Die Infusorien und andre niedere Organismen, die das Geschenk der prinzipiellen Unsterblichkeit besitzen, müssen jeden Augenblick eines gewaltsamen Todes sterben, verzehrt von stärkeren Wesen. Es ist also unmöglich, im natürlichen Tod, wenn er wirklich existiert, das Resultat einer Einwirkung der natürlichen Auslese zugunsten der Gattung zu sehen. In der Außenwelt wird man diesem Tod sehr selten begegnen, in Anbetracht der so großen Häufigkeit des gewaltsamen Todes, der entweder von Krankheiten oder von der Gefräßigkeit der Feinde herrührt.

In allen Statistiken registriert man freilich mehr oder

weniger zahlreiche Todesfälle aus Anlaß des Alters, ohne eigentliche Krankheit. Oft empfinden die sehr erschöpften Greise keinen Schmerz und schlummern scheinbar ruhig in den ewigen Schlaf hinüber; aber die Sektion enthüllt dann mehr oder weniger schwere Verletzungen. Es ist also zu vermuten, daß es sich hier ebenfalls um gewaltsamen Tod handelt, der zumeist durch infektiöse Mikroben verursacht ist.

Nach dieser ganzen Gesamtheit von Tatsachen muß man, anstatt den Satz, daß der natürliche Tod eine der Organisation fest verbundene Eigenschaft ist, zu akzeptieren, wirkliche Beweise für sein Vorhandensein auf der Erde suchen.

Es wurde schon lange darauf hingewiesen, daß nur die dem individuellen Leben dienenden Elemente dem natürlichen Tod unterworfen sein können. Die Zellen dagegen, die die Fortpflanzung der Gattung sichern, sind mit Unsterblichkeit ausgestattet, wie die einzelligen Organismen. Das Eichen der Frau verwandelt sich in den Embryo und erzeugt eine neue Generation, deren sexuelle Elemente der Ausgangspunkt für eine dritte Generation werden, und so fort. Die sehr große Majorität der Eichen und der Spermatozoen stirbt aber nicht eines natürlichen Todes, sondern durch schädliche äußere Einflüsse. Eine schwache Minorität der sexuellen Elemente lebt in den künftigen Generationen unendlich weiter.

An der Hand dieser wissenschaftlichen Beweise kann man also versichern, daß es in unserm Körper sehr viele unsterbliche Elemente gibt, Eichen und Spermatozoen. Da diese Zellen mit selbständigem Leben ausgerüstet sind und bestimmte Fähigkeiten aufweisen, die man in die Kategorie der psychischen Erscheinungen einordnen kann, wird es möglich, den Satz von der Unsterblichkeit der Seele ernstlich aufzustellen.

Die Beobachtung der Protozoen, besonders der Infusorien, deutet bei den Wesen, die aus einer einzigen Zelle bestehen, auf eine sehr ausgesprochene Sensibilität hin. Sie wählen ihre Beute, unterscheiden die lebenden Infusorien von den toten,[1] suchen ihresgleichen zur Paarung, fliehen die Gefahren, gehen auf die Jagd, kurz, geben eine ganze Reihe von Eigenschaften kund, die unbestreitbar in die große Gruppe der psychischen Eigenschaften gehören. Es unterliegt keinem Zweifel, daß diese Erscheinungen, im Vergleich mit denen bei den höheren Tieren, bei den Infusorien ein sehr niederes Stadium darstellen; nichtsdestoweniger hat man sehr wohl das Recht, von der Protozoenseele zu reden. Mit Unsterblichkeit des Leibes ausgestattet, dank der sukzessiven Fortpflanzung durch wiederholte Teilungen, besitzen diese Wesen gleichfalls eine unsterbliche Seele. Allein, da diese Seele sehr primitiv ist, ist es uns unmöglich, darüber anders zu urteilen, als in einer wenig präzisen Weise.

Da es im menschlichen Körper gleichfalls sexuelle Zellen gibt, die unsterblich sind, muß man sich fragen, ob sie nicht gleichfalls eine unsterbliche Seele haben. Es kann heute nicht in Zweifel gezogen werden, daß die Eichen und Spermatozoen mit einer Sensibilität ausgestattet

[1] SALOMONSEN, in Festskrift ved indvielsen af Statens Serum Institut. Copenhagen 1902, XII.

sind, die jener bei den niedern Organismen gleicht. Die Eichen scheiden Substanzen aus, welche die Sensibilität der Spermatozoen erregen. Geleitet von einem besonderen Geruchsinn, der Chimiotaxie, streben sie nach dem Eichen, um in dessen Inneres einzudringen. Bestimmte Stoffe erregen die Sensibilität und Beweglichkeit der Spermatozoen und ziehen sie an, während andre sie zurückstoßen. Die Chimiotaxie wurde zuerst durch den berühmten Botaniker Pfeffer bei den Kryptogamen nachgewiesen. Seitdem wurde die Sensibilität für die männlichen Zellen mehrerer Pflanzen und verschiedener Tiere konstatiert.

Die Eier und Spermatozoen, denen es gelingt, sich zu konjugieren, lassen die neue Generation entstehen, auf die sie nach der Terminologie Häckels[1] ihre „Zellseele“ übertragen. Diese Seele ist also wirklich unsterblich, mit demselben Recht wie der Körper der fortpflanzenden Zellen.

Es ist also wahr, daß wir in unserm Organismus Elemente haben, die mit einer unsterblichen Seele ausgerüstet sind, aber ganz ebenso wahr ist, daß dieser Umstand keineswegs die Unsterblichkeit unserer bewußten Seele in sich schließt. Wir erwähnten bereits in einem der vorhergehenden Kapitel, daß wir die psychischen Erscheinungen einer großen Menge unsrer Zellen, die mit einer Zellseele ausgerüstet sind, nicht zu schätzen wissen. Wir haben keine Empfindung von dem fortwährenden Kampf, den unsere Phagocyten gegen die Mikroben führen, die beständig uns zu überfallen suchen. Diese

[1] Gesammelte populäre Vorträge. Bonn 1878.

Phagocyten sind jedoch sensible und mobile Elemente, die denselben Anspruch auf eine Seele haben wie die Protozoen.

Die Frau hat weder von den zahlreichen, mit einer Zellseele ausgerüsteten Spermatozoen, die in ihren Körper eindringen, noch von den Zellen, die in ihre Eichen eindringen, irgendwelche Empfindung; sie hat auch kein Mittel, die entwickeltere Seele des Fötus wahrzunehmen. Das Kind besitzt vor der Geburt weit zahlreichere und vollkommenere psychische Qualitäten, als die geschlechtlichen Zellen. Es kann bestimmte Eindrücke wahrnehmen und Bewegungen ausführen. Während der letzten Monate der Schwangerschaft besitzt das Kind den Tastsinn, den Geschmackssinn und sogar einen gewissen Grad von Gesichtsempfindung.[1] Aber diese Seele kann in keiner Weise von der Mutter empfunden werden. Es ist dieser sogar unmöglich, zu fühlen, ob sie in ihrem Schoß ein oder zwei embryonale Seelen einschließt. Die Unsterblichkeit der Zellseele weist also keinerlei Beziehung zum Problem des Todes auf, das uns allein interessiert.

Man hat oft die Ansicht geäußert, daß allein die fortpflanzenden Zellen der Tiere und des Menschen unsterblich seien. Alle andern Elemente des Organismus dagegen seien es nicht. Entrinnen sie dem gewaltsamen und zufälligen Tod, so endigen sie ihr Dasein durch den natürlichen Tod. Man hat weiter den Kontrast zwischen den Zellen des individuellen Lebens, die sterblich sind, und den Zellen des Lebens der Gattung, die un-

[1] PREYER, Die Seele des Kindes, 1884, und Spezielle Physiologie des Embryo, 1885, S. 547.

sterblich sind, betont. Allein in den Fällen, in denen die Elemente anderer Organe als der Geschlechtsorgane regenerationsfähig sind, liegt kein Grund vor, deren Unsterblichkeit zu leugnen. Wenn ein Polyp oder ein Wurm sich durch Teilung fortpflanzen, trägt eine ganze Anzahl ihrer Zellen zur Bildung eines neuen Wesens genau so bei, wie ein Infusorium, das sich in zwei teilt. Diese Zellen sind also mit demselben Recht unsterblich.

Die unsterblichen Tiere finden sich nur unter den niederen Wirbellosen. Je höher man die Leiter der Wesen hinaufsteigt, desto weniger findet man Regenerationserscheinungen. Während Würmer, wie der Regenwurm, in mehrere Stücke zerschnitten werden können, von denen jedes fähig ist, sich in einen ganzen Regenwurm zu entwickeln, regenerieren sich die Mollusken nur teilweise. Die Weinbergschnecken, denen man die Fühlhörner entfernt hat, ersetzen sie; aber eine in mehrere Stücke geschnittene Schnecke ist unwiderruflich dem Tode geweiht. Bei den Wirbeltieren können die niederen Repräsentanten, wie die Wassermolche und Salamander, den Schwanz oder die Beine regenerieren. Wie bei den Mollusken kommt bei ihnen die Fortpflanzung durch Teilen nicht in Frage. Bei den höheren Wirbeltieren, den Vögeln und Säugern, vollzieht sich Regeneration nur in einer sehr begrenzten Weise. Weder der Schwanz noch die Beine wachsen je wieder.

Man kann daraus schließen, daß sich der Fortschritt in der Organisation der Tiere auf Kosten der fortpflanzenden Fähigkeit der Elemente und der Gewebe entwickelt hat. Bei den höchsten Tieren beobachten wir noch die Regeneration bestimmter Organe, wie der Leber. Aber bei diesen Tieren gibt es Zellen, die sich dadurch auszeichnen, daß sie regenerationsunfähig sind. Es sind dies gerade die Nervenzellen, die edelsten und vollkommensten Elemente des Organismus. Haben sie sich einmal während des embryonalen Lebens entwickelt, so bleiben sie das ganze Dasein hindurch bestehen, ohne sich fortzupflanzen oder sich zu regenerieren. Nachdem sie die höchsten Eigenschaften wie die psychischen Funktionen, erlangt haben, haben sie die Qualitäten, welche die unsterblichen Zellen auszeichnen, vollständig verloren, d. h. die Fähigkeit, sich zu teilen. Gibt es Elemente, die unvermeidlich dem natürlichen Tod verfallen sind, so muß man sie unter den Zellen der Nervenzentren suchen.

Man kann nicht an der Existenz des natürlichen Todes in der tierischen Welt zweifeln, aber sicher ist er nicht häufig. Das beste Beispiel, das wir anführen können, ist das jener merkwürdigen Insekten, die jedermann unter dem Namen Eintagsfliegen (Ephemeren) kennt. Wer hat nicht in den Sommermonaten Schwärme dieser geflügelten Insekten von schlankem und zartem Körper die Laternen umkreisen sehen (Fig. 18)? Die Eintagsfliegen entsteigen dem fließenden Wasser, in dem ihre Larven leben, kleine Insekten, mit drei Paar Fußgliedern, die sich in dem feinen Sand des Süßwassers ihre Nahrung suchen. Es sind Larven, die keine Jagd treiben und sich vor ihren zahlreichen und räuberischen Feinden durch schleunige Flucht verteidigen müssen. Sie leben lange Zeit (einige zwei oder drei Jahre lang) im Flußschlamm, um sich plötzlich in geflügelte Insekten zu verwandeln. In der Umgebung von Paris kennen die Fischer das „Manna" sehr gut, eine Art Ephemeren (Palingenia virgo), die nach Sonnenuntergang der Seine oder Marne entsteigen und sehr kurze Zeit hindurch in gewaltiger Masse die Luft erfüllen, gleich als ob dichter Schnee in

Fig. 18. Eintagsfliegen.

großen Flocken fiele (Fig. 19). Der Flug des „Manna" dauert kaum ein oder zwei Stunden, worauf die Insekten erschöpft niederfallen und sich oft in sehr großer Masse ansammeln. Sie fliegen dem Licht entgegen, und die Fischer sammeln sie um Lampen und Laternen, um sie als Köder für die Fische zu verwenden. Das Leben dieser Insekten im geflügelten Zustand ist tatsächlich ephemer, denn es dauert kaum länger als ein paar Stunden. Ihr

Fig. 19. Schwarm von Eintagsfliegen.

ganzer Organismus deutet auf diese kurze Dauer hin. Während die Larven gut entwickelte Kauorgane haben, die ihnen zum Verschlingen der Nahrung dienen, besitzen die geflügelten Insekten bloß Rudimente dieser Organe. Es ist ihnen also unmöglich, Nahrung zu sich zu nehmen, was deutlich beweist, daß sie für ein sehr kurzes Leben organisiert sind. Die wenigen Stunden, die sie in der Luft leben, sind der Liebe bestimmt. Sobald sie dem Wasser entsteigen, paaren sich Männchen und Weibchen, und die Weibchen legen alsbald Eier, die sie auf einmal ins Wasser fallen lassen, aus denen nach Verlauf einiger Wochen Larven entstehen.

Das ganze Leben und die ganze Organisation der ausgewachsenen Ephemeren beweisen, daß wir ein Beispiel natürlichen Todes vor uns haben. Er tritt nicht deshalb ein, weil es für diese Insekten an Nahrung in ihrem Bereich fehlt, oder weil sie ein etwas für ihr Dasein unbedingt Notwendiges nicht finden, sondern weil sie lebensunfähig, ohne die Organe geboren werden, ohne die das Leben unmöglich ist.

Bei dem Resultat angelangt, daß es einen natürlichen Tod tatsächlich gibt, wäre es sehr wichtig, seinen Mechanismus zu untersuchen, soweit dies beim gegenwärtigen Zustand der Wissenschaft möglich ist. Um jeden Gedanken an gewaltsamen Tod auszuschließen, müßte man wissen, ob die dem Wasser entstiegenen Ephemeren nicht die Beute irgendwelcher sehr rasch verlaufenden infektiösen Krankheiten werden. Die Hypothese muß, obgleich sie wenig wahrscheinlich ist, nichtsdestoweniger geprüft werden. Man kennt eine große Zahl von Insekten, die infolge der Invasion parasitischer Schimmelpilze, der Ursache richtiger Epidemien, nach sehr kurzer Zeit sterben. Jedermann hat schon, besonders im Herbst, tote Fliegen neben einem weißen Fleck zusammengehäuft liegen sehen. Angesichts der großen Menge dieser Insekten, die gleichzeitig starben, könnte man auch an ein Beispiel natürlichen Todes glauben. Es handelt sich aber hier um eine infektiöse und tödliche Krankheit, die durch einen parasitischen Pilz hervorgerufen ist.

Was die Eintagsfliegen anlangt, muß die Annahme einer vernichtenden Epidemie ausgeschlossen werden. Forschungen, die wir darüber anstellten, bewiesen uns das Gegenteil. Es entwickelt sich bei den sterbenden Ephemeren kein Mikrobe, dem man den Tod zuschreiben könnte. Dieser muß also für natürlich, für abhängig von der Organisation, vom Wesen selbst der innersten Natur dieser Insekten gehalten werden. In den Zellen, die den Körper der Ephemeren bilden, fehlen die Phagocyten keineswegs. Muß man ihnen den jähen Tod dieser Insekten zuschreiben, entsprechend den Verheerungen, die sie unter den Organen und edlen Geweben anrichten können? Die sorgfältigste mikroskopische Untersuchung hat zugunsten dieser Hypothese noch keinen Beweis erbracht. Ganz im Gegenteil. Alle unter den besten technischen Bedingungen konservierten Organe weisen ihre gewöhnliche Struktur auf. Das Gehirn und die Nervenzentren im allgemeinen zeigen ebenso wie die Muskeln und die andern Organe keine Spur einer Zerstörung durch die Phagocyten, auf die wir als auf eine allgemeine Regel in der Altersdegeneration hingewiesen haben. Bei diesem Beispiel eines unbestreitbaren natürlichen Todes kann also von einem unheilvollen Eingriff der Makrophagen nicht die Rede sein.

Mehrere Gelehrte vermuten, der so jähe Tod der Ephemeren und einiger andrer Insekten erkläre sich durch die Erschöpfung, der sie infolge der plötzlichen Ausscheidung von Eiern und männlichen Elementen verfallen. Es vollzöge sich in diesem Falle etwas dem Operationsshock Analoges, dem zuweilen die operierten Kranken unterliegen. Diese Hypothese ist indessen unzulässig, denn neben Ephemeren, die ihre sexuelle Funktion ausgeübt haben, gibt es eine Menge Männchen, die ebenso unvermittelt sterben, ohne jemals ein Weibchen bedient zu haben. Bei den Ephemeren übersteigt die Menge der Männchen stets beträchtlich die der Weibchen; vielen ist es also unmöglich, den sexuellen Shock zu erleiden und die Generationsorgane zu entleeren, was sie aber nicht hindert, zur selben Zeit zu sterben wie die andern.

Es war uns unmöglich, festzustellen, ob bei diesem Beispiel natürlichen Todes alle Gewebe gleichzeitig sterben. Es ist jedoch wahrscheinlich, daß die Zellen der Nervenzentren zuerst sterben und den Tod des übrigen Organismus veranlassen. Diese Untersuchung ist aber noch vorzunehmen.

Der Tod überrascht die Eintagsfliegen inmitten ihrer Liebesfreuden, in dem Augenblick der Befriedigung des Geschlechtsinstinkts. Es wäre sehr interessant, zu wissen, was diese Wesen empfinden mögen, wenn sie sich während des Fortpflanzungsakts sterben fühlen. Da es natürlich unmöglich ist, diese Frage vollständig zu lösen, müssen wir uns mit einigen Tatsachen zufrieden geben, die sich daran knüpfen. Alle Ephemeren, nicht allein jene, die nur sehr wenig Stunden leben, sondern auch jene, die sogar mehrere Tage leben bleiben (wie die Chloe z. B.), lassen sich sehr leicht fangen. Es ist unnütz, sie unversehens zu überraschen oder sie in Netzen zu fangen, wie man es bei den Fliegen, Wespen und vielen andern Insekten tut. Die Ephemeren können auf die einfachste Weise mit den Fingern gegriffen werden, denn sie leisten keinen Widerstand und zeigen kein Bestreben, davon zu fliegen oder zu fliehen, trotzdem sie zwei oder vier Flügel und sechs Beine besitzen. Dieser Fall steht unter den Insekten nicht einzig da. Es gibt viele andre, die sich ebenso leicht fangen lassen. So die geflügelten Ameisen, die Blattläuse usw. Aber während diese Insekten sich innerhalb ihrer ganzen Existenz nicht vor den Feinden retten, sind die Ephemeren im Larvenzustand sehr furchtsam. Will man sie in den Wasserpflanzen, unter denen sie verborgen sind, fangen, so bemerken sie alsbald die Annäherung des Netzes und fliehen sehr rasch. Zuweilen ist viel Geschicklichkeit und Geduld nötig, die Larven zu fangen (Fig. 20). Der Erhaltungstrieb und der Lebensinstinkt äußern sich bei ihnen in schleuniger Flucht.

Fig. 20.
Larve der Eintagsfliege.

Offensichtlich ist dieser Trieb bei der ausgewachsenen

Eintagsfliege verschwunden. Berührt man sie, entfernt sie sich manchmal eine kurze Strecke weit, aber sie fliegt nicht fort, trotz der starken Entwicklung der Bewegungsorgane und des geringen Körpergewichts, das noch durch die Luft erleichtert wird, die an Stelle der Nahrung ihren Darmkanal ausfüllt. Sehr häufig entfernt sich die berührte Eintagsfliege nicht einmal und läßt sich ohne Widerstand greifen. Wir sind nicht berechtigt anzunehmen, der Lebensinstinkt der Larve habe bei der ausgewachsenen Eintagsfliege dem Instinkt des natürlichen Todes den Platz geräumt; wir müssen jedoch annehmen, daß ihr Lebensinstinkt verschwunden ist. Zur Erklärung des Mangels an Widerstand seitens der geflügelten Ephemeren kann unmöglich eine Unzulänglichkeit ihrer Sinnesorgane angenommen werden. Denn sie behalten nicht bloß die Augen, die sie im Larvenzustand besaßen, sondern ihre Männchen bekommen noch ein Paar sehr große Augen dazu, die notwendig sind, das Weibchen während seines ungestümen Fluges bei Sonnenuntergang in der Dämmerung aufzufinden. Die Tastorgane sind bei den Ephemeren jedes Alters ebenfalls sehr entwickelt. Nun, trotz dieser höheren Organisation bleiben die ausgewachsenen Ephemeren gleichgültig gegenüber dem Feind.

Mußte das beste Beispiel natürlichen Todes aus den Insekten gewählt werden, so beruht das sicherlich nicht auf Zufall. Diese Tiergruppe zeichnet sich durch eine sehr hohe Stabilität ihrer Zellelemente und durch den entsprechenden Mangel der Regeneration der Gewebe aus. In dieser Hinsicht gleichen die Insekten den höhern

Tieren und dem Menschen. Die Nervenzellen sind in diesem Fall sehr differenziert und können die höchsten Funktionen ausüben, unter welchen die psychischen Funktionen den ersten Platz einnehmen. Wohlausgerüstet in funktioneller Hinsicht, sind jedoch diese Elemente unfähig, sich zu regenerieren. Man hat eine sehr große Zahl Versuche darüber angestellt, und während bei den kaltblütigen Wirbeltieren das Gehirn und das Mark mit ihren Nervenzellen sich regenerieren können, hat man bei den Säugern nur in Ausnahmefällen einen bestimmten Grad der Regeneration der Zellen der Nervenzentren konstatieren können. Man muß sich also darauf gefaßt machen, unter den höchsten Tieren auf der Stufenleiter der Organismen Beispiele natürlichen Todes zu finden, und unter andern auch beim Menschen. Allein man trifft in dieser Gruppe keinen Fall, der so beweiskräftig und zwingend wäre, wie der der Ephemeren unter den Insekten. Wir erwähnten bereits weiter oben, daß mindestens die starke Majorität der Todesfälle, die als Folge für natürlichen Tod gehaltener Alterserschöpfung eingetreten sein sollen, zufälligen Ursachen zugeschrieben werden müsse, besonders den Infektonskrankheiten des Greisenalters (der Pneumonie, der Nephritis usw.). Die sorgfältige Prüfung der Gewebe bestätigt diesen Schluß, und die so häufige Zerstörung der edlen Zellen durch die Phagocyten deutet gleichfalls eher auf einen gewaltsamen Prozeß hin, als auf einen natürlichen Tod, gleich dem der ausgewachsenen Ephemeren.

Der natürliche Tod beim Menschen ist also eher potentiell als reell. Das Alter, das keine physiologische

Erscheinung darstellt, weist Züge eines krankhaften Zustandes auf. Unter diesen Umständen ist es nicht erstaunlich, daß es nur mit dem zufälligen Tode endet. Es ist indessen wahrscheinlich, daß der natürliche Tod beim Menschen in einem sehr vorgerückten Alter ebenfalls manchmal eintritt.

Man hat häufig die Grenze des menschlichen Lebens bestimmen wollen. FLOURENS [1] stützt sich dabei auf die Dauer des Wachstums. In der Annahme, diese Periode entspreche einem Fünftel der Gesamtdauer des menschlichen Lebens, schließt er, daß das letztere beim Menschen 100 Jahre betragen müsse. Da die Hundertjährigen aber noch selten sind, müssen alle Todesfälle vor dieser Grenze als vorzeitig und zufällig betrachtet werden. Aber die Regel von FLOURENS ist willkürlich und nichts beweist, daß sie stimmt. Wahrscheinlich ist in der menschlichen Gattung das Ziel des Lebens keineswegs so konstant wie bei den Ephemeren, und es ist demzufolge unmöglich, es durch irgend eine Ziffer zu begrenzen. In den meisten Fällen müßte sie weit über 100 Jahre sein, und nur als Ausnahme könnte sie unter diese Grenze sinken. Für das Alter des natürlichen Todes muß es eine Variabilität geben, analog der, die man bei der geschlechtlichen Reife beobachtet. Obgleich ihr Auftreten bestimmten Regeln unterworfen ist, konstatiert man nichtsdestoweniger in Hinsicht auf das mittlere Alter mehr oder weniger große Abweichungen.

Der pathologische Charakter des Greisenalters beim Menschen muß auch alles umstoßen, was den natür-

[1] De la longévité humaine. 2d éd. Paris 1885.

lichen Tod betrifft. Es ist also für den Augenblick vollständig unmöglich, sich von den Eigentümlichkeiten des letzteren Rechenschaft zu geben. Man weiß, daß gewisse Organe und Gewebe noch einige Zeit nach dem Tode leben bleiben können. 30 Stunden sogar nach dem Tod infolge infektiöser Krankheit kann das der menschlichen Leiche entnommene und in bestimmte Bedingungen versetzte Herz noch vom Tode gerettet werden und sich eine Zeit lang kontrahieren. Die weißen Blutkörperchen, die Spermatozoen und Flimmerhärchen eines Leichnams können sich noch bewegen. Steht es bei den so seltenen natürlichen Todesfällen ebenso? Die Zukunft allein wird über diesen Punkt aufklären können.

Die wichtigste Frage, die sich an den natürlichen Tod knüpft, ist: wird dieser Tod beim Menschen vom Verschwinden des Lebensinstinkts und vom Auftreten eines neuen Instinkts, dem des Todes, begleitet? Besteht in dieser Hinsicht eine Analogie mit dem natürlichen Tod bei den Ephemeren? Man wird leicht begreifen, daß die Antwort nicht vollkommen präzis gegeben werden kann. In dem Greisenalter, das sozusagen eine widernatürliche Erscheinung ist, bewahren die Personen, die sich dem Alter des natürlichen Todes nähern, nur in Ausnahmefällen ihre geistigen Fähigkeiten in ausreichender Unversehrtheit. Wir beobachteten eine hundertjährige Frau, die sich noch an mehrere Ereignisse ihrer Jugend erinnerte; sie äußerte eine starke Lust am Leben; aber ihr Verstand war dabei ernstlich angegriffen. So zeigte ihr Gehirn (von dem wir weiter oben sprachen) eine starke Degeneration der Nervenzellen, an denen gerade die Makrophagen ihr zerstörendes Werk übten (s. Fig. 15).

Ich konnte ziemlich eingehende Nachrichten über eine Hundertjährige sammeln, die 1900 in Rouen wohnte.[1] Ein Blick auf ihre Photographie genügt, um sich zu vergewissern, daß sie nicht mehr ihren vollen Verstand besaß. Sie war gebrechlich in mehr als einer Hinsicht. Ebenso äußerte der mit 103 Jahren gestorbene berühmte Chemiker CHEVREUL nicht das geringste Verlangen nach dem Tod; er hing sehr am Leben, aber seine intellektuellen Fähigkeiten waren sehr gesunken.

Die Fälle, die ich soeben aufzählte, bilden die allgemeine Regel. Es gibt jedoch Ausnahmen, die eine ganz besondere Aufmerksamkeit verdienen. In seiner von uns im sechsten Kapitel erwähnten Abhandlung über die Todesfurcht führt TOKARSKI das Beispiel einer Hundertjährigen an, die sich so äußert: „Lebtest du so lange wie ich, so könntest du begreifen, daß es nicht nur möglich ist, den Tod nicht zu fürchten, sondern selbst ihn zu wünschen und das Bedürfnis des Todes mit demselben Recht zu fühlen, wie das Bedürfnis, zu schlafen." Es zeigt sich hier ein neues Gefühl, das in einem vorgerückten Alter auftritt, ähnlich dem Bedürfnis des Schlafes, und das für weniger alte Personen unbegreiflich ist. Es handelt sich hier augenscheinlich um den Instinkt des natürlichen Todes bei einer Hundertjährigen, die ihre psychischen Fähigkeiten in hinreichendem Maße bewahrt hatte.

Wir hätten diesen so merkwürdigen Instinkt auch bei

[1] Journal de Rouen, 23. Sept. 1900. Aufsatz von GEORGES DUBOIS.

irgend einer andern alten Person, aus der großen Zahl derer, die wir beobachten konnten, gern bestätigt gefunden. Aber alle, die man uns als von diesem Verlangen besessen bezeichnete, wiesen nach einer aufmerksamen Untersuchung Ideen von ganz anderer Natur auf. Einige waren gebrechliche Alte, die des Leidens müde ihrem schmerzhaften Leben den Tod vorzogen, noch lieber aber gern geheilt sein wollten, um ruhig weiter zu leben. Wenn man ihnen von der Möglichkeit sprach, ihre Gesundheit wiederherzustellen, äußerten sie sichtliche Zeichen der Befriedigung und waren voller Hoffnung.

Die von uns in den Greisenasilen angestellten Nachforschungen lieferten uns in dieser Hinsicht nur negative Resultate. Niemand zeigte die geringste Äußerung des Todesinstinkts. Dagegen erfuhren wir durch Vermittelung von Dr. FAUVEL eine Tatsache, die sich an die von TOKARSKI mitgeteilte Beobachtung anschließt. Es handelt sich um eine alte Dame, deren Gesundheit und deren Mittel zum Leben nichts zu wünschen übrig ließen, die vor ihrem Tode den festen Wunsch äußerte, zu sterben und ihn auf eine Art ausdrückte, die der der Hundertjährigen von TOKARSKI ganz ähnlich war. Allein im Falle von FAUVEL handelte es sich um eine Frau, die erst 85 Jahre erreicht hatte. Sollten wir hier, was sehr wahrscheinlich ist, vor einem zweiten Beispiel des Instinkts des natürlichen Todes stehen, so muß man daraus schließen, daß sich dieser Instinkt ebenso wie der Geschlechtsinstinkt in sehr verschiedenem Alter entwickeln kann.

Auf der Suche nach andern Beispielen des Todesinstinkts,

schlugen wir in der ziemlich reichhaltigen Sammlung von LEJONCOURT[1] nach. Aber die Berichte dieses Autors beziehen sich besonders auf die Lebensweise der Hundertjährigen und sind über ihre letzten Augenblicke sehr unvollständig.

Die Bibel berichtet das häufige Vorkommen von Hundertjährigen in weit zurückliegenden Zeiten und zeigt uns jene Greise noch vollständig rüstig. Sie enthält auch einige Hinweise, die im Sinne des Instinkts des natürlichen Todes ausgelegt werden können. So beschreibt sie den Tod einiger Patriarchen: „Das ist aber Abrahams Alter, das er gelebet hat: hundertundfünfundsiebzig Jahre. Und nahm ab und starb in einem ruhigen Alter, da er alt und lebenssatt war" (1. Mose XXV, 7. 8). „Und Isaak ward hundertundachtzig Jahre alt. Und nahm ab und starb und ward versammelt zu seinem Volk, alt und des Lebens satt. Und seine Söhne Esau und Jakob begruben ihn" (1. Mose XXXV, 28. 29). „Und Hiob lebte nach diesem hundertundvierzig Jahre, daß er sah Kinder und Kindeskinder bis in das vierte Glied. Und Hiob starb alt und lebenssatt" (Hiob XLII, 16. 17). Wahrscheinlich ist das durch die Sättigung der Lebenstage ausgedrückte Gefühl, das so bizarr an unsere Ohren klingt, nichts weiter als der Instinkt des natürlichen Todes bei ziemlich rüstigen und 140—180 Jahre alten Greisen.[2]

[1] Galerie des centenaires anciens et modernes. Paris 1842.

[2] Vielleicht ist die große Langlebigkeit vieler Patriarchen, die mit dem Erscheinen des Instinkts des natürlichen Todes ihr Ende findet, die Ursache der geringen Entwicklung der Idee eines zukünftigen Lebens in der Religion der Hebräer (s. siebentes Kapitel).

Daß dieser biblische Ausdruck keine gewöhnliche Redensart vorstellt, die sich auf alle Todesfälle hervorragender Menschen bezieht, geht aus dem Bericht über andere hervor. „Und das ist das Alter Ismaels: hundertundsiebenunddreißig Jahre; und nahm ab, und starb, und ward gesammelt zu seinem Volk" (1. Mos. XXV, 17). „Und Jakob lebte 17 Jahre in Ägyptenland, daß sein ganzes Alter ward hundertundsiebenundvierzig Jahre" (Gen. XLVII, 28). „Da ging der Priester Aaron auf den Berg Hor und starb daselbst, da er hundertdreiundzwanzig Jahre alt war" (4. Mose XXXIII, 39). „Und Mose war hundertundzwanzig Jahre alt, da er starb. Seine Augen waren nicht dunkel worden und seine Kraft war nicht verfallen" (5. Mose XXXIV, 7). In diesen Beispielen handelt es sich um Greise, von denen bloß einer mehr als 140 Jahre erreichte, ein Zeitpunkt, wo der Instinkt des Todes aufzutreten begann.

Es muß uns erstaunlich und fast unwahrscheinlich vorkommen, daß sich beim Menschen ein Instinkt des natürlichen Todes sollte entwickeln können, so vollgetränkt sind wir mit dem gerade entgegengesetzten Instinkt des Lebens. Nach allem, was im sechsten Kapitel berichtet wurde, kann es nicht mehr zweifelhaft sein, daß das Verlangen zu leben und die Furcht vor dem Tode nichts weiter sind, als Äußerungen eines tief in der menschlichen Natur eingewurzelten Instinkts. Dieser Instinkt läßt sich den Trieben des Hungers und des Durstes, dem Bedürfnis nach Schlaf und Bewegung, der Geschlechtsliebe und der Mutterliebe vergleichen, Diese Triebe können sich aber von einem Extrem ins andre verwandeln. Jedermann kennt die Aufopferung und die Pflege, welche die Weibchen von Säugern und Vögeln ihrer Nachkommenschaft zu teil werden lassen. Es gibt kein Opfer, dessen die Mütter nicht fähig wären, um das Leben und das Wohlsein ihrer Kleinen zu schützen. Es ist eine der mächtigsten Äußerungen des mütterlichen Instinkts, die man beobachten kann. Nun, diese so zärtliche und so hingebende Liebe dauert nur so lange, als die Jungen sich nicht selbst versorgen können. Sobald sie unabhängig zu werden beginnen, wandelt sich der Zuneigungstrieb der Mütter in Gleichgültigkeit und sogar in Haß und Feindschaft. Beim zweiten Wurf beginnen dieselben Mütter wieder Zärtlichkeit für die neue Generation zu empfinden, und es vollzieht sich derart ein periodischer Wechsel des mütterlichen Instinktes.

Dem neugeborenen Kind schmeckt instinktiv die Frauenmilch, die ihm die einzig gute Nahrung auf der Welt zu sein scheint. Sobald es seine Empfindungen zu äußern beginnt, zeigt es die größte Befriedigung, während es saugt. Aber dieser Instinkt erhält sich nur während der Periode des Stillens. Sobald sich das Kind mit Nahrung aller Art nährt, wird es gegen Frauenmilch gleichgültig und empfindet schließlich gegen diese Milch sogar eine Art Widerwillen, der das ganze übrige Leben hindurch anhalten kann. Mehrere erwachsene Personen, denen ich Frauenmilch anbot, wollten nicht einmal davon kosten, so widerlich kam sie ihnen vor. Dennoch hat ihr Geschmack an sich nichts Unangenehmes. Auch hier treffen wir ein Beispiel vorübergehenden und wechselnden Instinkts.

Es ist häufig der Fall, daß bei Kindern der Umstand, daß sie zuviel von einer Leckerei gegessen haben, einen starken Widerwillen hervorruft, der das ganze Leben hindurch anhalten kann. Man erzählt, den Konditor- und Bäckerlehrlingen sei es bei Beginn ihrer Lehrzeit erlaubt, so viel Süßigkeiten zu essen, als sie wollen. Nach kurzer Zeit empfinden sie einen heftigen Widerwillen gegen diese Dinge, die einen so großen Reiz auf Kinder ausüben.

Eine Mutter, die ihre Kinder anbetet, ein Kind, das Leckereien liebt, werden nicht leicht begreifen können, wie es zugeht, daß eine Mutter Haß gegen ihre Nachkommenschaft empfinden und daß ein Konditorlehrling Widerwillen gegen den Genuß von Naschwerk haben kann. Ebenso wird die so sehr am Leben hängende Menschheit leichter an das ewige Leben glauben, als an die Verwandlung des Instinkts des Lebens in den des Todes. Der letztere ist augenscheinlich in der Tiefe der menschlichen Natur in potentieller Form erhalten. Würde der Kreislauf des menschlichen Lebens den idealen, physiologischen Weg verfolgen, so würde der Instinkt des natürlichen Todes nach einem normalen Leben und einem gesunden und längeren Alter zur richtigen Zeit auftreten.

In Wirklichkeit unterliegt das menschliche Leben von Anfang an dem verhängnisvollen Einfluß der Disharmonien in der Natur des Menschen. Dieser Einfluß wird im Lauf des Daseins immer stärker und führt zu einem pathologisch belasteten Alter. Unter diesen Umständen ist es nicht erstaunlich, daß die Menschen weder das Verlangen zu altern, noch den Instinkt des Todes empfinden.

Trotz ihrer Anhänglichkeit an das Leben sind die Greise nicht fähig, dessen Glück ganz zu würdigen; sie sterben mit Furcht vor dem Tode, ohne zu wissen, was der Todesinstinkt ist. Man kann sie mit jenen Frauen vergleichen, die sich sehr jung, bevor sich ihr geschlechtliches Empfinden richtig entwickelt hat, verheiratet haben und im Wochenbett sterben, ohne zu wissen, was der wirkliche Instinkt der Liebe ist. Früher war die Zahl dieser Frauen beträchtlich. In gewissen Teilen Abessiniens verheiraten sich die Mädchen sehr jung, bevor sie die gehörige physische Entwicklung erlangt haben. Nach HASSENSTEIN [1] stirbt fast ein Drittel (30 Proz.) dieser jungen Frauen im Wochenbett. Sie gehen aus dem Leben, ohne zu wissen, was es mit dem wirklichen Geschlechtsinstinkt auf sich hat. Die Fortschritte der allgemeinen Kultur und der Medizin haben die Zahl dieser Frauen in einem sehr bedeutenden Maß vermindert. Es steht zu hoffen, daß die Wissenschaft einen ähnlichen Fortschritt im Hinblick auf den Instinkt des natürlichen Todes herbeiführen wird. Mit ihren Fortschritten wird die Zahl der Menschen, die bis zu dessen normalem Auftreten leben werden, immer größer werden.

[1] PLOSS-BARTELS, Das Weib, I, S. 626.

ZWÖLFTES KAPITEL

Rück- und Ausblick.

Disharmonie der Natur des Menschen als Hauptquelle unsres Unglücks. — Wissenschaftliche Tatsachen über den Ursprung und die Bestimmung des Menschen. — Der Zweck des menschlichen Daseins. — Schwierigkeiten, denen die Wissenschaft bei der Untersuchung dieses Problems begegnet. — Was ist der Fortschritt? — Schwierigkeit, die ganze menschliche Gattung in die Formel des Fortschritts und der Moral einzubegreifen. — Instinkt des Lebens und des natürlichen Todes. — Anwendung der Prinzipien auf das praktische Leben.

Der von irgend einem anthropoiden Affen abstammende Mensch erbte eine Organisation, welche Lebensbedingungen angepaßt war, die von denen, in welchen er leben muß, durchaus verschieden waren. Mit einem wesentlich entwickelteren Gehirn ausgestattet wie seine tierischen Ahnen, hat der Mensch einen neuen Weg in der Entwicklung der höheren Wesen beschritten. Die so jähe Änderung der Natur hat eine ganze Reihe organischer Disharmonien zur Folge gehabt, die sich um so heftiger fühlbar machten, als die Menschen intelligenter und empfindlicher wurden. Daraus entsprang eine Reihe von Widerwärtigkeiten, denen die leidende Menschheit mit allen ihr zur Verfügung stehenden Mitteln Einhalt zu tun versuchte. Die Disharmonien in der geschlechtlichen Funktion veranlaßten oft ganz außerordentliche Vornahmen, die das Übel lindern sollten. Die größte Disharmonie der menschlichen Natur aber ist die des pathologischen Alters und der Unmöglichkeit, zum Instinkt des natürlichen Todes zu gelangen; sie führte zu den kindlichen und irrigen Auffassungen von der Unsterblichkeit der Seele, von der Wiederauferstehung des Leibes, sowie zu mehreren andern Dogmen, die als offenbarte Wahrheiten angenommen werden sollten.

Aber die menschliche Intelligenz, die ihre fortschrittliche Entwicklung einhält, protestierte gegen Versuche so primitiver Art. Ohnmächtig, die ersehnte Harmonie wiederherzustellen, beschied sich die Menschheit bei einem passiven Fatalismus; sie glaubte sogar, das Dasein des Menschen als eine Art von schlechtem Witz, als einen Mißgriff in der Evolution der lebenden Wesen auffassen zu dürfen. In langsamer aber präziser Entwicklung versuchte endlich die exakte Wissenschaft, sich zur Herrin der Situation zu machen. Schrittweise vorrückend, vom einfachen zum komplizierten, vom besondern zum allgemeinen fortschreitend, stellte sie eine Reihe von Wahrheiten auf, die allgemein akzeptiert werden mußten.

Die unglückliche Menschheit legte der Wissenschaft Frage auf Frage vor und verlor vor der Langsamkeit der wissenschaftlichen Fortschritte die Geduld. Sie erklärte die Lösung der Probleme, die der Wissenschaft aufzufinden gelungen war, für unbedeutend und wenig interessant. Sie zog es zeitweise vor, rückwärts zu schreiten und sich von den schönen Vorspiegelungen, die ihr die Religionen und die philosophischen Systeme boten, kirren zu lassen.

Im Vertrauen auf die Methoden, die sie leiten, setzte die Wissenschaft ruhig ihr Werk fort. Nach und nach hielt sie sich imstande, auf bestimmte Fragen, die man ihr vorgelegt hat, zu antworten.

Woher kommen wir? fragt man sie unaufhörlich. Ist der Mensch nicht ein Wesen besonderer Art, geschaffen nach dem Bilde Gottes und beseelt mit einem göttlichen, unsterblichen Atem? Nein, erwidert die Wissenschaft. Der Mensch ist eine mit großer Intelligenz ausgestattete Art Affenmißgeburt, fähig, sehr weit zu gehen. Sein Gehirn erfüllt sehr komplizierte und sehr hohe Funktionen, die weit höher sind als die seiner tierischen Ahnen, aber diese Funktionen sind keineswegs mit der Existenz einer unsterblichen Seele in Einklang zu bringen.

Wohin gehen wir? Diese Frage hat die Menschheit besonders beschäftigt, denn es liegt ihr weniger daran zu wissen, was ihr Ursprung war, als daran, ihr Schicksal genau zu kennen. Führt der Tod eine vollständige Vernichtung herbei, oder ist er nicht vielmehr der Anfang eines neuen Lebens, das niemals enden wird? Ist letztere Aussicht nicht zutreffend, wie muß man sich zur Unvermeidbarkeit des Todes verhalten?

Die Wissenschaft kann die Unsterblichkeit der bewußten Seele nicht akzeptieren, da das Bewußtsein eine Funktion von Elementen unsres Körpers ist, die nicht ewig leben können. Die Unsterblichkeit existiert nur für sehr niedere Wesen, die sich beständig, durch Teilung und vollständige Regeneration, erneuern und kein entwickeltes Bewußtsein haben.

Unser Tod ist also eine wirkliche Vernichtung; wegen der Umstände, in denen er uns überrascht, erscheint er uns unerträglich. Er kommt in einem Augenblick, in dem der Mensch seine physiologische Entwicklung nicht abgeschlossen hat, und in dem er im Vollbesitz des Lebensinstinkts ist.

Seitdem der Mensch sich über seine unmittelbaren und täglichen Bedürfnisse etwas erhoben hat, fragt er sich, ob das menschliche Leben einen Zweck hat, und welches dieser Zweck ist. Da er ihn sehr häufig nicht wahrnimmt, hat er sich bis zu der Behauptung verstiegen, daß sein Dasein ein einfacher Zufall sei, und daß es nicht einmal lohne, nach dessen Zweck zu suchen. Er kam so zu entmutigenden und pessimistischen Schlußfolgerungen. Die Menschheit befand sich in der Lage eines Knaben, der sich vor dem Auftreten des Geschlechtsinstinkts die Frage stellt, was der Zweck seiner Geschlechtsteile sei. Da diese Organe ihm in allen ihren Funktionen nichts leisten, würde er leicht auf ihre absolute Zwecklosigkeit und sogar auf die Absurdität ihres Vorhandenseins schließen können.

Die Entwicklung des Menschen vollzieht sich infolge der fundamentalen Disharmonien seiner Natur nicht normal. Der erste Teil des Lebens entfaltet sich noch ohne allzuviel Störungen; aber nach Eintritt des Mannesalters weicht unsere Entwicklung mehr oder weniger ab und endet in einem vorzeitigen und pathologischen Alter und in einem frühen und anormalen Tod. Müßte der Zweck des menschlichen Daseins nicht vielmehr in der Vollendung des ganzen und physiologischen Lebenscyklus bestehen, mit einem normalen Alter, das mit dem Aufhören des Lebensinstinkts und mit dem Auftreten des Instinkts des natürlichen Todes endet?

Im pessimistischen Lager redet man häufig vom Tod als von dem wahren Zweck des menschlichen Daseins. So sagt SCHOPENHAUER:[1] „Das Sterben ist allerdings als der eigentliche Zweck des Lebens anzusehen: im Augenblick desselben wird alles Das entschieden, was durch den ganzen Verlauf des Lebens nur vorbereitet und eingeleitet war."

Denselben Gedanken finden wir in den Versen BAUDELAIRES[2] ausgedrückt:

„C'est la Mort qui console, hélas! et qui fait vivre;
C'est le but de la vie, et c'est le seul espoir
Qui, comme un élixir, nous monte et nous enivre
Et nous donne le coeur de marcher jusqu'au soir."

„Der Tod ist der Tröster, der Lebensspender,
Des Daseins Zweck und einzige Hoffnung,
Gleich einem Zaubertrank berauscht und hebt er uns
Und gibt uns Mut, zu wandeln bis zum Abend."

Das nach der Entwicklung des Todesinstinkts eintretende normale Ende kann in der Tat als der Endzweck des menschlichen Daseins betrachtet werden. Allein vor der Ankunft an diesem Punkt gilt es ein ganzes normales Leben zu durchlaufen; ein Leben, das ebenso das Gefühl der Befriedigung kennen muß. Die Kenntnis des wahren Zwecks des Daseins erleichtert die Lösung des Problems wesentlich und lehrt uns das Verhalten, das wir während der Dauer unsres Lebens zu be-

[1] Die Welt als Wille und Vorstellung, Bd. II, S. 760.
[2] Fleurs du mal. La mort des pauvres, 1883, p. 340.

obachten haben. Im ersten Kapitel versuchten wir, dem Leser einen Überblick über die Meinungen hinsichtlich dieser Frage zu geben. Von den ersten, zur Gewinnung einer vernunftgemäßen Grundlage der Moral gemachten Versuchen an, war man bestrebt, sie auf die als ihrem Wesen nach gut erachtete Natur des Menschen zu begründen. Die Religionen und philosophischen Systeme, die die Verhaltungsregeln auf andrer Grundlage aufbauten, betrachteten dagegen die Natur des Menschen für von Anfang an verderbt. Die Wissenschaft kam und lehrte uns, daß der vom Tiere abstammende Mensch in seiner Natur gute und schlechte Eigenschaften aufweist, und daß die letzteren das Dasein so unglücklich machen. Da aber die Natur des Menschen nicht unveränderlich ist, kann sie zum Nutzen der Menschheit modifiziert werden.

Die Moral muß also nicht auf die verderbte menschliche Natur gegründet werden, wie sie es heute ist, sondern auf die ideale menschliche Natur, wie sie in der Zukunft sein muß. Vor allem gilt es, so zu sagen, zu versuchen, die Entwicklung des menschlichen Lebens zu modifizieren, d. h. ihre Disharmonien in Harmonien umzuformen (Orthobiose). Da nur die Wissenschaft zu einer solchen Aufgabe fähig ist, ist die Menschheit verpflichtet, ihr die Möglichkeit zu geben, sie zu vollführen. Aber sogar in den vorgeschrittensten Ländern ist die Wissenschaft noch weit von diesem Ideal entfernt. Bei jedem Schritt begegnet sie zahlreichen Hindernissen, die ihre Fortschritte beträchtlich verlangsamen.

Die Verbesserung der Natur des Menschen verlangt vor allem, die Kenntnis von ihr zu vertiefen. Wie kann man versuchen, das gegenwärtig im höchsten Grad pathologische Alter in ein physiologisches und normales umzuwandeln, wenn man seinen wirklichen Mechanismus nicht genügend kennt? Infolge sehr tief eingewurzelter Vorurteile ist es sehr schwierig, sich Organe von Greisen nach ihrem Tode zu verschaffen. Die Sektion ist oft von unüberwindlichen Schwierigkeiten umgeben. Nach den in Frankreich geltenden Verordnungen darf „die Autopsie erst 24 Stunden nach dem Tode stattfinden". Die Autopsie ist nur in dem Falle gestattet, daß der Leichnam nicht „von den Aszendenten oder Deszendenten in direkter Linie, von Gatten, Brüdern, Schwestern, Onkeln, Tanten, Neffen, Nichten" reklamiert wird. Außer den Verwandten gibt es Gesellschaften auf Gegenseitigkeit, die den Leichnam reklamieren und der Autopsie Widerstand entgegensetzen können. In den Fällen, in denen sie gestattet ist, darf sie nur zur „Konstatierung wissenschaftlicher Tatsachen dienen, Feststellungen, die niemals darüber hinaus gehen und nicht in Verstümmelung durch die Herausnahme von Organen oder anatomischen Teilen ausarten dürfen, welches Interesse immer im übrigen auch diese Organe oder diese Teile darbieten können" (Rundschreiben des Direktors der Assistance publique vom 20. Januar 1900). Man begreift, welchen Schwierigkeiten man begegnet, wenn man die Altersdegeneration des Menschen studieren und die Mittel zu deren Verhinderung suchen will, besonders durch Sera, die nach der Injektion von Emulsionen menschlicher Organe erlangt werden. Diese Schwierigkeiten hängen in letzter Linie von dem Vorurteil ab, daß es ein jenseitiges Leben und eine Auferstehung des Fleisches geben kann.

Man begegnet sogar Schwierigkeiten in der Beschaffung alter Tiere. Man zieht vor, sie ohne jeglichen Nutzen bis zum Tode zu behüten und ihre Kadaver zu verscharren, anstatt sie dem wissenschaftlichen Studium zur Verfügung zu stellen, das für die Menschheit so wichtig sein kann.

Hat man einmal eingesehen, daß weder die Religionen, noch die Systeme der metaphysischen Philosophie die Probleme des menschlichen Glücks und des Todes lösen können, und daß die positive Wissenschaft allein diese Aufgabe erfüllen kann, so wird man auch die Hemmnisse wegräumen, die ihren Fortschritt hindern. Die Einschränkung der Disharmonien der Natur des Menschen mit Hilfe wissenschaftlicher Methoden erscheint möglich, da früher das Alter der Menschen physiologischer und ihr Tod natürlicher war als heute.

Wie das Studium der Natur des Menschen uns erlaubt, das wahre Ziel unsres Daseins klar zu bestimmen, so belehrt es uns auch über die Bedeutung der wahren Kultur und des wahren Fortschritts.

Wir sahen in den vorhergehenden Kapiteln, daß die Philosophen das Streben der Menschheit nach der Kultur und nach dem Fortschritt rühmen. Aber was verstehen sie unter diesen zwei Worten? Man versuchte, sie so klar als möglich zu bestimmen, und der erste der zeitgenössischen Philosophen, Herbert Spencer,[1] widmete ihnen eine spezielle Untersuchung. Er beschäftigte sich zu-

[1] Der Fortschritt, sein Gesetz und seine Ursache. Essays, I.

nächst mit den von ihm als fortschrittlich betrachteten Erscheinungen in der unorganischen Natur, dann in der Welt der Lebewesen, und endlich in der menschlichen Gattung. Als progressive Veränderungen betrachtet er nur jene, „die direkt oder indirekt auf Vermehrung des menschlichen Glückes abzielen; und einzig deswegen muß man sie als progressiv erachten". Um die den Fortschritt bildenden Erscheinungen zu bestimmen, hält HERBERT SPENCER es für unerläßlich, sie in der Außenwelt und in der Menschheit selbst nebeneinander zu verfolgen. Der Fortschritt wird nach ihm überall durch die Umformung der einfachen Erscheinungen in zusammengesetztere charakterisiert; es vollzieht sich eine beständige Differenzierung, sowohl in der Entwicklung der Himmelskörper als in der embryonalen Entwicklung und in der der tierischen und menschlichen Gesellschaften. Allein diese Differenzierung umfaßt nicht den ganzen Fortschritt, bei dem großenteils die Umformung aus einem unbestimmten in einen anderen weit bestimmteren Zustand eintritt. HERBERT SPENCER identifiziert den Fortschritt mit der Evolution, die für ihn „eine Integration des Stoffes und damit verbundene Zerstreuung der Bewegung ist, während welcher der Stoff aus einer unbestimmten, unzusammenhängenden Gleichartigkeit in bestimmte, zusammenhängende Ungleichartigkeit übergeht, und während welcher die zurückgehaltene Bewegung eine entsprechende Umformung erfährt."[1] Diese Formel will zu viel Erscheinungen umfassen, was sie zur Unbestimmtheit zwingt, besonders wenn man sie auf

[1] First Principles. 1862.

menschliche Verhältnisse anwendet. Die Differenzierung allein bildet nicht den ganzen Fortschritt. Man muß sich fragen, wo sie aufhören muß, und wie sie sich in jedem konkreten Falle modifizieren muß.

Die Anwendung dieser Entwicklungs- und Fortschrittstheorie führt Herbert Spencer[1] in seinem Werke über die Prinzipien der Ethik dazu, diese als Streben nach einem möglichst vervollkommneten und möglichst langen Leben zu definieren. Vervollkommnung ist für ihn synonym mit Zusammengesetztheit, wie man nach seiner Beweisführung schließen kann. Die Zivilisation ist die Verwirklichung des Fortschritts im Vergleich zu dem primitiven Leben. „Die Speise wird vom zivilisierten Menschen regelmäßiger, entsprechend dem Nahrungsbedürfnis, aufgenommen; an Qualität steht sie bei weitem höher, sie ist frei von jeglicher Verunreinigung, mannigfaltiger und besser zubereitet.“ Dieselbe Differenzierung ist in der Art der Bekleidung, in der Herstellung der Wohnungen usw. zu beobachten. Dieser ganze Fortschritt muß nach Herbert Spencer dem wahren Glücke dienen, d. h. der Vervollkommnung und der Verlängerung des menschlichen Lebens.

Man vergewissert sich jedoch leicht, daß diese Auffassung des Fortschritts ebenso ungenau ist, wie die Bestimmung des Daseinszweckes. Wenn die bei den zivilisierten Völkern so offensichtliche Komplikation der Lebensumstände wirklich das beste Mittel ist, das Glück zu erreichen, so liegen keine Gründe vor, auf diesem Wege innezuhalten. Wenn dagegen, wie wir

[1] Data of Ethics. 1879.

es meinen, der wirkliche Fortschritt in der Ausschließung der Disharmonien der Natur des Menschen und in der Herbeiführung eines physiologischen Alters mit dem natürlichen Tod als Folge besteht, so ändern und präzisieren sich sofort seine Bedingungen. Die viel zu große Zusammengesetztheit des Lebens der modernen zivilisierten Völker ist für HERBERT SPENCER ein Zeichen des Fortschritts, aber nicht für uns. Dieser Philosoph spricht von der Nahrung, von ihrer Mannigfaltigkeit und besseren Zubereitung. Unbestreitbar ist diese Zusammengesetztheit für das physiologische Alter schädlich und die einfachere Nahrung der weniger zivilisierten Völker ist ihr vorzuziehen. Wir haben hier keine Abhandlung über Küchenhygiene zu schreiben, und es genügt zu sagen, daß die meisten raffinierten Gerichte, die man in reichen Häusern, in feinen Hotels und Restaurants auf den Tisch setzt, die Verdauungs- und Sekretionsorgane nachteilig reizen. Der wahre Fortschritt besteht also in der Zurückweisung der modernen Küche und in der Rückkehr zu den einfachen Gerichten unsrer Vorfahren. Eine der Bedingungen, die die Juden einer gewissen biblischen Periode gesünder und länger leben ließen, als die modernen zivilisierten Menschen, besteht sicherlich in der größten Einfachheit der Nahrung. Die wahre Hygiene, die mit der raffinierten Kochkunst völlig gebrochen hat, billigt die übertriebene „Differenzierung“ moderner Bekleidung und Wohnung nicht mehr. Der Fortschritt besteht also in der Vereinfachung des Lebenszuschnitts der zivilisierten Völker.

Der Luxus, der den Menschen so viel Unheil gebracht

hat, und zu dem die Formel des Übergangs „von der unbestimmten Gleichartigkeit zur bestimmten Ungleichartigkeit" so gut paßt, beruht nicht auf einem allgemeinen Gesetz in der Entwicklung des Weltalls, sondern vielmehr auf einer Auffassung des Lebens, die ganz verschieden von der ist, die die Verbesserung der normalen menschlichen Lebenszeit als Daseinszweck betrachtet.

Eine der vermutlich ältesten Quellen der Weltauffassung, die zu soviel Luxus geführt hat, ist das Buch des Predigers Salomo. Zu dem Schlusse gelangt: „Wo viel Weisheit ist, da ist viel Grämens" und zu dem: „Und ich sah alle Werke Gottes, daß ein Mensch das Werk nicht finden kann, das unter der Sonne geschieht; und je mehr der Mensch arbeitet, zu suchen, je weniger er findet. Wenn er gleich spricht: Ich bin weise und weiß es, so kann er's doch nicht finden" (VIII, 17), stellt Salomo als Lebensregel auf: „So gehe hin und iß dein Brot mit Freuden, trink deinen Wein mit gutem Mut; denn dein Werk gefällt Gott. Laß deine Kleider immer weiß sein, und laß deinem Haupte Salbe nicht mangeln. Brauche des Lebens mit deinem Weibe, das du lieb hast, so lange du das eitle Leben hast, das dir Gott unter der Sonne gegeben hat, so lange dein eitel Leben währet; denn das ist dein Teil im Leben und in deiner Arbeit, die du tust unter der Sonne. Alles was dir vor Handen kommt zu tun, das tue frisch; denn in der Hölle, da du hinfährest, ist weder Werk, Kunst, Vernunft, noch Weisheit" (IX, 7—10). Diese Weisheit lehrt, daß man soviel als möglich sein Leben genießen soll, denn der Mensch ist unfähig, das Problem des Daseinszwecks zu lösen. Diese Vorschriften sind befolgt worden und haben zu einer Lebenseinrichtung geführt, die uns auf diesem epikuräischen Wege fortschreiten ließ.

Von dem Augenblick an, in dem der Sinn und Zweck des Lebens klarer erkannt sein werden, kann das wahre Glück nicht mehr in dem der Vollendung der normalen menschlichen Lebensbahn entgegenstehenden Luxus gefunden werden. Anstatt in dem Ausblick auf ein trauriges Alter und auf den pathologischen Tod alle Freuden zu genießen, müssen sich die jungen Leute im Gegenteil auf das physiologische Alter und auf den natürlichen Tod vorbereiten. Die Lehrzeit wird sicherlich sehr lang sein. In unsrer Zeit sind mehr Studienjahre erforderlich, als dies vor weniger als einem Jahrhundert der Fall war. Je mehr sich das Maß der Kenntnisse vergrößert, desto mehr Zeit ist nötig, sie zu erwerben. Allein diese Vorbereitungszeit wird eine Schulung für das Mannesalter und das ideale Greisenalter werden.

Das abschreckende Bild des gegenwärtigen Alters bezieht sich auf das von seinem wirklichen Sinn abgewichene Alter, das voller Egoismus, voll Enge des Blicks, Untaugligkeit und Bösartigkeit ist. Das physiologische Alter der Zukunft wird sicherlich in dieser Hinsicht anders sein. Unter den Mitgliedern der besonders bei bestimmten Insekten beobachteten Gesellschaften ist eine große Differenzierung vorhanden. Neben Individuen, die sich fortpflanzen können, finden sich andre, unfruchtbare, die damit beschäftigt sind, die Nachkommenschaft aufzuziehen und die für die Gesellschaft notwendigen Arbeiten auszuführen. Diese für die Gemeinschaft so sehr nützliche Differenzierung hat sich bei den verschiedenen geselligen Insekten selbständig entwickelt. So sind in den Ameisen- und Bienenstaaten die Arbeiterinnen unfruchtbare Weibchen, während es bei den Termiten Individuen beider Geschlechter mit athrophischen Geschlechtsorganen sind. In der menschlichen Gattung vollzieht sich diese Entwicklung auf einem andern Wege. Sie läuft nicht auf die Bildung einer Klasse von unfruchtbaren Individuen hinaus, sondern das Leben des Menschen, das weit länger dauert, als das der Insekten, teilt sich in zwei Perioden: eine fruchtbare Periode und in eine andre unfruchtbare. Das Alter, das sich in seinem gegenwärtigen Zustand häufig als eine für die Gemeinschaft unnütze Last darstellt, wird die der Gesellschaft nutzbringende Arbeitsperiode. Der Greis, der künftig weder dem Verlust des Gedächtnisses, noch der intellektuellen Schwäche anheimfällt, wird seine große Erfahrung auf die kompliziertesten und schwierigsten Dinge des sozialen Lebens anwenden können.

Die jungen Leute sind fast stets schlechte Politiker und richten in den Ländern, wo sie sich zu sehr in die öffentlichen Angelegenheiten mischen, sehr häufig viel Unheil an, weil es ihnen an der notwendigen Erfahrung fehlt. Ihre Unfähigkeit ergibt sich aus dem großen Wechsel ihrer politischen Meinungen, in dem Maß als sie reifer und kenntnisreicher werden. In Zukunft werden die Greise mit diesen schwierigen und verwickelten Aufgaben beauftragt werden. Dann werden große Vervollkommnungen in Politik und Rechtspflege, die heute so viel zu wünschen übrig lassen, weil sie noch keine soliden Grundlagen haben, sich vollziehen.

Hat erst einmal jeder den wahren Zweck des menschlichen Daseins erkannt und die Verwirklichung der normalen Evolution des Lebens als Ideal angenommen, dann wird ein sicherer Führer für das praktische Leben gefunden sein. Man wird wenigstens wissen, wohinaus man will, was heute nicht der Fall ist. Man will das Leben besser gestalten, aber man weiß weder, wie man es anstellen, noch wer Nutzen davon haben soll. Früher meinte man, daß die Nächstenliebe einen fortschrittlichen Weg anbahne, indem sie sich verallgemeinere. Die Liebe zur Familie hat sich auf den Stamm, dann auf die Nation ausgedehnt; man nahm an, ihrer Verbreitung über die ganze Menschheit stände nichts entgegen. Diese Idee wurde im achtzehnten Jahrhundert nachdrücklich entwickelt und ist seitdem ein Gemeinplatz sämtlicher philosophischen, moralischen und politischen Systeme geworden. Seitdem jedoch die Verkehrswege sich so außerordentlich vervollkommnet haben, daß die weitesten Reisen keine Schwierigkeiten mehr bereiten, hat sich der vage Begriff der Menschheit durch genaue Kenntnis der niederen Eingeborenenrassen vieler Regionen des Erdballs verändert. Man kam zu der Überzeugung, daß „die Menschheit" im alten Sinn nicht existiere, so groß ist der Unterschied zwischen den primitiven und den zivilisierten Völkern. Auch sieht man viele moderne Theoretiker von der Ausdehnung der sozialen Gefühle auf die ganze menschliche Gattung zurückkommen. Wir führten bereits im fünften Kapitel die

Meinung des Moralphilosophen Sutherland über die wohltätigen Folgen an, die die Besitzergreifung der den schwarzen Urbewohnern gehörenden Wälder gehabt hat. Man kennt anderseits den tiefen Haß, der zwischen den Weißen und Schwarzen in vielen Ländern besteht, wo sie zusammen leben, besonders in Amerika und auf den Antillen. Diese Beispiele hätten ohne weiteres vervielfacht werden können.

Wie kann man aus dieser Schwierigkeit herauskommen? Wo muß die Liebe zum Nächsten Halt machen, da sie ja im selben Grad nicht auf die ganze Menschheit ausgedehnt werden kann.

In seinem jüngsten Werk über Naturphilosophie kommt der sehr hervorragende deutsche physikalische Chemiker Ostwald[1] auf die uns interessierende Frage. Er bezeichnet als gut die Handlungen, die die Existenz „andrer Menschen erleichtern" (S. 450). Aber auf welche andern Menschen muß man diese Moral anwenden? Wie groß ist der Kreis der Nächstenliebe zu ziehen? fragt sich Ostwald. „Die allgemeine Empfindung ist," sagt er, „daß er die Familie und das Volk umfaßt. Daß er die gesamte Menschheit umfassen soll, erscheint den meisten als eine mehr theoretische als praktische Forderung. Auch pflegen wir den Mitmenschen niederster Entwicklungsstufe gegenüber die Ausführung der entsprechenden Handlungen mehr einzuschränken, als in Bezug auf Stammes- und Standesgenossen" (S. 453). Nach diesem Grundsatz dürfen die moralischen Hand-

[1] Vorlesungen über Naturphilosophie. Leipzig 1902.

lungen nicht über die Stammesgenossen hinausgehen. Die ganze Menschheit ist davon auszuschließen.

Hier kommen wir zu Problemen, die sich mit den Prinzipien des normalen Lebens berühren. Früher bildete das religiöse Ideal das Hauptband zwischen den Menschen. Später räumt dies Ideal dem des Vaterlandes den Platz ein, das in Ermangelung eines besseren sich bis auf unsere Tage erhalten hat. Es ist die Sprachgemeinschaft, welche die Glieder ein und desselben Volkes vereinigt. Aber die Fortschritte der Zivilisation erschüttern die Grundlage dieser Differenzierung. Die größere Solidarität unter den Menschen, die dieselbe Sprache sprechen und eine andre nicht kennen, ist unschwer zu begreifen, denn kraft dieses Mittels können sie sich leicht untereinander verständlich machen. Aber dieser Monoglottismus ist nicht das letzte Wort des menschlichen Fortschritts. Mit der Entwicklung der Verkehrsmittel gelangen die verschiedenen Nationen immer mehr miteinander in Berührung. Kenntnis fremder Sprachen ist also eine der ersten Notwendigkeiten im menschlichen Leben geworden. Unter diesen Umständen müssen sich die nationalen Bande lockern, wie sich die Bande der Familie gelockert haben. An Stelle der Feindschaft, die man gegen Leute fühlt, deren Sprache man nicht versteht, tritt das Gefühl der Solidarität, sobald man sie verstehen kann. Es gibt also augenscheinlich in diesem Sinn einen Fortschritt, und es wäre sehr wichtig, irgend ein allgemeines Prinzip zu finden, auf das sich die internationale Solidarität stützen könnte. Man spricht von einer den verschiedenen Völkern gemeinsamen Kultur, ohne dabei zu bedenken, daß dieses

Wort zu wenig klar ist. Die Erkenntnis des wahren Zweckes des menschlichen Daseins und der Wissenschaft als einzigen Mittels, ihn zu erreichen, kann für den Bund der Menschen als Ideal dienen; sie werden sich darum scharen, wie sie sich früher um das religiöse Ideal scharten.

Es scheint uns sehr wahrscheinlich, daß das wissenschaftliche Studium des Alters und des Todes, das zwei Zweige der Wissenschaft bilden muß, die Gerontologie und die Thanatologie, in dem Verlauf der vorgerückten Lebensperiode große Veränderungen hervorrufen wird. Alles, was darüber bekannt ist, bestärkt diese Annahme. Wird man aber jemals bei der Entwicklung des Instinkts des natürlichen Todes anlangen können? Dieser Instinkt ist in der Tiefe der menschlichen Natur latent. Wird es ein Mittel geben, ihn hervorzurufen? Hat die allzulange Periode, während welcher er sich nicht äußerte, nicht zu seiner Atrophie geführt? Die Wissenschaft der Zukunft allein wird auf diese Frage eine klare Antwort geben. Aber die Beständigkeit der Organe und der Formen von äußerst fernem Ursprung, wie z. B. die Beständigkeit der Brustwarzen bei den Männchen oder des Wurmfortsatzes bei den Anthropoiden und beim Menschen, läßt uns hoffen, daß der Instinkt des natürlichen Todes aus seinem potentiellen Zustande zum Vorschein kommen wird, sobald das Alter physiologisch wird.

Die Brustwarzen der Männchen sind rudimentäre Organe, die keine Funktion mehr erfüllen. Sie müssen als Spuren von Organen betrachtet werden, die bei sehr entfernten Vorfahren entwickelter waren, wo die Individuen beider Geschlechter Milch absonderten und an der Ernährung der Kinder beteiligt waren. Diese Funktion ist beim Manne und bei den Männchen der heutigen Säugetiere potentiell vorhanden. Es gibt Beispiele, freilich sehr seltene, daß Männchen mit stark entwickelten Brüsten ausgerüstet waren und Milch zur Ernährung der Jungen sekretierten. Freilich hatten einige dieser männlichen Milcherzeuger schwach entwickelte Geschlechtsorgane und zeigten sogar eine Art Hermaphroditismus.[1] In andern authentischen Fällen jedoch lieferten wohlgebildete Ziegenböcke und Widder Milch in beträchtlicher Menge, und verheiratete Männer nährten ihre Kinder mit aus Brüsten von anormaler Größe sekretierter Milch.[2] Man versichert, diese Sekretion könne durch Reizung der Warzen erreicht oder vermehrt werden. Diese Beispiele für das Wiedererwachen einer Eigenschaft, die seit undenklichen Zeiten verloren ist, sind sehr wichtig.

Die Fälle eines Instinkts des natürlichen Todes beim Menschen sind gegenwärtig vielleicht ebenso selten wie die Beispiele der Milchsekretion bei den Männchen. Aber günstige Umstände und eine gewisse Erziehung werden den Instinkt des natürlichen Todes wahrscheinlich erwecken und in befriedigender Weise entwickeln können.

Um zu diesem Ziel zu gelangen, wird es viel Arbeit zu tun geben. Das ist gerade der charakteristische Zug

[1] WIEDERSHEIM, Bau des Menschen, 3. Aufl. S. 21, 22. ALSBERG, Abstammung des Menschen, S. 61.

[2] PLOSS-BARTELS, Das Weib. 7. Aufl. Bd. II. S. 464.

der Wissenschaft, daß sie eine große Tätigkeit verlangt, während die Religionen und die Systeme der metaphysischen Philosophie in einem passiven Zustand des Fatalismus und stummer Ergebung verharren. Schon die Aussicht auf eine in einer mehr oder weniger fernen Zukunft eintretende wissenschaftliche Lösung der großen Probleme, die die Menschheit beschäftigen, vermag eine große Befriedigung zu verleihen. Als sich TOLSTOI, gequält von der Unmöglichkeit, jene Probleme zu lösen, und von der Furcht vor dem Tode heimgesucht, fragt, ob die Liebe zu den Seinen seine Seele nicht beruhigen könne, sieht er alsbald ein, daß diese Hoffnung eitel ist. Wozu soll es gut sein, fragt er sich, die Kinder zu erziehen, die sich bald in derselben kritischen Situation befinden werden wie ihr Vater? „Warum müssen sie leben? Warum muß ich sie lieben, sie beschützen und über sie wachen? Um sie zu derselben Verzweiflung wie mich gelangen oder um sie in Beschränktheit leben zu sehen? Ich liebe sie, ich kann ihnen die Wahrheit nicht verbergen, jeder Schritt ins Wissen führt ihr entgegen. Und die Wahrheit ist der Tod!“ Man wird begreifen, daß manche Personen zu einer so pessimistischen Auffassung gelangen, daß sie Enthaltsamkeit darin üben, Kinder zu haben.

Unter dem in diesem Buch von uns aufgestellten Gesichtspunkt erscheint die Lage weit weniger schwierig. Für unsere Generation besteht keine Aussicht, zu einem physiologischen Alter und zum natürlichen Tod zu gelangen; dennoch wird sie eine wahre Tröstung in der Hoffnung finden, daß die Jugend diesem Ziel ein paar

Schritte entgegentun kann. Mit jeder neuen Generation wird die definitive Lösung des Problems immer näher rücken, so daß das wahre Glück eines Tages von den Menschen erreicht sein kann.

Dieser fortschrittliche Weg wird noch viele Opfer erfordern. Schon heute opfern Männer der Wissenschaft ihre Gesundheit und zuweilen sogar ihr Leben, um zur Lösung irgend eines wichtigen Problems beizutragen, z. B. um bestimmte medizinische Fragen aufzuhellen, um ihresgleichen zu heilen und das Leben zu retten.

Um zu diesem Resultat zu gelangen, ist es nötig, daß die Menschen zu der Überzeugung von der Allmacht der Wissenschaft und von der schädlichen Rolle tief eingewurzelter abergläubischer Vorstellungen kommen. Viele heutige Gewohnheiten und Einrichtungen, wenn sie auch noch so fest begründet scheinen, müssen reformiert werden. Das Aufgeben einer großen Zahl sehr verbreiteter Gebräuche, die Umformung des ganzen Erziehungsplans werden sehr lange und mühsame Anstrengungen verlangen.

Die Definition des menschlichen Daseinszweckes wird eine weit größere Bestimmtheit in die Prinzipien der Moral bringen. Die wahre Politik kann nur auf neuen Grundlagen aufgebaut werden. Die Politik befindet sich gegenwärtig in einem ähnlichen Zustand, wie die Medizin einer sehr entfernten Epoche.

Früher konnte jeder die Heilkunde auf seine Art ausüben, denn es gab noch keine medizinische Wissenschaft und nichts war präzis. Auch heute noch kann bei manchen unkultivierten Völkern jede Frau in einem gewissen Alter die Funktion einer Hebamme erfüllen.

Bald assistiert die Mutter der Entbindung der Tochter, bald (z. B. in der Kaste der Pulayer auf Malabar) die Schwiegermutter. Bald sind es ältere Freundinnen, die man bei der Niederkunft zuzieht.[1] Bei den Völkern höherer Kultur hat sich eine Differenzierung vollzogen, und zur Entbindung bedient man sich erfahrener Frauen, richtiger diplomierter Hebammen. Bei den noch höher zivilisierten Nationen gibt es über den Hebammen, die eine hinreichende Ausbildung erhalten haben, noch Geburtsärzte, Spezialisten der Entbindungspraxis. Diese scharfe Differenzierung ist den Fortschritten in der Kunst der Geburtshilfe gefolgt und hat viel zu deren Vervollkommnung beigetragen.

In der Politik entsprechen die heutigen Zustände jenen in der früheren Medizin. Jedes erwachsene Individuum männlichen Geschlechts wird zur Ausübung der schwierigsten Funktionen als genügend vorgebildet betrachtet, wie zu denen des Wählers, des Geschworenen usw. Das kann nur mit dem Kindheitszustand der Sozialwissenschaft entschuldigt werden. Sobald sie vorgeschrittener ist, wird sich eine Spezialisierung herausbilden, die jener in der Medizin vollzogenen gleicht. Dann werden die alten Leute, die eine große Erfahrung erworben haben und alle ihre Fähigkeiten dank der Integrität ihres physiologischen Zustands bewahrt haben werden, der zukünftigen Gesellschaft die größten Dienste leisten.

Im Fortschreiten zum wahren Daseinszweck werden die Menschen viel von ihrer Freiheit verlieren, zum Ersatz dafür jedoch einen hohen Grad von Solidarität

[1] Ploss-Bartels, Das Weib, II. S. 86.

gewinnen. Je exakter und klarer eine Erkenntnis wird, desto geringer ist die Freiheit, sich nach ihr nicht zu richten. Früher konnte jedermann ruhig lehren, der Walfisch sei ein Fisch; seitdem jedoch festgestellt ist, daß er ein Säugetier ist, ist der Fehler nicht mehr erlaubt. Seitdem die Medizin eine exakte Wissenschaft geworden ist, ist die Freiheit der Ärzte weit eingeschränkter. Praktische Ärzte wurden verurteilt, weil sie die Regeln der Asepsis und Antisepsis nicht befolgt hatten. Manche Freiheiten, wie jene, sich gegen die Blattern nicht impfen zu lassen, auf den Boden zu spucken, Hunde ohne Maulkorb herumlaufen zu lassen und noch viele andre, sind kultivierter Zeiten nicht würdig und müssen mit dem Fortschritt der Zivilisation verschwinden.

Anderseits wird die Überzeugung, daß der Zweck des menschlichen Daseins nur mittels einer sehr großen Solidarität unter den Menschen erreicht werden kann, dem heutigen Egoismus Schranken ziehen. Schon die Feststellung, daß der Genuß des Lebens, wie ihn SALOMO anrät, dem wahren Zweck des menschlichen Daseins entgegen ist, wird dazu beitragen, den Luxus und das ganze Unheil in seinem Gefolge zu verringern. Die Überzeugung, daß die Wissenschaft allein vor den Übelständen schützen kann, die aus den Disharmonien der Natur des Menschen entspringen, muß notwendigerweise zur Entwicklung des Unterrichts führen und die Solidarität unter den Menschen fördern helfen.

Geht man geradeswegs auf dieses Ziel los, wird man allezeit die Natur zu Rate ziehen müssen. Sie verwirklichte bereits in den Eintagsfliegen eine vollständige

Bahn normalen Lebens mit dem natürlichen Tod als Ende. In dem Problem des menschlichen Schicksals wird sich der Mensch niemals mit dem zufrieden geben können, was ihm die Natur verliehen hat; er wird mit seiner eigenen Aktivität eingreifen müssen. Wie der Mensch die Natur der Tiere und Pflanzen modifiziert hat, muß er seine eigne modifizieren, um sie harmonischer zu gestalten.

Wenn es sich darum handelt, eine neue Rasse zu züchten, die unser ästhetisches Gefühl besser befriedigt oder dem Menschen mehr nützt, stellen sich die Fachleute zunächst das Ideal vor, das sie erreichen wollen. Alsdann beobachten sie die individuellen Veränderungen der Tiere und Pflanzen, die sie umbilden wollen, und vollziehen eine allersorgfältigste Auslese, um daraus Nutzen zu ziehen. Das Ideal muß mit der Natur der gewählten Organismen in Übereinstimmung stehen.

Um die Natur des Menschen abzuändern, muß man sich ebenfalls vor allem von dem Ideal Rechenschaft ablegen, zu dem man kommen will, und dann alle der Wissenschaft zur Verfügung stehenden Hilfsmittel anwenden, um zu diesem Resultat zu gelangen.

Wenn ein Ideal, das die Menschen zu einer Art Zukunftsreligion vereinigen kann, möglich ist, kann es nur auf wissenschaftliche Prinzipien gegründet werden. Wenn es wahr ist, wie man häufig versichert, daß ohne Glauben zu leben unmöglich ist, so kann dieser Glaube nur der Glaube an die Macht der Wissenschaft sein.

FSC
www.fsc.org
MIX
Papier | Fördert
gute Waldnutzung
FSC® C083411

Kolibri 360 GmbH
Ferdinand-Jühlke-Straße 7
99095 Erfurt, Deutschland
produktsicherheit@kolibri360.de